# 电 工 技 术

刘晓志 主编

科学出版社

北 京

# 内 容 简 介

本书是根据电工学课程教学基本要求编写而成，主要内容包括电路的基本概念和基本定律、电路的分析方法、线性电路的暂态分析、交流电路、三相电路、磁路和变压器、电动机、继电-接触器控制、可编程控制器、供电配电与安全用电。

本书可作为高等院校工科非电类专业本科电工学课程的教材或教学参考书，也可供工程技术人员参考，还可供对电工技术有兴趣的读者自学使用。

**图书在版编目(CIP)数据**

电工技术 / 刘晓志主编. —北京：科学出版社，2023.4
ISBN 978-7-03-075264-2

Ⅰ. ①电… Ⅱ. ①刘… Ⅲ. ①电工技术－高等学校－教材 Ⅳ. ①TM

中国国家版本馆 CIP 数据核字（2023）第 051739 号

责任编辑：王喜军 张培静 / 责任校对：韩 杨
责任印制：吴兆东 / 封面设计：无极书装

科学出版社 出版
北京东黄城根北街 16 号
邮政编码：100717
http://www.sciencep.com
北京虎彩文化传播有限公司 印刷
科学出版社发行 各地新华书店经销
*
2023 年 4 月第 一 版 开本：787×1092 1/16
2023 年 4 月第一次印刷 印张：18 3/4
字数：445 000

定价：75.00 元
（如有印装质量问题，我社负责调换）

# 前　　言

电工学课程是高等院校工科非电类专业本科生必修的一门重要的专业技术基础课，是一门体系严谨、理论性和实践性都很强的课程，涵盖了电工电子领域的基本知识、基本理论和基本实践技能。通过该课程的学习，学生对电工电子技术的应用和发展概况会有比较全面的了解，为学习后续专业课程及从事有关的工程技术工作及科学研究工作打下一定的理论基础和实践基础。

本教材是依据教育部电子信息科学与电气信息类基础课程教学指导分委员会指定的电工学课程的基本要求，结合高等院校本科学生的实际情况而编写。在编写过程中，我们把内容的重点放在培养学生的分析问题能力、解决问题能力和创新能力上，对于基本概念、基本理论、工作原理、分析方法等都做了必要的阐述和解释，并通过实例及例题从理论和实际应用上加以说明，便于学生更好地理解和掌握所学理论。本教材还配套有数字资源，书中的重点难点、教学案例等内容，以知识点为单位，以视频的形式通过二维码嵌入书中。读者可以通过手机扫描书中的二维码开展学习活动，做到纸质教材和数字资源的深度融合，为读者提供高效的线上线下学习服务。

全书共 10 章。参加本书编写工作的有刘晓志、肖军、吴春俐、孙静、李丹、孟令军等，刘晓志任主编。此外，尚有许多老师及同学对本书提出了宝贵的、建设性的意见，在此谨表示感谢。同时，对本书引用的参考文献的作者，我们也表示衷心的感谢。

本书编者是长期在一线从事电工学课程教学的教师，在编写时力求基本概念清晰明了、内容重点突出、文字通俗易懂。但由于编者能力有限，书中难免出现不妥之处，恳请读者批评指正。

编　者

2022 年 11 月

# 目　　录

# 第1章　电路的基本概念和基本定律

电能因具有易于变换、传输及控制的特点而得以广泛应用。电的应用要通过各种电器件（device）、元件（element）构成电路来实现。为了正确、合理和更有成效地利用电能，就必须具备有关电路的基本知识。

本章讨论电路的基本概念和基本定律，主要内容包括：电路组成及电路模型；电流、电压和功率等电路主要物理量；电源的工作状态；欧姆定律及基尔霍夫定律；理想电路元件。本章内容是分析与计算电路的基础。虽然本章的内容一般都以直流电路为例，但这些电路理论同样适用于交流电路。

## 1.1　电路及电路模型

### 1.1.1　电路的分类

顾名思义，电路（electrical circuit）是电流流经的路径。电路种类繁多，简单的如电阻串联、并联电路、照明电路等，而较复杂的电路常称为网络。

电路及电路模型

依据供电电源的形式，电路可分为直流（direct current，DC）电路和交流（alternating current，AC）电路。直流电一般指大小和方向都不随时间变化的电压或电流，即恒定直流，有时也泛指单方向脉动或缓慢变化的电量；交流电泛指大小和方向随时间做周期性变化的电压或电流。

依照国家标准，用大写字母表示直流物理量，如电压 $U$、电流 $I$、电动势 $E$、功率 $P$ 等；用小写字母表示大小或方向随时间变化的物理量，如电压 $u$、电流 $i$、电动势 $e$、功率 $p$ 等。如图 1.1 所示的电流波形中，图 1.1（a）是恒定直流；图 1.1（b）是脉动直流；图 1.1（c）是正弦规律变化的交流电流；图 1.1（d）、图 1.1（e）是非正弦波形的交流电流。

按照电路中元件的性质，电路可分为线性电路（linear circuit）和非线性电路（nonlinear circuit）。线性电路可用线性代数方程或线性微分、积分方程来描述；非线性电路无法用线性方程来描述，如大部分含半导体电子元件的电路就属于非线性电路。

根据电路所处理的信号性质，电路又可分为模拟电路（analog circuit）和数字电路（digital circuit）。模拟电路处理随时间连续变化的模拟信号；数字电路处理脉冲数字信号，是不随时间连续变化的跃变信号。

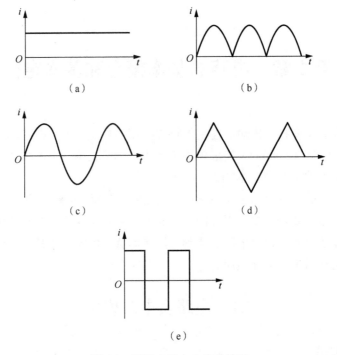

图 1.1 不同电路中电流的波形

## 1.1.2 电路的组成及作用

实际电路是由各种电工设备或元器件按一定方式连接而构成的。不论是简单的还是复杂的电路，一般由电源（source）、负载（load）和中间环节三个部分组成。

电源：提供电能，是将热能、核能、水能、化学能等其他形式的能量转换成电能的设备，如发电机、蓄电池等。除此之外，能够产生和输出电信号的各种信号源也统称为电源，信号源是将声音、温度、压力等物理量转换为相应的电信号（电压、电流或其他电参数）的设备，如话筒、接收天线等。

负载：吸收或转换电能，是取用电能并将其转换成机械能、热能、光能等其他形式能量的设备，如电动机、电炉和照明灯等。扬声器和显像管等一类接收和转换信号的设备也是负载。

中间环节：是连接电源和负载的部分，对电能进行输送和分配，对信号进行传递，对电路进行保护等。中间环节最简单的可以是两根导线，也可以是由输电线路、变压器和开关等设备组成的较复杂的中间环节。

电路的一个作用是实现电能的传输、转换与分配。如电力系统中的电路，发电机作为电源，将热能或原子能等转换成电能，经中间环节（输电线和变压器等）升压传输到各变电站，再经变电站变压器降压后送到用户的各种取用电能的设备，各用户负载将电能分别转换成光能、机械能、热能等。

电路的另一个作用是完成信号的传递和处理。如无线电接收设备的电路，收音机的天线把接收到的载有语言、音乐的电磁波转换成相应的电信号，通过中间的放大电路等对信号进行传递与处理，送到扬声器还原为声音信号。

电路中电源或信号源推动电路工作，称为电路的激励（excitation）；电路中所产生的电压和电流称为响应（response）。在已知电路结构及电路元器件参数的条件下，分析电路的激励和响应之间的关系就是电路分析的内容。

### 1.1.3  电路模型

构成实际电路的电工设备或元器件的电磁性质比较复杂，大多数元器件同时存在多种电磁效应，不易于分析理解。为了便于分析问题并用数学描述，对实际电路元器件应进行抽象、简化，突出其主要电磁性质而忽略次要因素，将其本质特征用理想化的电路元件（circuit element）近似代替。

每一种理想电路元件只表示一种电磁特性，如用电阻元件表示消耗电能的电磁特性；用电容元件表示存储电场能量的电磁特性；用电感元件表示存储磁场能量的电磁特性。每种理想电路元件均有各自精确的数学定义形式，因此使得用数学方法分析电路成为可能。常用的理想电路元件主要有电阻元件、电容元件、电感元件和电源元件（电压源、电流源）等，后面将逐一加以介绍。

电路模型（circuit model）就是用理想电路元件及其组合代替实际电路的电工设备或元器件，把实际电路的本质特征抽象出来所形成的理想化的电路。以后电路分析、研究的对象都是指电路模型，简称电路。用规定的电路图形符号表示各种理想电路元件，得到的电路模型图就是电路图。

图 1.2（a）就是一个简单的实际电路，其中，干电池（电源）经导线（中间环节）向灯泡（负载）供电。相应的电路模型可由如图 1.2（b）所示的电路图表示，其中，电池理想化后可用内阻为 $R_S$、源电压为 $U_S$ 的电压源代替；灯泡可用电阻值为 $R$ 的电阻元件代替，连线是理想化的导线（电阻值为零）。

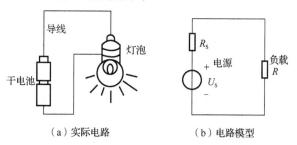

（a）实际电路          （b）电路模型

图 1.2  简单的实际电路及其电路模型

建立电路模型是电路分析的基础，无论是简单的还是复杂的实际电路，都可以抽象成理想电路元件组成的电路模型。

## 1.2  电路的主要物理量

电路分析中常用到的主要物理量包括电流（current）、电压（voltage）、电位（potential）、电动势（electromotive force，EMF）、电功率（power）等，它们的定义在物理学中描述得很清楚，在此仅简要说明其基本概念。

电路的主要
物理量

### 1.2.1　电流、电压及其参考方向

#### 1. 电流

电路中电荷的定向有规则运动形成电流。单位时间内通过导体横截面的电荷量定义为电流强度，简称电流，用 $i$ 表示。如果电流强度不随时间变化，则这种恒定电流简称为直流，用大写字母 $I$ 表示。

在国际单位制（SI）中，电流单位为安培，简称安（A），有时还用千安（kA）、毫安（mA）、微安（μA）等单位，各单位间换算关系为

$$1kA = 10^3 A，1mA = 10^{-3} A，1\mu A = 10^{-6} A$$

物理学中，电流的实际方向规定为正电荷运动的方向。

#### 2. 电压

电压是衡量电场力移动电荷做功的能力的物理量。如图 1.3 所示，电场力把单位正电荷从 $A$ 点移到 $B$ 点所做的功就是 $A$ 点到 $B$ 点间的电压，用 $u_{AB}$ 表示；直流时表示为 $U_{AB}$。

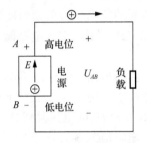

图 1.3　电路中正电荷的运动

在国际单位制中，电压的单位为伏特，简称伏（V），有时还用千伏（kV）、毫伏（mV）、微伏（μV）等单位，各单位间换算关系为

$$1kV = 10^3 V，1mV = 10^{-3} V，1\mu V = 10^{-6} V$$

实际上只要存在电场，电场中两点之间就有电压，而与是否存在受力电荷无关。

在电路中如有接地点（零电位点），则电路中任一点 $A$ 到接地点之间的电压称为 $A$ 点的电位，用 $u_A$ 表示；直流时表示为 $U_A$。$A$ 点到 $B$ 点间的电压又可以表示为 $A$、$B$ 两点的电位之差，即

$$u_{AB} = u_A - u_B \ 或 \ U_{AB} = U_A - U_B \quad（直流）\tag{1.1}$$

电压的实际方向规定为电场力移动正电荷的方向，是由高电位端指向低电位端，即电位降低的方向。

#### 3. 参考方向

电路中电流、电压的实际方向（actual direction）是客观存在的，对于一些一目了然的简单电路可以直接确定。但对于较为复杂的电路，往往很难事先直接判断出某一段电路或某一元件上电流、电压的实际方向；而且对于大小和方向都随时间变化的交流电，

在电路图中更是无法直接表示出电流、电压的真实方向。因此，在分析计算电路时，可先任意选定电流、电压的一个方向作为参考方向（reference direction），或称为正方向。

在电路图中用箭头来标出电流的参考方向；用"+""−"极性来表示电压的参考方向，"+"极性端称为高电位端，"−"极性端称为低电位端。图 1.4 是设定的电路元件中电流 $i$ 及其两端电压 $u$ 的参考方向。

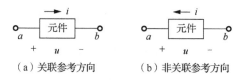

（a）关联参考方向　　　　（b）非关联参考方向

图 1.4　参考方向的表示方法

电路中电流和电压的参考方向在设定时都具有任意性，二者彼此独立。如果将一段电路中电流和电压的参考方向选为一致，称为关联的参考方向（associated reference direction）。如图 1.4（a）所示电路中电压 $u$ 参考方向与电流 $i$ 参考方向相同（都是从 $a$ 到 $b$），因此，电压与电流的参考方向是关联参考方向。如图 1.4（b）所示电路中电压 $u$ 参考方向与电流 $i$ 参考方向相反，因此是非关联参考方向。

由于所选的电流、电压的参考方向不一定与实际方向一致，所以有如下规定：如果电流、电压的实际方向与参考方向一致，则电流、电压的值为正；反之，如果实际方向与参考方向相反，则值为负。因此，在参考方向设定好之后，电流、电压成为代数量，其值有正负之分，并且根据电流、电压的正负值也能反映出电流、电压的实际方向。

例如，在图 1.4（a）中，若 $i>0$，表明电流的实际方向与参考方向是一致的，即从 $a$ 流向 $b$；若 $u<0$，则表明电压的实际方向与参考方向是相反的，即从高电位 $b$ 点（实际"+"极性）指向低电位 $a$ 点（实际"−"极性）。

电压、电流的参考方向还可以用双下标表示，例如 $U_{ab}$ 表示 $a$、$b$ 两点之间电压的参考方向是从 $a$ 指向 $b$，也就是 $a$ 点的参考极性为"+"、$b$ 点的参考极性为"−"；而 $U_{ba}$ 表示参考方向选为由 $b$ 指向 $a$，因此 $U_{ab}=-U_{ba}$。

以后在进行电路分析时，完全不必先考虑电流、电压的实际方向如何，而一定要先设定出它们的参考方向，根据参考方向求解电路，计算结果的正负值与设定的参考方向相结合，就能明确地表示出电路任何时刻的电流、电压的大小和实际方向。

### 1.2.2　电位

电位是电路中非常重要的概念。在分析某些复杂电路时，应用电位的概念，可电位使计算简单方便。在电子电路中，更是常用电位的概念来分析问题，例如通过晶体管三个电极的电位高低来分析晶体管的工作状态。

电路中电位的分析

前文中提过，电路中任一点到接地点（零电位点）之间的电压称为该点的电位。在分析计算电路时，常常假定电路中某一点的电位为零，该点称为参考点，则电路中任一点到参考点间的电压即为该点的电位。电路中参考点（设定的零电位点）也可以称为接地点（并非真与大地相接），用符号"⊥"表示。

需要说明的是，电路中参考点是可以任意选定的，一经确定之后，电路中其他各点的电位就确定了。但是如果参考点改变，其他各点的电位亦随之改变。在电路中不指明参考点而谈某点的电位是没有意义的。

**例 1.1** 电路如图 1.5 所示，已知 $U_{AC} = 5\text{V}$，$U_{AB} = 2\text{V}$，试分别以 $A$ 点和 $B$ 点为参考点，求 $A$、$B$、$C$ 各点的电位及电压 $U_{BC}$。

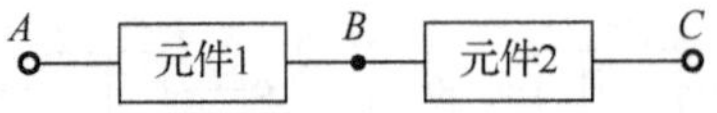

$$A \;\square\!\!-\!\!\boxed{\text{元件1}}\!\!-\!\!\bullet B \;-\!\!\boxed{\text{元件2}}\!\!-\!\!\square C$$

图 1.5　例 1.1 图

**解**：若取 $A$ 点为参考点，即 $U_A = 0\text{V}$，则

$$U_B = U_{BA} = -U_{AB} = -2\text{V}$$

$$U_C = U_{CA} = -U_{AC} = -5\text{V}$$

$$U_{BC} = U_B - U_C = -2 - (-5) = 3\text{V}$$

若取 $B$ 点为参考点，即 $U_B = 0\text{V}$，则

$$U_A = U_{AB} = 2\text{V}$$

$$U_C = U_A - U_{AC} = 2 - 5 = -3\text{V}$$

$$U_{BC} = U_B - U_C = 0 - (-3) = 3\text{V}$$

由此可见，参考点选择的不同，电路中同一点的电位也会随之而变，即电位的高低是相对的；而两点间的电压（即电位差）是不变的，是绝对的。

引入电位概念后，有时不画电源而采用电位表示的电路来简化电路图的画法，这一点在电子电路的分析中得以广泛应用。如图 1.6（a）所示的电路可以简化为如图 1.6（b）或图 1.6（c）所示电路，不画出电源，各端标以相应的电位值。

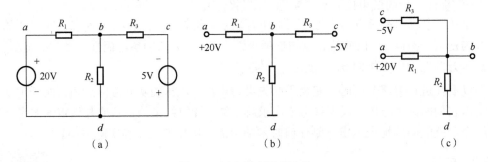

図 1.6　用电位表示的电路

### 1.2.3　电动势

电动势是表示电源性质的物理量。如图 1.3 所示电路，在电源外部，电场力推动正电荷从电源正极流出，最后流回电源的负极。为了在电路中保持持续的电流，电源内部存在的电源力将正电荷从电源的负极移到正极。电动势在数值上等于电源力将单位正电荷从低电位端（图 1.3 中的 $B$ 点）经电源内部移到高电位端（图 1.3 中的 $A$ 点）所做的功，用 $e$ 表示；直流时表示为 $E$。

电动势的单位与电压的单位相同。

电动势的实际方向规定为电源内部由低电位端指向高电位端，即电位升高的方向。同电流、电压一样，在电路图上所标的电动势的方向是参考方向（极性）。

如果忽略电源内电阻的作用，当电源的电动势与端电压的参考方向选择相反时，如图 1.7 所示，电动势 $E_{ba}$ 的方向由 $b$ 指向 $a$，而电源端电压 $U_{ab}$ 的方向由 $a$ 指向 $b$，有 $E_{ba}=U_{ab}$，即电源的端电压等于它的电动势。

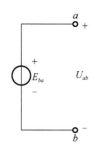

图 1.7　电源的电动势与端电压

### 1.2.4　功率

电路中的功率是用以衡量电能转换或传输速率的物理量。正电荷从电路元件的高电位端移到低电位端是电场力对正电荷做了功，该元件消耗了电能；正电荷从电路元件的低电位端移到高电位端是电源力克服电场力做了功，即该元件将其他形式的能量转换成电能释放出来。将单位时间内电路消耗或发出的电能定义为该电路的功率，用 $p$ 表示；直流时表示为 $P$。

根据焦耳定律可以推导出元件的功率等于电压和电流的乘积，即
$$p=ui \text{ 或 } P=UI \text{ （直流）} \tag{1.2}$$

在国际单位制中，当电压单位为伏（V）、电流单位为安（A）时，功率的单位为瓦特，简称瓦（W），有时还用千瓦（kW）、兆瓦（MW）、毫瓦（mW）等单位，各单位间换算关系为
$$1\text{kW}=10^{3}\,\text{W}, 1\text{MW}=10^{6}\,\text{W}, 1\text{mW}=10^{-3}\,\text{W}$$

分析电路时，根据元件上电压和电流的实际方向可以判断出该元件在电路中是电源（或起电源作用）还是负载（或起负载作用）。若元件上电压和电流的实际方向是一致的，即实际上电流是从高电位端流向低电位端，则元件取用（吸收或消耗）功率，起负载作用；若元件上电压和电流的实际方向不一致，即实际上电流是从低电位端流入，从高电位端流出，则元件发出功率，起电源作用。

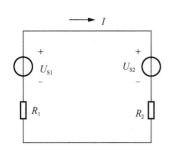

图 1.8　电路中的功率平衡

在一个完整的电路内，功率服从能量守恒原理，即电源总的发出功率等于负载总的取用功率。如图 1.8 所示电路，已知电流 $I$ 的实际方向与参考方向一致，即实际电流从 $U_{S1}$ 的高电位端（正极）流出，从低电位端（负极）流入，所以 $U_{S1}$ 起电源作用，发出功率；而电流从 $U_{S2}$ 的高电位端流入，从低电位端流出，所以 $U_{S2}$ 起负载作用，取用功率；电阻 $R_1$ 和 $R_2$ 都是负载，消耗功率。因此，电路中的功率平衡关系为
$$U_{S1}I=U_{S2}I+I^{2}R_{1}+I^{2}R_{2}$$

**例 1.2**　如图 1.9（a）所示电路，各元件上电流和电压的参考方向已在图中标出。已知 $U_1=-4\text{V}$，$U_2=8\text{V}$，$U_3=-3\text{V}$，$U_4=7\text{V}$，$U_5=-4\text{V}$，$I_1=-2\text{A}$，$I_3=-1\text{A}$，$I_5=1\text{A}$。试判断各元件是吸收功率还是发出功率，并验证电路的功率平衡。

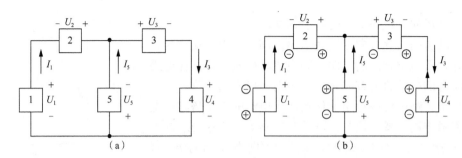

图 1.9　例 1.2 图

**解：**当电流、电压的参考方向与实际方向一致时，其值为正，反之为负，则根据已知的物理量代数值可得各元件上电流、电压的实际方向，如图 1.9（b）所示，其中，实际电流方向标注在导线上；实际电压方向加圈表示。

因为元件 1 上电压与电流的实际方向相反，即实际的电流从高电位端流出，所以该元件起电源作用，发出功率；而元件 2 上电压与电流的实际方向一致，即实际的电流从高电位端流向低电位端，因此，该元件起负载作用，吸收功率。

同理，可以得出其他元件的判断结果，即元件 4、元件 5 发出功率；元件 2、元件 3 吸收功率。

电源发出功率的数值为

$$|U_1 I_1| + |U_4 I_3| + |U_5 I_5| = 19\text{W}$$

负载吸收功率的数值为

$$|U_2 I_1| + |U_3 I_3| = 19\text{W}$$

可以看出二者相等，因此验证了功率平衡关系。

# 1.3　欧 姆 定 律

欧姆定律（Ohm's law）是分析电路的基本定律之一，反映了电路中电阻元件上电压和电流的约束关系，即流过电阻的电流与电阻两端的电压成正比，与电阻的阻值成反比。

欧姆定律

由于电压和电流是具有方向的物理量，同时对某一个特定的电路，它们相互之间又是有联系的，因此，选取不同的电压、电流参考方向，便有不同的欧姆定律形式。

如图 1.10（a）和图 1.10（b）所示电路，电压参考方向与电流的参考方向一致，即电压和电流是关联参考方向，则欧姆定律用公式表示为

$$I = \frac{U}{R} \text{ 或 } U = IR \qquad (1.3)$$

如图 1.10（c）和图 1.10（d）所示电路，电压的参考方向与电流的参考方向不一致，即电压和电流是非关联参考方向，则欧姆定律用公式表示为

$$I = -\frac{U}{R} \text{ 或 } U = -IR \qquad (1.4)$$

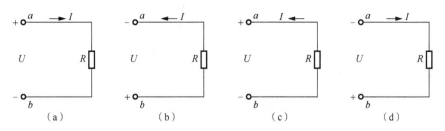

图 1.10 欧姆定律的不同形式

**例 1.3** 应用欧姆定律求如图 1.11 所示的各电路中未知的电压 $U$、电流 $I$ 及电阻 $R$。

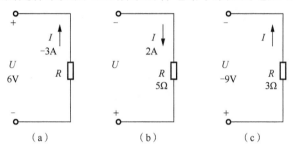

图 1.11 例 1.3 图

**解**：如图 1.11（a）所示电路，$U$、$I$ 是非关联参考方向，由式（1.4）可得

$$R = -\frac{U}{I} = -\frac{6}{-3} = 2\Omega$$

如图 1.11（b）所示电路，$U$、$I$ 也是非关联参考方向，由式（1.4）可得

$$U = -IR = -2 \times 5 = -10V$$

如图 1.11（c）所示电路，$U$、$I$ 是关联参考方向，由式（1.3）可得

$$I = \frac{U}{R} = \frac{-9}{3} = -3A$$

# 1.4 电路的基本工作状态

电路在不同的工作条件下会处于不同的状态，并具有不同的特点。

### 1.4.1 通路

电路的基本
工作状态

图 1.12 是一个简单直流电路，图中，$U_S$ 为电源的源电压，$R_S$ 为内阻，$R_L$ 为负载电阻。当开关 S 闭合时，电源与负载接通，电路中有电流流动及能量的传输和转换，此时电源发出功率，负载取用功率。电路的这一状态称为通路（closed circuit）。通路时，电源向负载输出电功率，从电源的角度出发可以称为电源处于带负载工作状态或电源有载工作。

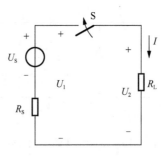

图 1.12　通路状态

通路时，电源内部和线路上都有功率损耗。当线路上的导线电阻很小时，其功率损耗可以忽略不计。由于电路中的电流为

$$I = \frac{U_\mathrm{S}}{R_\mathrm{S} + R_\mathrm{L}} \tag{1.5}$$

而负载电阻两端的电压为 $U_2 = IR_\mathrm{L}$，所以电源的端电压 $U_1 = U_2 = U_\mathrm{S} - IR_\mathrm{S}$。电路中的功率平衡式为

$$U_1 I = U_2 I = U_\mathrm{S} I - I^2 R_\mathrm{S} \tag{1.6}$$

式中，$U_\mathrm{S} I$ 为电源产生的功率；$I^2 R_\mathrm{S}$ 为电源内部内阻上损耗的功率；$U_1 I$ 为电源输出的功率；$U_2 I = I^2 R_\mathrm{L}$ 为负载从电源取用的功率。

如果电源内阻 $R_\mathrm{S}$ 很小，那么电源的端电压 $U_1$ 及负载的端电压 $U_2$ 基本不变，当负载增加时，负载所取用的电流和功率都增加，即电源输出的功率和电流都相应增加。因此，电源输出的功率和电流的大小取决于负载的大小。

电路接通后，无论是电源、负载还是连接导线，电路中的各种电气设备都处于工作状态，全面考虑电气设备的可靠性、安全性及使用寿命等因素，其功率、工作电压和允许通过的电流都要有一个限额，这种限额称为电气设备的额定值（rated value）。额定值表示电气设备的正常工作条件和工作能力，是电气设备的生产厂家为使其产品能在给定的工作条件下正常运行而规定的容许值。因为电压过高，电气设备的绝缘将会击穿，若电流过大将产生很大热量，会烧毁电源或其他电气设备，所以为了电气设备安全可靠地运行，都要有规定的电压、电流和功率等的额定值。电气设备的额定值一般标示在铭牌上或写在产品说明书中，使用电气设备之前应先了解其额定值。

需要注意的是，电气设备在实际使用时，电压、电流和功率的实际值由实际工作情况决定，不一定等于它们的额定值。例如，额定值为 220V/60W 的电灯接在额定电压为 220V 的电源上，若电源电压波动，加在电灯上的实际电压不是 220V，则电灯实际的功率就不是 60W 了。对于电动机来说，其实际功率和电流取决于轴上所带机械负载大小，也不一定处于额定工作状态。

当电气设备通过的电流等于其额定电流时，称为满载，也称为额定状态。超过额定电流时，称为过载（超载），如果电气设备使用不当，电流、电压和功率等可能超过其额定值，将会降低电气设备使用寿命，严重时会导致设备损坏。如果电气设备的电压、电流远小于额定值时，电气设备不会正常运行，并且也不能充分利用设备的工作能力。

### 1.4.2　开路

当某一部分电路与电源断开，其中没有电流，也不存在能量的传输和转换，称这部分电路所处的状态为开路（open circuit），也称为断路状态。如图 1.13 所示电路中的开关 S 断开时，电源与负载未接成闭合电路，这就是电路的开路状态，从电源的角度看也可以称为电源处于空载（no-load）状态。

开路时的电路一般特点如图 1.14 所示：开路处的电流 $I$ 为零；开路处的端电压（称为开路电压 $U_{\mathrm{oc}}$）取决于电路具体情况。

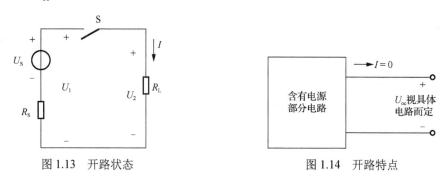

图 1.13　开路状态　　　　　　　　　　图 1.14　开路特点

对于如图 1.13 所示的电源空载状态，电路中的电流 $I$ 等于零；电源不输出功率，电源内部也没有功率损耗；电源的端电压 $U_1$ 也就是开路电压 $U_{\mathrm{oc}}$，与源电压 $U_{\mathrm{S}}$ 相等；负载上的电压 $U_2$ 及功率都为零。

### 1.4.3　短路

若某一部分电路的两端用电阻可以忽略不计的导线或开关连接起来，则该部分电路中的电流全部被导线或开关所旁路，称这部分电路所处的状态为短路（short circuit）或短接状态。如图 1.15 所示电路就是电源两端或负载两端直接连在一起的短路状态。

短路时的电路一般特点如图 1.16 所示：短路处的电压 $U$ 为零；短路处的电流（称为短路电流 $I_{\mathrm{sc}}$）取决于电路具体情况。

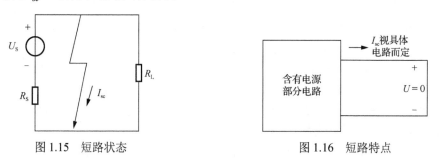

图 1.15　短路状态　　　　　　　　　　图 1.16　短路特点

对于如图 1.15 所示的电源短路状态，电路中的电流从电源流出经过短路点和电源内阻 $R_{\mathrm{S}}$ 构成回路，短路电流为 $I_{\mathrm{sc}} = \dfrac{U_{\mathrm{S}}}{R_{\mathrm{S}}}$，不再流过负载；电源的端电压等于零；电源产生的电能全被电源内阻消耗。

因为一般电源的内阻 $R_S$ 很小，所以短路电流 $I_{sc}$ 很大。如果电源短路状态不迅速排除，则超过额定电流若干倍的短路电流会使电源设备烧毁。因此，电源短路是一种非常危险的电路状态，工作中应尽量预防避免发生电源短路的严重事故。

有时因某种需要，可以将电路中的某一段短接或进行某种短路实验，这种情况一般不会引起不良后果。

## 1.5　基尔霍夫定律

除了欧姆定律之外，基尔霍夫定律（Kirchhoff's law）也是分析与计算电路的基本定律，包括电流定律和电压定律，概括了电路结构对电流、电压的约束关系。

基尔霍夫定律

### 1.5.1　电路结构术语

为便于叙述和应用基尔霍夫定律，首先以如图 1.17 所示电路为例，介绍电路中常用的描述电路结构的有关术语。

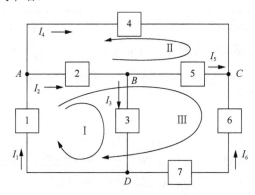

图 1.17　电路结构举例

支路（branch）：把电路中流过同一个电流的每个分支称为支路。支路中的电流称为支路电流。图 1.17 所示的电路中共有六条支路，图中已标出了设定的各支路电流的参考方向。如果支路中含有电源元件，则称为有源支路；否则称为无源支路。

结点（node）：电路中三条或三条以上支路相连接的点称为结点。如图 1.17 所示电路中共有 $A$、$B$、$C$ 和 $D$ 四个结点。

回路（loop）：电路中由支路组成的闭合路径称为回路。如图 1.17 所示电路中共有七个回路，如 $ABDA$、$ABCA$ 和 $ABCDA$ 等都是回路，也可用回路Ⅰ、回路Ⅱ和回路Ⅲ等表示，并以 "↙" 符号为标记。

网孔（mesh）：平面电路的单孔回路（即回路内部不含有其他支路）称为网孔。网孔是最简单的回路。如图 1.17 所示电路中共有 $ABDA$、$BCDB$ 和 $ABCA$ 三个网孔。

所谓平面电路（planar circuit），是指将电路画在平面上，能够做到除结点之外，各支路都不相交的电路，否则称为非平面电路（nonplanar circuit）。如图 1.17 所示的平面电路中，回路 $ABCDA$ 内含有 $BD$ 支路，所以不是网孔。

### 1.5.2　基尔霍夫电流定律

基尔霍夫电流定律（Kirchhoff's current law，KCL）也称为基尔霍夫第一定律，用以描述电路中连接在同一结点上的各支路电流之间的关系。因为电流具有连续性，所以在电路中的任何一点（包括结点）都不能堆积电荷。基尔霍夫电流定律指出：在任一瞬间，流入电路中任一结点的电流之和等于从该结点流出的电流之和，即

$$\sum i_{流入} = \sum i_{流出} \text{ 或 } \sum I_{流入} = \sum I_{流出} \text{（直流）} \tag{1.7}$$

如图 1.17 所示电路，已设定了各支路的电流参考方向。对于结点 $A$，流入的电流是 $I_1$，流出的电流是 $I_2$ 和 $I_4$，根据 KCL 可以写出结点电流方程为

$$I_1 = I_2 + I_4$$

也可改写成

$$I_1 - I_2 - I_4 = 0 \text{ 或 } I_2 + I_4 - I_1 = 0$$

因此，基尔霍夫电流定律还可表述为：在任一瞬间，流入（或流出）任一结点的电流代数和恒等于零，即

$$\sum i_k = 0 \text{ 或 } \sum I_k = 0 \text{（直流）} \tag{1.8}$$

式中，$i_k$ 或 $I_k$ 表示第 $k$ 条支路电流，若规定参考方向流入结点的电流取正值，则参考方向流出结点的电流就取负值。反之亦可。

对于如图 1.17 所示电路中 $B$、$C$ 和 $D$ 三个结点，应用 KCL 分别列出结点电流方程，即

$$结点\ B：\ I_2 = I_3 + I_5$$
$$结点\ C：\ I_4 + I_5 + I_6 = 0$$
$$结点\ D：\ I_3 = I_1 + I_6$$

可以看出，四个结点电流方程中任一个方程可以由另外三个方程导出，说明四个方程中只有三个是独立的。一般来说，若一个电路有 $n$ 个结点，则可以列出 $(n-1)$ 个独立的结点电流方程。第 $n$ 个结点的 KCL 方程可以由其他 $(n-1)$ 个方程推导出来。

基尔霍夫电流定律通常应用于结点，但也可推广应用于广义结点，即电路中用假想的封闭圈包围起来的某一部分电路。在任一瞬间，流入广义结点的电流之和等于由该广义结点流出的电流之和。

如图 1.18 所示的由虚线封闭圈包围的三角形电路，可以将其看作一个广义结点。封闭圈中有三个结点，应用 KCL 可列出三个结点的电流方程如下：

$$I_1 = I_{12} - I_{31}$$
$$I_2 = I_{23} - I_{12}$$
$$I_3 = I_{31} - I_{23}$$

将以上三个方程相加，便可得到

$$I_1 + I_2 + I_3 = 0$$

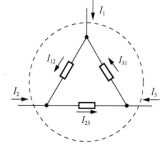

图 1.18　广义结点

可见，通过广义结点的电流关系满足基尔霍夫电流定律。

**例 1.4** 电路如图 1.19 所示，已知 $I_1 = 1A$，$I_2 = 2A$，$I_5 = 3A$，$I_6 = 10A$，求图中未知的支路电流。

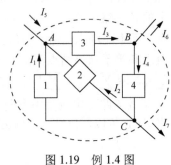

图 1.19　例 1.4 图

**解**：应用基尔霍夫电流定律，对电路的各结点列电流方程，可得

结点 $A$：$I_3 = I_1 + I_2 + I_5 = 6A$

结点 $B$：$I_4 = I_3 - I_6 = -4A$

结点 $C$：$I_7 = I_4 - I_1 - I_2 = -7A$

如果此题只求 $I_7$，可以对封闭圈包围的广义结点列写 KCL 方程，直接可得

$$I_7 = I_5 - I_6 = -7A$$

### 1.5.3　基尔霍夫电压定律

基尔霍夫电压定律（Kirchhoff's voltage law，KVL）也称为基尔霍夫第二定律，用以描述电路中任一回路内各支路电压间的关系。因为能量守恒，所以单位正电荷沿任一闭合路径移动一周时，能量交换总和为零。基尔霍夫电压定律指出：在任一瞬间，沿任一回路绕行一周，回路中各支路电压的代数和恒等于零，即

$$\sum u_k = 0 \text{ 或 } \sum U_k = 0 \text{（直流）} \tag{1.9}$$

式中，$u_k$ 或 $U_k$ 表示第 $k$ 条支路电压。

在应用式（1.9）列写 KVL 回路电压方程时，首先需要选定回路的绕行方向（顺时针或逆时针），若 $u_k$ 或 $U_k$ 的参考方向与回路绕行方向相同，$u_k$ 或 $U_k$ 前面取 "+" 号；否则，取 "−" 号。

如图 1.20 所示电路，已设定了各支路上元件的电压参考方向。对于回路 I，包含三条支路，支路上电压分别为 $U_1$、$U_2$ 和 $U_3$，选取顺时针的绕行方向，根据 KVL 可以写出回路电压方程为

$$-U_1 + U_2 + U_3 = 0$$

也可改写成

$$U_1 = U_2 + U_3$$

因此，基尔霍夫电压定律还可表述为：在任一瞬间，沿任一回路绕行一周，电压升之和等于电压降之和，即

$$\sum u_{电压升} = \sum u_{电压降} \text{ 或 } \sum U_{电压升} = \sum U_{电压降} \text{（直流）} \tag{1.10}$$

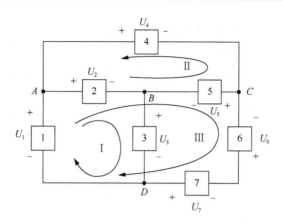

图 1.20 KVL 示例

对于如图 1.20 所示电路中的回路Ⅲ，取顺时针绕行方向，应用 KVL 列出的回路电压方程为

$$-U_1 + U_2 - U_5 - U_6 - U_7 = 0$$

该电压方程也可改写成

$$U_1 = U_2 - U_5 - U_6 - U_7$$

可以看出，$A$、$D$ 两点之间的电压 $U_1$ 通过回路 Ⅰ 或回路Ⅲ的电压方程均可计算。

基尔霍夫电压定律体现出，在任何电路中，任意两点之间的电压具有确定性，与计算时所取的路径无关。由此可以得出一个结论：电路中任意 $A$、$B$ 两点之间的电压等于沿着从 $A$ 点到 $B$ 点的任意一个路径上各段电压的代数和。

基尔霍夫电压定律通常应用于闭合回路，但也可推广应用到电路中任一未闭合的假想回路，此时需要将开口处的电压列入 KVL 方程，则在任一瞬间，沿假想回路绕行一周，回路中各部分电压的代数和恒等于零。

如图 1.21 所示电路，$A$、$D$ 间开路，$ABCDA$ 虽然没有构成电流流通路径，但可以作为假想回路，仍然适用基尔霍夫电压定律，按照图示的绕行方向，可得假想回路的 KVL 方程为

$$U_1 + U_2 - U_3 - U = 0$$

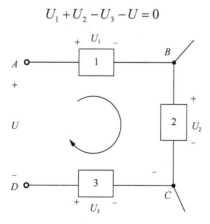

图 1.21 假想回路

在电路分析过程中，为简便起见，有时电阻上的电压不设参考方向，只设定电流的参考方向，即默认电压、电流是关联参考方向，这时可结合欧姆定律列写 KVL 回路电压方程：凡电流方向与回路绕行方向相同者，则电阻上的电压取"+"号；反之取"–"号。

**例 1.5** 如图 1.22 所示电路，已知 $I_2 = -3\text{A}$，$I_3 = 2\text{A}$，$R_1 = 5\Omega$，$R_3 = 4\Omega$，$U_{CD} = 18\text{V}$，$U_{S2} = 40\text{V}$，求 $I_1$、$U_{S1}$ 及 $R_2$。

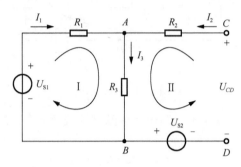

图 1.22 例 1.5 图

**解：** 对于结点 $A$，应用 KCL 列出结点电流方程，即

$$I_1 + I_2 = I_3$$

代入数据计算，可得

$$I_1 = I_3 - I_2 = 2 - (-3) = 5\text{A}$$

对于回路 I，应用 KVL 列出回路电压方程，即

$$I_1 R_1 + I_3 R_3 - U_{S1} = 0$$

代入数据计算，可得

$$U_{S1} = I_1 R_1 + I_3 R_3 = 5 \times 5 + 2 \times 4 = 33\text{V}$$

对于假想回路 II，依照 KVL 的推广应用，可写出假想回路的电压方程为

$$I_2 R_2 + I_3 R_3 + U_{S2} - U_{CD} = 0$$

因此可求出

$$R_2 = \frac{U_{CD} - I_3 R_3 - U_{S2}}{I_2} = \frac{18 - 2 \times 4 - 40}{-3} = 10\Omega$$

# 1.6 电 路 元 件

电路元件分为无源元件和有源元件两大类，无源元件有电阻元件、电感元件和电容元件；有源元件有电压源和电流源。电路元件通过其端子与外电路相连接，元件的性质通常用端口处的电压与电流之间的关系来描述，称为伏安特性（volt-ampere characteristic）。

## 1.6.1 电阻元件

电阻元件（resistor）是表征电路元件消耗电能这一物理性能的理想电路元件。电阻元件可以分为线性电阻和非线性电阻。若电阻两端的电压与通过电阻的电流成正比，即比值是一个常数，这样的电阻称为线性电阻；否则称为非线性电阻。

线性电阻在电路中的符号如图 1.23（a）所示，线性电阻的阻值是常数，不随电压或电流而变动。任一瞬间线性电阻的伏安特性总是服从欧姆定律，即电压和电流是关联参考方向时，有

$$U = IR \tag{1.11}$$

因此，线性电阻的伏安特性曲线是通过 $U$-$I$ 坐标系原点、斜率为 $1/R$ 的一条直线，如图 1.23（b）所示。

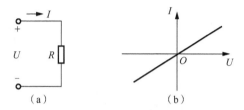

图 1.23　线性电阻符号及伏安特性曲线

电阻元件是一种耗能元件，其能量转换过程是不可逆的。当电压、电流是关联参考方向时，电阻元件消耗的功率为

$$P = UI = I^2 R = \frac{U^2}{R} \tag{1.12}$$

电阻（resistance）的单位是欧姆，简称欧（Ω），当电阻两端的电压为 1V、通过电阻的电流为 1A 时，其阻值为 1Ω。大阻值的电阻则常用千欧（kΩ）或兆欧（MΩ）做单位。

电阻的倒数称为电导（conductance），用 $G$ 表示，即

$$G = \frac{1}{R} \tag{1.13}$$

电导的单位为西门子，简称西（S）。

非线性电阻的阻值不是常数，而是随着电压或电流变动。例如白炽灯灯丝的材料是钨，其阻值随温度高低（电流大小）而变；半导体二极管等效电阻的阻值随二极管两端所加电压而变。

非线性电阻的伏安特性曲线不是直线，一般不能用数学式准确表示出来，而是通过实验方法得出。图 1.24 所示是两个非线性电阻的伏安特性曲线。

非线性电阻的符号如图 1.25 所示。非线性电阻元件的电阻有两种表示方式。一种称为静态电阻（static resistance），即伏安特性曲线上各点的电压 $U$ 与电流 $I$ 之比。如图 1.26 所示，工作点 $Q$ 处的静态电阻为

$$R_Q = \frac{U_Q}{I_Q} \tag{1.14}$$

另一种称为动态电阻（dynamic resistance），等于伏安特性曲线在工作点处的电压对电流的导数，即工作点附近电压微变量与电流微变量之比的极限。如图 1.26 所示，工作

点 $Q$ 处的动态电阻为

$$r_Q = \lim_{\Delta I \to 0} \frac{\Delta U}{\Delta I} = \frac{\mathrm{d}U}{\mathrm{d}I} \tag{1.15}$$

也等于伏安特性曲线在工作点 $Q$ 处切线斜率的倒数。

若无特殊说明，本书中所提及的电阻都指线性电阻。

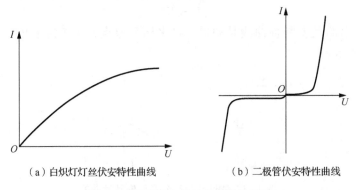

（a）白炽灯灯丝伏安特性曲线　　　　　　　（b）二极管伏安特性曲线

图 1.24　非线性电阻的伏安特性例子

图 1.25　非线性电阻符号

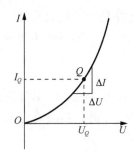

图 1.26　静态电阻与动态电阻

### 1.6.2　电感元件

电感元件（inductor）是由电流产生磁通和磁场能量存储的物理过程抽象出来的理想元件，如忽略电阻的线圈的理想化模型就是电感元件。如图 1.27 所示的线性电感元件，若其通过电流为 $i$，磁通链为 $\psi$，则电感定义为

储能元件

$$L = \frac{\psi}{i} \tag{1.16}$$

电感（inductance）是表征电感元件产生磁通的能力。电感的单位是亨利，简称亨（H），有时也用毫亨（mH）。

当电感元件中的电流 $i$ 发生变化时，产生的磁通也相应变化，根据电磁感应定律，在其两端将有感应电动势 $e$ 产生，感应电动势的方向与电流的方向一致。

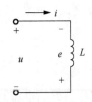

图 1.27　电感元件

如果电感元件上电压、电流是关联参考方向，如图 1.27 所示，则电压、电流之间的关系为

$$u = -e = \frac{\mathrm{d}\psi}{\mathrm{d}t} = L\frac{\mathrm{d}i}{\mathrm{d}t} \qquad (1.17)$$

即电感元件的两端电压与其通过电流的变化率成正比。如果电感元件上电压、电流是非关联参考方向，则有

$$u = -L\frac{\mathrm{d}i}{\mathrm{d}t} \qquad (1.18)$$

若电感元件中通过的电流 $i$ 是直流时，$\dfrac{\mathrm{d}i}{\mathrm{d}t}$ 为零，因此，电压 $u$ 为零，即电感元件对直流相当于短路。

电感元件也是一种储能元件，当通过电感的电流 $i$ 增大时，电感将电能变为磁场能量存储在元件的磁场中；$i$ 减小时，电感将存储的磁场能量变为电能释放。任一瞬间，电感元件中的储能可表示为

$$W_L = \int_0^t ui\mathrm{d}t = \int_0^i Li\mathrm{d}i = \frac{1}{2}Li^2 \qquad (1.19)$$

由此可见，电感元件在任一时刻的储能，只取决于该时刻电感元件的电流值。电感元件通过其中电流的变化，进行电能与磁场能量的转换，其本身不消耗所吸收的能量。

### 1.6.3　电容元件

电容元件（capacitor）是由存储电荷或者说存储电场能量的物理过程抽象出来的理想元件。如图 1.28 所示的线性电容元件，若其两端电压为 $u$，所储电荷为 $q$，则电容定义为

$$C = \frac{q}{u} \qquad (1.20)$$

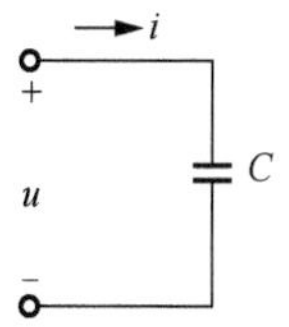

电容（capacitance）是表征电容元件存储电荷的能力。电容的单位是法拉，简称法（F），实际应用中常采用微法（μF）或皮法（pF）做单位，它们之间的关系为

$$1\mathrm{F} = 10^6\,\mu\mathrm{F} = 10^{12}\,\mathrm{pF}$$

图 1.28　电容元件

当电容元件上电荷量或电压发生变化时，在电路中会产生电流。如果电容元件上电压、电流是关联参考方向，如图 1.28 所示，则电压、电流之间的关系为

$$i = \frac{\mathrm{d}q}{\mathrm{d}t} = C\frac{\mathrm{d}u}{\mathrm{d}t} \qquad (1.21)$$

即电容元件中的电流与其两端电压的变化率成正比。如果电容元件上电压、电流是非关联参考方向，则有

$$i = -C\frac{\mathrm{d}u}{\mathrm{d}t} \qquad (1.22)$$

若电容元件的两端电压 $u$ 是直流电压时，$\dfrac{\mathrm{d}u}{\mathrm{d}t}$ 为零，因此，电流 $i$ 为零，即电容元件对直流相当于开路，或者说电容有隔断直流（简称隔直）的作用。

电容元件是一种储能元件，当其两端电压 $u$ 增大时，电荷 $q$ 将增加，电容充电，将

电能存储在元件的电场中；$u$ 减小时，$q$ 将减少，电容放电，将存储的能量释放。任一瞬间，电容元件中的储能可表示为

$$W_C = \int_0^t uidt = \int_0^u Cudu = \frac{1}{2}Cu^2 \qquad (1.23)$$

由此可见，电容元件在任一时刻的储能，只取决于该时刻电容元件的电压值。电容元件通过其两端电压的变化，进行电场能量的转换，其本身不消耗所吸收的能量。

### 1.6.4　电压源

理想电压源（ideal voltage source）的符号如图 1.29（a）所示，图中，$U_S$ 为给定的源电压，并且正极性端（"+"）的电位高于负极性端（"-"）的电位。理想电压源的伏安特性曲线如图 1.29（b）所示。理想电压源具有以下特点：

电源

（1）无论负载如何变化，理想电压源输出的端电压恒定不变，即 $U$ 始终和源电压 $U_S$ 相等，因此，理想电压源又简称为恒压源。

（2）理想电压源的输出电流由外电路决定。当负载变化时，理想电压源的输出电流也随着变化。

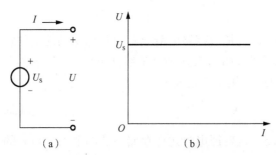

图 1.29　理想电压源及其伏安特性曲线

理想电压源在实际中是不存在的，任何一个实际电源，内部总存在一定的电阻。由恒压源串联一个电阻组成的电源模型即为电压源（voltage source），如图 1.30（a）所示，图中，$U_S$ 为恒压源的源电压，串联的电阻 $R_S$ 称为电压源的内阻。

由图 1.30（a）可知，电压源的伏安特性表达式为

$$U = U_S - IR_S \qquad (1.24)$$

式中，$U_S$ 和 $R_S$ 对给定的电压源来说是常数，因此，$U$ 和 $I$ 是线性关系，可以用一条直线表示，如图 1.30（b）所示。可以看出，$R_S$ 越大，直线斜率越大；$R_S$ 越小，电压源的伏安特性曲线就越接近恒压源的伏安特性曲线 [图 1.30（b）中虚线]。

当电源外接负载时，表示电源端电压与输出电流之间关系的伏安特性曲线又称为电源的外特性曲线。

从电压源的外特性曲线可以看出，当负载开路时，$I = 0$，此时电压源的开路电压 $U_{oc} = U_S$；当负载短路时，$U = 0$，此时电压源输出的短路电流 $I_{sc} = \dfrac{U_S}{R_S}$。随着负载增加

（电流 $I$ 变大），内阻 $R_s$ 上的电压降增加，电源端电压 $U$ 减小。因此，电压源内阻 $R_s$ 越小，输出电流变化时，电源端电压变化越小，即输出电压越稳定，称为电源带负载的能力强。

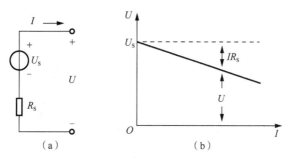

图 1.30 电压源及其伏安特性曲线

理想电压源可以认为是内阻等于零的电压源。实际上，当电压源的内阻远远小于负载电阻时，电压源内阻可以忽略，此时实际电压源可看作理想电压源。由于实际电压源的内阻很小，发生短路时输出电流非常大，会烧坏电源，因此，实际电压源不允许短路。

### 1.6.5 电流源

理想电流源（ideal current source）的符号如图 1.31（a）所示，图中，$I_S$ 为给定的源电流。理想电流源的伏安特性曲线如图 1.31（b）所示。理想电流源具有以下特点：

（1）无论负载如何变化，理想电流源输出的电流恒定不变，即 $I$ 始终和源电流 $I_S$ 相等，因此，理想电流源又简称为恒流源。

（2）理想电流源的输出电压由外电路决定。当负载变化时，理想电流源的输出电压也随着变化。

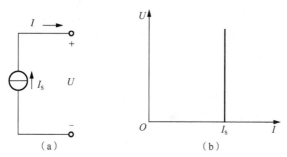

图 1.31 理想电流源及其伏安特性曲线

理想电流源在实际中也是不存在的。由恒流源并联一个电阻组成的电源模型即为电流源（current source），如图 1.32（a）所示，图中，$I_S$ 为恒流源的源电流，并联的电阻 $R_S$ 是电流源的内阻。

由图 1.32（a）可知，电流源的伏安特性可表示为

$$I = I_S - \frac{U}{R_S} \tag{1.25}$$

式中，$I_S$ 和 $R_S$ 对给定的电流源来说是常数，因此，$U$ 和 $I$ 是线性关系，可以用一条直线

表示，如图 1.32（b）所示。可以看出，$R_S$ 越大，电流源的伏安特性曲线就越接近恒流源的伏安特性曲线 [图 1.32（b）中虚线]。

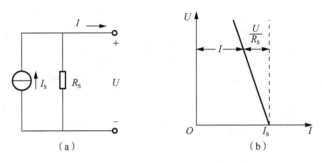

图 1.32　电流源及其伏安特性曲线

当电流源外接负载时，若负载开路，$I = 0$，则电流源的开路电压 $U_{oc} = I_S R_S$；若负载短路，$U = 0$，则电流源的短路电流 $I_{sc} = I_S$。

从电流源的外特性曲线可以看出，只有在电流源短路时，源电流全部成为输出电流。电流源有载工作时，源电流的一部分将被内阻分流。因此，电流源内阻 $R_S$ 越大，输出电压变化时，电源输出电流越稳定。

理想电流源可以认为是内阻无穷大的电流源。实际上，当电流源的内阻远远大于负载电阻时，可将实际电流源看作理想电流源。

### 1.6.6　受控电源

前面讨论的电压源和电流源，其源电压和源电流不受外电路的影响，是独立的，故称为独立电源（independent source）。独立电源在电路中起着"激励"作用，因为有了它才能在电路中产生电流和电压。除独立电源外还有一种非独立的受控电源，简称受控源（controlled source）。受控电压源的电压和受控电流源的电流受外电路中其他部分的电流或电压控制，当控制的电流或电压消失后，受控源的输出也就变为零，即受控源本身不直接起"激励"作用。

根据控制量是电压还是电流，受控电源是电压源还是电流源，受控源分为如图 1.33 所示的四种形式，区别于独立电源的圆形符号，图中的菱形符号是受控源符号。

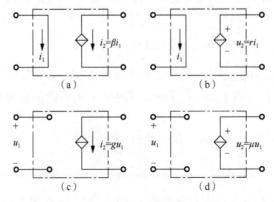

图 1.33　受控电源模型

图 1.33（a）是电流控制的电流源（current-controlled current source，CCCS），受控电流源的电流 $i_2$ 由外电路中某一电流 $i_1$ 控制，其中，$\beta$ 是一个无量纲的系数。

图 1.33（b）是电流控制的电压源（current-controlled voltage source，CCVS），受控电压源的电压 $u_2$ 由外电路中某一电流 $i_1$ 控制，其中，系数 $r$ 具有电阻的量纲。

图 1.33（c）是电压控制的电流源（voltage-controlled current source，VCCS），受控电流源的电流 $i_2$ 由外电路中某一电压 $u_1$ 控制，其中，系数 $g$ 具有电导的量纲。

图 1.33（d）是电压控制的电压源（voltage-controlled voltage source，VCVS），受控电压源的电压 $u_2$ 由外电路中某一电压 $u_1$ 控制，其中，$\mu$ 是一个无量纲的系数。

当控制系数 $\beta$、$r$、$g$ 和 $\mu$ 为常数时，受控量与控制量成正比，称为线性受控源。

像理想的独立电压源和电流源一样，图 1.33 中菱形符号代表的受控源也是理想的，理想受控电压源的内阻为零，理想受控电流源的内阻为无穷大。

# 习　　题

1.1　已知某电路中 $A$、$B$ 两点之间的电压 $U_{AB} = -5\text{V}$，那么 $A$、$B$ 两点中哪点电位高？

1.2　如图 1.34 所示，以 $B$ 点为参考点时，已知 $U_A = -8\text{V}$，$U_C = 3\text{V}$，求电压 $U_{AC}$；若改以 $C$ 点为参考点，求 $A$、$B$ 两点电位及电压 $U_{AC}$。

1.3　某电路中的一部分如图 1.35 所示，已知 $I = -2\text{A}$，$U_1 = 3\text{V}$，元件 2 发出功率 20W，元件 3 消耗功率 10W。（1）判断元件 1 是电源还是负载，并求其功率；（2）求电压 $U_2$ 和 $U_3$。

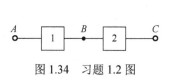

图 1.34　习题 1.2 图

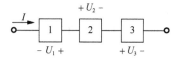

图 1.35　习题 1.3 图

1.4　如图 1.36 所示部分电路，各电流参考方向如图所示，若已知各电阻阻值及电流值，写出计算电压 $U_{AB}$、$U_{BC}$、$U_{AD}$、$U_{CD}$ 的表达式。

1.5　如图 1.37 所示电路，求电流 $I$。

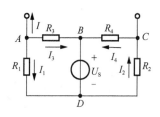

图 1.36　习题 1.4 图

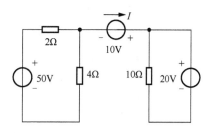

图 1.37　习题 1.5 图

1.6　如图 1.38 所示电路，求电压 $U_{ab}$。

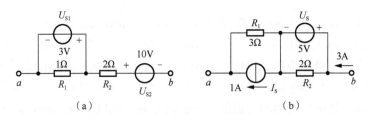

图 1.38 习题 1.6 图

1.7 如图 1.39 所示电路，以 $E$ 点为参考点，求 $A$、$B$、$C$、$D$ 各点电位。

1.8 如图 1.40 所示电路，求 $A$、$B$ 两点之间的电压 $U_{AB}$ 及电流 $I_1$、$I_2$。

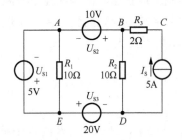

图 1.39 习题 1.7 图

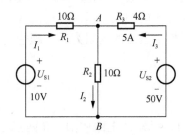

图 1.40 习题 1.8 图

1.9 如图 1.41 所示电路，$a$、$b$ 两点之间的电压 $U_{ab}$ 各为多少？

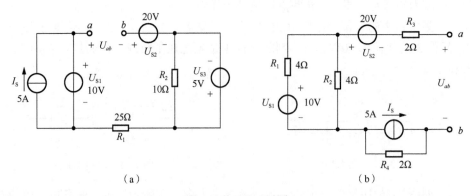

图 1.41 习题 1.9 图

1.10 如图 1.42 所示电路，求电流 $I$ 及电压 $U$，计算各元件的功率，并验证功率平衡。

1.11 如图 1.43 所示电路。（1）求每个电阻消耗的功率；（2）求各恒压源、恒流源的功率，并说明是发出功率还是吸收功率。

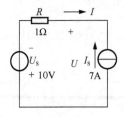

图 1.42 习题 1.10 图

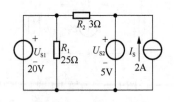

图 1.43 习题 1.11 图

# 第 2 章　电路的分析方法

对电路的分析，通常是已知电路的结构和参数而求解电路中的未知物理量。由于电路的结构形式多种多样，有些电路比较简单，如单网孔的或经电阻的串联、并联能等效变换为单网孔的电路，利用欧姆定律和基尔霍夫定律可直接进行分析计算；而有些电路比较复杂，分析计算非常麻烦。本章将根据电路的结构和特点，以直流电路为例，归纳出一些常用的分析过程简单、计算快捷的简便电路分析方法。本章的电路分析方法也同样适用于交流电路。

## 2.1　电路的等效变换

等效在电路分析中是非常重要的概念。对于复杂电路，有时需要根据电路元件的联结特点来简化电路。电路等效变换即是将结构复杂的电路用结构简单的电路代替，达到简单方便地进行电路分析与计算的目的。

### 2.1.1　二端网络及等效的概念

在分析电路时，可以把电路的某一部分作为一个整体进行分析，如果这部分电路只有两个接线端与外部电路相连，则称其为二端网络（two-terminal network），也称为一端口网络（one-port network）。若二端网络内部含有电源，则称为有源二端网络；否则称为无源二端网络。理解二端网络是认识等效的基础。

如图 2.1 所示，二端网络 $N_1$ 和 $N_2$ 均由电路元件互相联结组成，其内部结构不相同，但从接线端口上看，如果它们对同一个外电路来说电压、电流关系相同，即端子 *a-b* 以右的部分具有相同的伏安特性，则称 $N_1$ 和 $N_2$ 是相互等效的二端网络。当 $N_1$ 和 $N_2$ 两者互相代替时，对外电路的作用效果是相同的，不会改变外电路原来的工作状态。

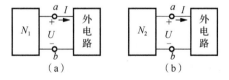

图 2.1　等效的概念

从二端网络的角度看，两个二端网络等效是指对二端网络的外部电路而言，即"对外等效"，而两个二端网络的内部工作状态并不相同。如图 2.2 所示，可以用一个等效电阻 $R$ 来代替由若干电阻相互联结构成的二端网络 $N_2$ 在电路中的作用，即用 $R$ 代替 $N_2$ 后，不改变其余部分电路（图 2.2 中网络 $N_1$）的电压和电流，即对外电路来说被化简的电阻网络 $N_2$ 与等效电阻 $R$ 具有相同的伏安特性。

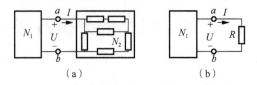

图 2.2　等效电阻

### 2.1.2　电阻串联、并联的等效变换

串联（series connection）与并联（parallel connection）是电阻元件连接的基本方式，在此仅扼要地说明它们的基本概念并不加证明地给出一些结论。

如果两个或更多个电阻一个接一个地顺序相连，无分支，且这些电阻上通过同一个电流，则这种连接方式称为串联。

如图 2.3 所示，$n$ 个串联的电阻可用一个等效电阻 $R$ 代替，等效电阻等于各个串联的电阻之和，即

$$R = R_1 + R_2 + \cdots + R_n \tag{2.1}$$

显然，串联后的等效电阻必大于任一个串联的电阻。

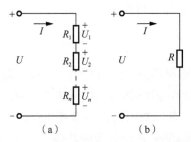

图 2.3　电阻串联及其等效电阻

串联的每个电阻上的电压与电阻的阻值成正比，如图 2.3（a）所示电路中的电阻 $R_i$ $(i = 1, 2, \cdots, n)$ 上的电压为

$$U_i = \frac{R_i}{R_1 + R_2 + \cdots + R_n} U \tag{2.2}$$

总电压根据各个串联电阻的阻值进行分配，式（2.2）称为串联电阻的分压公式。

电阻串联的实际应用很多。例如在某负载的额定电压低于电源电压的情况下，可根据需要将一个电阻与该负载串联，通过电阻分压来满足负载的额定电压要求。又如有些情况下为了避免在负载中流过过大电流，可根据需要与该负载串联一个限流电阻。

如果两个或更多个电阻的两端分别连接在两个公共的结点，即这些电阻处于同一个电压下，则这种连接方式称为并联。一般用符号"//"简记并联关系，如 $R_1 // R_2$ 表示电阻 $R_1$ 与 $R_2$ 并联。

如图 2.4 所示，$n$ 个并联的电阻可用一个等效电阻 $R$ 代替，等效电阻的倒数等于各

个并联电阻的倒数之和，即

$$\frac{1}{R} = \frac{1}{R_1} + \frac{1}{R_2} + \cdots + \frac{1}{R_n} \tag{2.3}$$

并联后的等效电导为

$$G = G_1 + G_2 + \cdots + G_n \tag{2.4}$$

显然，并联后的等效电阻小于任一个并联的电阻。

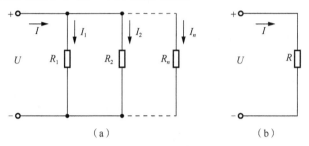

图 2.4　电阻并联及其等效电阻

　　并联的每个电阻中的电流与电阻的阻值成反比，与电阻的电导值成正比，如图 2.4（a）所示电路中电阻 $R_i$（$i = 1, 2, \cdots, n$）中的电流为

$$I_i = \frac{I}{R_i \left( \dfrac{1}{R_1} + \dfrac{1}{R_2} + \cdots + \dfrac{1}{R_n} \right)} = \frac{G_i}{G_1 + G_2 + \cdots + G_n} I \tag{2.5}$$

式（2.5）称为并联电阻的分流公式。

　　通常情况下负载都是并联使用的。由于不同的负载并联工作时处于同一电压下，因此，其中任何一个负载的工作情况基本不受其他负载的影响。

　　当电路中既有电阻的串联，又有电阻的并联，可称为电阻的混联。对于复杂的混联电路，有时通过串联、并联电阻的等效合并可使电路得以简化。

　　**例 2.1**　如图 2.5（a）所示电路，已知各电阻阻值及源电压 $U_S$，求电流 $I$。

　　**解：** 如图 2.5（a）所示电路中，电阻 $R_1$、$R_3$ 并联；$R_4$、$R_5$ 并联；$R_8$、$R_9$ 并联，可分别用等效电阻 $R_{13}$、$R_{45}$、$R_{89}$ 代替，因此得到如图 2.5（b）所示的等效电路。根据式（2.3）计算各等效电阻，可得

$$R_{13} = \frac{R_1 R_3}{R_1 + R_3}, \quad R_{45} = \frac{R_4 R_5}{R_4 + R_5}, \quad R_{89} = \frac{R_8 R_9}{R_8 + R_9}$$

　　如图 2.5（b）所示电路中，电阻 $R_{89}$ 与 $R_7$ 串联后与 $R_6$ 并联，可用等效电阻 $R_{6789}$ 代替，即

$$R_{6789} = R_6 \; /\!/ \; (R_7 + R_{89}) = \frac{R_6 (R_7 + R_{89})}{R_6 + R_7 + R_{89}}$$

得到的等效电路如图 2.5（c）所示。

　　如图 2.5（c）所示电路中，电阻 $R_{6789}$ 与 $R_{45}$ 串联后与 $R_{13}$ 并联，再与 $R_2$ 串联，用等效电阻 $R_{eq}$ 代替，即

$$R_{\text{eq}} = R_2 + [R_{13} \mathbin{/\!/} (R_{6789} + R_{45})] = R_2 + \frac{R_{13}(R_{6789} + R_{45})}{R_{13} + R_{6789} + R_{45}}$$

得到的等效电路如图 2.5（d）所示。

如图 2.5（d）所示简化电路，可容易地计算出电流 $I$ 为

$$I = \frac{U_{\text{S}}}{R_{\text{eq}}}$$

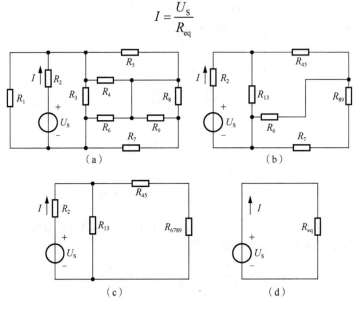

图 2.5  例 2.1 图

### 2.1.3  电阻星形联结与三角形联结的等效变换

在实际电路中，电阻元件还存在一些既非串联又非并联的连接方式，如图 2.6 所示的一种具有桥形结构的电路，不能用电阻的串联、并联等效来直接化简计算。

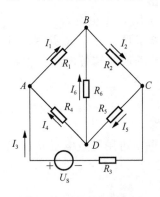

图 2.6  桥形结构的电路

如图 2.6 所示电路，$R_1$、$R_2$、$R_6$ 三个电阻一端连接在一起，称这种连接方式为星（丫）形联结；$R_1$、$R_4$、$R_6$ 三个电阻首尾相连，构成一个闭合的三角形状，称这种连接方式为三角（△）形联结。类似地，$R_2$、$R_3$、$R_5$ 也构成丫形联结，而 $R_2$、$R_5$、$R_6$ 也构成△形联结。电路中 $R_1$、$R_2$、$R_5$、$R_4$ 四个电阻首尾相连，而中间由 $R_6$ 像桥一样相互连接，称这种连接方式为桥式联结。丫形联结、△形联结及桥式联结是实际电路元件常见的连接方式。

如图 2.7（a）所示的丫形联结网络与如图 2.7（b）所示的△形联结网络都是通过三个端子与外部相连，当两种连接方式的电阻之间满足一定关系时，它们在端子 1、2、3 以外的伏安特性可以相同，则这两种网络可以相互代替，而不影响其他部分的电压与电流。也就是说，对外部电路而言，电阻的丫形联结与△形联结在一定条件下可以相互等效变换。丫-△联结等效变换的

条件是：两个网络的对应端子之间具有相同的电压 $U_{12}$、$U_{23}$ 和 $U_{31}$，而流入对应端子的电流分别相等。

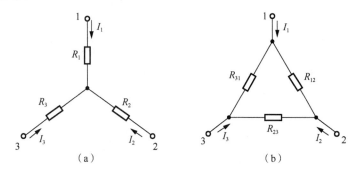

图 2.7　电阻的丫-△联结等效变换

丫形联结与△形联结的等效变换应用于电路分析中利于电路的简化。下面将结合如图 2.7 所示电路，根据丫-△联结等效变换的条件，直接给出等效变换的关系表达式。读者也可根据基尔霍夫定律及欧姆定律自行推导得出结论。

对外部电路而言，丫形联结电阻网络可由△形联结电阻网络等效代替，其等效变换公式为

$$\begin{cases} R_{12} = \dfrac{R_1 R_2 + R_2 R_3 + R_3 R_1}{R_3} \\[2mm] R_{23} = \dfrac{R_1 R_2 + R_2 R_3 + R_3 R_1}{R_1} \\[2mm] R_{31} = \dfrac{R_1 R_2 + R_2 R_3 + R_3 R_1}{R_2} \end{cases} \tag{2.6}$$

即根据已知的丫形联结电阻网络，确定与其等效的△形联结电阻网络的简记关系式为

$$\triangle 形电阻 = \frac{丫形电阻两两乘积之和}{丫形不相邻电阻}$$

对外部电路而言，△形联结电阻网络也可由丫形联结电阻网络等效代替，其等效变换公式为

$$\begin{cases} R_1 = \dfrac{R_{12} R_{31}}{R_{12} + R_{23} + R_{31}} \\[2mm] R_2 = \dfrac{R_{23} R_{12}}{R_{12} + R_{23} + R_{31}} \\[2mm] R_3 = \dfrac{R_{31} R_{23}}{R_{12} + R_{23} + R_{31}} \end{cases} \tag{2.7}$$

即根据已知的△形联结电阻网络，确定与其等效的丫形联结电阻网络的简记关系式为

$$丫形电阻 = \frac{\triangle 形相邻电阻的乘积}{\triangle 形电阻之和}$$

**例 2.2**　求如图 2.8（a）所示二端网络的等效电阻。

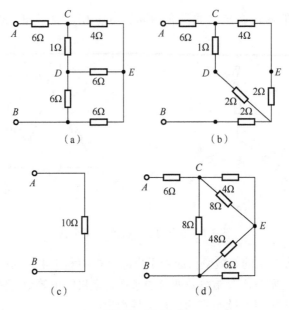

图 2.8 例 2.2 图

**解：**将图 2.8（a）中结点 $B$、$D$、$E$ 之间的△形联结电阻用丫形联结电阻等效代替，根据式（2.7）计算等效变换后电阻，如图 2.8（b）所示。对图 2.8（b）即可用电阻的串联、并联化简求出如图 2.8（c）所示最终的等效电阻：

$$R = 6\Omega + [(4\Omega + 2\Omega) \mathbin{/\mkern-5mu/} (1\Omega + 2\Omega)] + 2\Omega = 10\Omega$$

本题的另一种方法是将图 2.8（a）中结点 $B$、$C$、$E$ 之间的以结点 $D$ 为公共联结点的丫形联结电阻用△形联结电阻代替，如图 2.8（d）所示，进而再用电阻串联、并联方法也可得出如图 2.8（c）所示最终的等效电阻：

$$R = 6\Omega + \{8\Omega \mathbin{/\mkern-5mu/} [(4\Omega \mathbin{/\mkern-5mu/} 8\Omega) + (6\Omega \mathbin{/\mkern-5mu/} 48\Omega)]\} = 10\Omega$$

当然本题还存在其他丫形或△形联结的等效变换可求出等效电阻，解法不唯一，只是变换的难易程度不同。

### 2.1.4 电源串联、并联的等效变换

根据基尔霍夫电压定律，几个串联的电压源可用一个电压源等效代替。等效电压源的源电压为各串联电压源源电压的代数和，其中各串联电压源源电压的极性和等效电压源源电压极性相同者取正，相反者取负；而等效电压源的内阻等于各串联电压源内阻之和。

如图 2.9 所示，$n$ 个串联的电压源，其等效电压源的源电压为

$$U_{\mathrm{S}} = U_{\mathrm{S}1} - U_{\mathrm{S}2} + \cdots + U_{\mathrm{S}n} = \sum_{i=1}^{n} U_{\mathrm{S}i} \tag{2.8}$$

式中，与 $U_{\mathrm{S}}$ 电压极性相同的 $U_{\mathrm{S}i}$ 前取"+"号，反之取"-"号。这个等效关系对内阻为零的理想电压源同样适用，即串联的理想电压源可以合并为一个理想电压源。

$n$ 个串联的电压源，其等效电压源的内阻为

$$R = R_1 + R_2 + \cdots + R_n \tag{2.9}$$

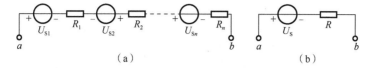

图 2.9　串联的电压源及其等效变换

根据基尔霍夫电流定律，几个并联的电流源可用一个电流源等效代替。等效电流源的源电流等于各并联电流源源电流的代数和，即各并联电流源源电流的方向和等效电流源源电流方向相同者取正，相反者取负；而等效电流源的内阻等于各并联电流源内阻并联的等效电阻。

如图 2.10 所示，$n$ 个并联的电流源，其等效电流源的源电流为

$$I_S = I_{S1} - I_{S2} + \cdots + I_{Sn} = \sum_{i=1}^{n} I_{Si} \qquad (2.10)$$

式中，与 $I_S$ 电流方向相同的 $I_{Si}$ 前取"+"号，反之取"-"号。这个等效关系对没有内阻的理想电流源同样适用，即并联的理想电流源可以合并为一个理想电流源。

$n$ 个并联的电流源，其等效电流源的内阻为

$$R = R_1 /\!/ R_2 /\!/ \cdots /\!/ R_n \qquad (2.11)$$

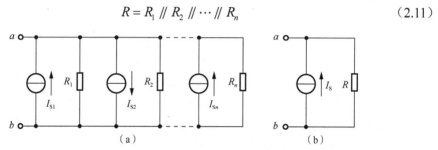

图 2.10　并联的电流源及其等效变换

应当注意：并联的理想电压源必须电压相等且极性一致，否则违背 KVL，不能并联；串联的理想电流源必须电流相等且方向一致，否则违背 KCL，不能串联。

### 2.1.5　电压源与电流源的等效变换

如果电压源的外特性［图 1.29（b）］和电流源的外特性［图 1.31（b）］是相同的，说明当用电压源和电流源分别对同一电路或负载供电时，两个电源输出的电流及端电压完全相同，则这两个电源作用是等效的，两者之间可以进行互换。

电压源与电流源的
等效变换

如图 2.11（a）和图 2.11（b）所示电路的虚线框中分别是电压源和电流源，它们分别对同一负载电阻 $R_L$ 供电，两电路中负载 $R_L$ 的两端电压 $U$ 相同、电流 $I$ 相同，因此对负载而言，电压源、电流源这两个二端网络具有相同的伏安特性，是等效的二端网络。

对于图 2.11（a），应用基尔霍夫电压定律，有

$$U = U_S - IR_S \qquad (2.12)$$

对于图 2.11（b），应用基尔霍夫电流定律，有

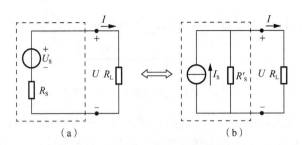

图 2.11 电压源和电流源的等效变换

$$I = I_S - \frac{U}{R_S'} \tag{2.13}$$

如果令 $R_S = R_S'$，并且令电压源的短路电流 $\dfrac{U_S}{R_S} = I_S$，即等于电流源的源电流；或令电流源的开路电压 $I_S R_S' = U_S$，即等于电压源的源电压，则式（2.12）与式（2.13）完全相同。

因此，电压源和电流源等效变换的关系式为

$$\begin{cases} R_S = R_S' \\ I_S = \dfrac{U_S}{R_S} \text{ 或 } U_S = I_S R_S' \end{cases} \tag{2.14}$$

可以看出，等效变换的电压源和电流源的内阻相同，仅连接方式不同。对电压源来说，$U_S$ 与内阻串联后对负载供电；对电流源来说，$I_S$ 与内阻并联后对负载供电。

进行电源等效变换时应注意电流源源电流的方向和电压源源电压的极性。为了保持等效变换前后电源输出端的特性一致，源电压 $U_S$ 的方向应与源电流 $I_S$ 的方向相反，即 $I_S$ 的方向是从 $U_S$ 的 "−" 端指向 "+" 端。

虽然电压源与电流源之间可以等效互换，但是这种等效关系只对外电路是成立的，对电源内部没有等效的关系。如图 2.11 所示，等效的电压源与电流源都开路时，$I = 0$，电压源内阻上不损耗功率；而电流源内部仍有电流，内阻上有功率损耗 $I_S^2 R_S'$，所以对电源内部没有等效的关系。

另外由式（2.14）不难发现：理想电压源和理想电流源本身之间没有等效关系。这是因为理想电压源的内阻等于零，其短路电流为无穷大；而理想电流源的内阻无穷大，其开路电压为无穷大，都不能得到有限的数值，所以两者之间不存在等效变换条件，不能进行等效变换。

**例 2.3** 如图 2.11（a）所示，电压源源电压 $U_S = 20\text{V}$，内阻 $R_S = 5\Omega$，负载电阻 $R_L = 15\Omega$。（1）试求与此电压源等效的电流源，计算负载电阻两端电压 $U$ 和负载中电流 $I$；（2）计算两种等效电源内阻的功率损耗。

**解**：（1）与电压源等效的电流源电路如图 2.11（b）所示。

等效电流源的源电流为

$$I_S = \frac{U_S}{R_S} = \frac{20}{5} = 4\text{A}$$

等效电流源的内阻与电压源内阻数值相同，即 $R'_\mathrm{S} = 5\Omega$。

如图 2.11（a）所示电压源电路，有

$$I = \frac{U_\mathrm{S}}{R_\mathrm{S} + R_\mathrm{L}} = \frac{20}{5+15} = 1\mathrm{A}$$

$$U = IR_\mathrm{L} = 1 \times 15 = 15\mathrm{V}$$

如图 2.11（b）所示电流源电路，有

$$I = \frac{R'_\mathrm{S}}{R'_\mathrm{S} + R_\mathrm{L}} \cdot I_\mathrm{S} = \frac{5}{5+15} \times 4 = 1\mathrm{A}$$

$$U = IR_\mathrm{L} = 1 \times 15 = 15\mathrm{V}$$

由此可见，电压源和等效变换得到的电流源对外电路是等效的。

（2）电压源的内阻功率损耗为

$$\Delta P_\mathrm{S} = I^2 R_\mathrm{S} = 1^2 \times 5 = 5\mathrm{W}$$

电流源的内阻功率损耗为

$$\Delta P'_\mathrm{S} = \frac{U^2}{R'_\mathrm{S}} = \frac{15^2}{5} = 45\mathrm{W}$$

由此可见，电压源和等效变换得到的电流源在电源内部是不等效的。

## 2.2　电源等效变换法

电源等效变换法（source transformations）是利用电压源和电流源等效变换的方法分析电路。凡是恒压源与电阻串联的电路，都可以当作电压源；凡是恒流源与电阻并联的电路，都可以当作电流源。当电路中存在着多个电源时，可以根据电路结构特点，对适当的电压源、电流源进行相应的等效变换，并将串联的电压源合并、并联的电流源合并，使电路得以简化，有利于进一步分析计算。

使用电源等效变换的方法进行电路分析时，应注意待求支路不得参与变换。

另外，与理想电压源直接并联的元件或支路对外电路不起作用，可视作不存在；与理想电流源直接串联的元件对外电路也不起作用，亦可视作不存在。因此，在计算外电路时，可以将与理想电压源直接并联的元件或支路除去（断开），并不影响该并联部分电路两端的电压；也可将与理想电流源直接串联的元件除去（短接），并不影响该串联支路中的电流。但是要注意上述元件或支路在计算理想电源内部的物理量时不能除去。

**例 2.4**　电路如图 2.12（a）所示，利用电源等效变换方法求电流 $I$。

**解：**首先，将电压源（12V,3Ω）转换为电流源（4A,3Ω），如图 2.12（b）所示。

然后，将图 2.12（b）中并联的两个电流源（4A,3Ω）和（6A,6Ω）合并为一个电流源（2A,2Ω），如图 2.12（c）所示。

最后，将图 2.12（c）中两个电流源（2A,2Ω）和（3A,4Ω）分别转换为电压源（4V,2Ω）和（12V,4Ω），如图 2.12（d）所示。

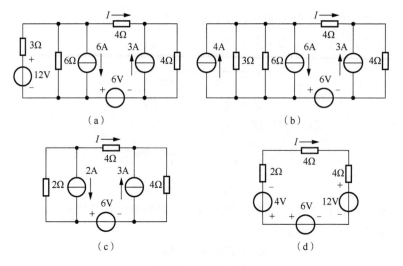

图 2.12 例 2.4 图

利用基尔霍夫定律及欧姆定律，由如图 2.12（d）所示化简后的电路可求出电流为

$$I = \frac{6-4-12}{2+4+4} = -1\text{A}$$

对于一个电路是由若干恒压源和电阻构成的单一回路，如图 2.12（d）所示，可推导出计算电流的表达式为

$$I = \frac{\sum U_\text{S}}{\sum R} \tag{2.15}$$

其中，与电流 $I$ 参考方向相反的 $U_\text{S}$ 前取 "+" 号，反之取 "-" 号。

**例 2.5** 如图 2.13（a）所示电路，已知 $U_{\text{S1}} = 5\text{V}$，$U_{\text{S2}} = 10\text{V}$，$I_\text{S} = 2\text{A}$，$R_1 = R_3 = 2\Omega$，$R_2 = 1\Omega$，$R_4 = 5\Omega$。（1）利用电源等效变换法求电流 $I$；（2）计算理想电流源 $I_\text{S}$ 两端的电压 $U_{\text{IS}}$ 和理想电压源 $U_{\text{S2}}$ 中的电流 $I_{\text{US}}$，并判断它们在电路中是发出功率还是取用功率。

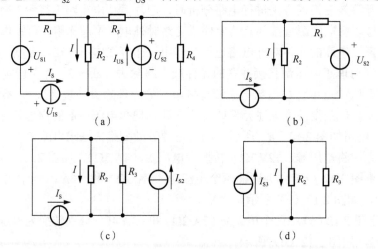

图 2.13 例 2.5 图

**解：**（1）对理想电流源 $I_S$ 和理想电压源 $U_{S2}$ 来说，待求电流所在的 $R_2$ 支路是外电路。因此，与 $I_S$ 直接串联的 $R_1$、$U_{S1}$ 对其不起作用，与 $U_{S2}$ 直接并联的 $R_4$ 对其也不起作用，去掉这些元件得到简化的电路如图 2.13（b）所示。

将图 2.13（b）中的电压源（$U_{S2}$，$R_3$）等效变换成电流源（$I_{S2}$，$R_3$），得到如图 2.13（c）所示电路，其中

$$I_{S2} = \frac{U_{S2}}{R_3} = \frac{10}{2} = 5\text{A}$$

进一步，合并 $I_S$ 和 $I_{S2}$ 这两个并联的理想电流源，得到如图 2.13（d）所示电路，其中

$$I_{S3} = I_{S2} - I_S = 5 - 2 = 3\text{A}$$

利用并联电阻的分流公式，可求得电阻 $R_2$ 上的电流为

$$I = I_{S3} \cdot \frac{R_3}{R_2 + R_3} = 3 \times \frac{2}{1+2} = 2\text{A}$$

（2）需要注意的是，求理想电流源 $I_S$ 两端电压和理想电压源 $U_{S2}$ 中电流时，与 $I_S$ 直接串联的 $R_1$、$U_{S1}$ 及与 $U_{S2}$ 直接并联的 $R_4$ 不能去除，因此不能用如图 2.13（b）所示简化的电路。

如图 2.13（a）所示电路，对左侧 $U_{S1}$—$R_1$—$R_2$—$I_S$ 回路应用基尔霍夫电压定律，即可求得理想电流源 $I_S$ 两端的电压为

$$U_{IS} = U_{S1} - I_S R_1 + I R_2 = 5 - 2 \times 2 + 2 \times 1 = 3\text{V}$$

如图 2.13（a）所示电路，对 $U_{S2}$ 下端结点应用基尔霍夫电流定律，即可求得理想电压源 $U_{S2}$ 中的电流为

$$I_{US} = I + I_S + \frac{U_{S2}}{R_4} = 2 + 2 + \frac{10}{5} = 6\text{A}$$

根据理想电流源 $I_S$ 和理想电压源 $U_{S2}$ 的实际两端电压极性和实际电流方向，可判断出 $U_{S2}$ 发出功率，为电源；而 $I_S$ 取用功率，在电路中起负载的作用。

## 2.3　支路电流法

支路电流法（branch current analysis）是分析电路的最基本的方法。该方法是以电路中的支路电流作为未知量，应用基尔霍夫电流定律和电压定律分别对电路的结点和回路列出独立的结点电流方程和回路电压方程，由此求解出各未知支路电流。所谓独立方程就是后写的方程不能由先列出的方程所导出，也就是新方程要有新的未知量。

支路电流法

对一个具有 $b$ 条支路和 $n$ 个结点的电路，以 $b$ 个支路电流作为未知量，则用支路电流法进行分析、计算电路的步骤如下：

（1）设定各支路电流的参考方向。

（2）应用基尔霍夫电流定律对 $(n-1)$ 个结点列出独立的电流方程。

（3）选取 $(b-n+1)$ 个回路，指定回路的绕行方向，应用基尔霍夫电压定律列出独立的电压方程。在有 $b$ 条支路和 $n$ 个结点的平面电路中，单孔回路（即网孔）的数目恰好等于 $(b-n+1)$，因此，通常选取网孔作为列出独立 KVL 方程的回路。

（4）联立上述 $b$ 个独立方程，求解该方程组，即可得到各个支路电流。

如图 2.14 所示电路，支路数 $b=3$，结点数 $n=2$，设定三个未知支路电流 $I_1$、$I_2$、$I_3$ 参考方向如图 2.14 所示。

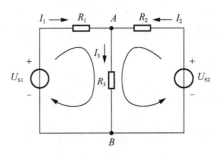

图 2.14　支路电流法

由于电路具有两个结点，应用 KCL 只能列出 $n-1=1$ 个独立的结点电流方程。

对结点 $A$ 列出的电流方程为

$$I_1 + I_2 - I_3 = 0$$

电路中有两个网孔，按照图 2.14 中所示的绕行方向，应用 KVL 可列出两个独立的回路电压方程。

对左网孔列出的电压方程为

$$I_1 R_1 + I_3 R_3 = U_{S1}$$

对右网孔列出的电压方程为

$$I_2 R_2 + I_3 R_3 = U_{S2}$$

联立求解上述三个方程，即可得出三个支路电流。

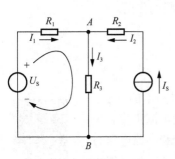

图 2.15　例 2.6 图

**例 2.6**　电路如图 2.15 所示，已知 $U_S=11\text{V}$，$I_S=1\text{A}$，$R_1=1\Omega$，$R_2=2\Omega$，$R_3=3\Omega$，试用支路电流法求各支路电流。

**解**：各支路电流的参考方向及选取的回路绕行方向如图 2.15 所示。因为理想电流源支路的电流为已知，即 $I_2=I_S=1\text{A}$，故只需列出两个独立方程来求解其他支路电流。由于理想电流源两端电压未知，故不能选取包含有理想电流源支路的回路列电压方程。因此，选取结点 $A$ 列 KCL 方程，选取左网孔列 KVL 方程，可得

$$\begin{cases} I_1 + I_S = I_3 \\ I_1 R_1 + I_3 R_3 - U_S = 0 \end{cases}$$

代入已知数据，即可解得 $I_1=2\text{A}$，$I_3=3\text{A}$。

**例 2.7**　如图 2.16 所示桥形结构电路，已知各电阻的阻值及理想电压源的源电压，试用支路电流法求各支路电流。

**解：** 此电路的支路数 $b=6$，结点数 $n=4$。各支路电流的参考方向如图 2.16 所示，选取三个网孔顺时针的回路绕行方向，因此，应用基尔霍夫定律可列出以下六个方程：

结点 $A$：$I_3 + I_4 = I_1$

结点 $B$：$I_1 + I_6 = I_2$

结点 $C$：$I_2 = I_3 + I_5$

网孔 $ABDA$：$I_1 R_1 - I_6 R_6 - U_{S2} + I_4 R_4 = 0$

网孔 $BCDB$：$I_2 R_2 + I_5 R_5 + I_6 R_6 = 0$

网孔 $ADCA$：$-I_4 R_4 + U_{S2} - I_5 R_5 + I_3 R_3 - U_{S1} = 0$

联立上述方程，求解可得各支路电流。

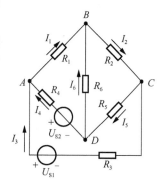

图 2.16　例 2.7 图

由此题可见，当电路的支路数较多时，求解支路电流所需方程的个数较多，计算过程较为繁复。若只求其中一条支路的电流时，用支路电流法计算很不方便。

# 2.4　结点电压法

在电路中任意选择某一结点作为参考结点（设其电位为零），其他结点与此参考结点之间的电压（即各结点相对于参考结点的电位）称为结点电压。结点电压法（node voltage analysis）以结点电压为未知量，根据基尔霍夫电流定律和支路伏安特性建立结点电压的方程，解出结点电压后再求支路电流。对于支路数较多而结点数较少的电路，结点电压法比支路电流法计算简便，需要求解的方程个数少。

结点电压法

## 2.4.1　双结点电路

如图 2.17 所示电路只有两个结点，而支路较多，先求出 $A$ 和 $B$ 两点之间的结点电压 $U_{AB}$，再求支路电流。

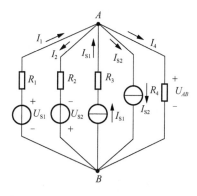

图 2.17　只有两个结点的复杂电路

如图 2.17 所示，对结点 $A$ 应用基尔霍夫电流定律，有

$$I_1 - I_2 + I_{S1} - I_{S2} - I_4 = 0$$

根据欧姆定律和基尔霍夫电压定律，将除恒流源源电流之外的各支路电流用结点电压表示，即

$$I_1 = \frac{U_{S1} - U_{AB}}{R_1}, I_2 = \frac{U_{S2} + U_{AB}}{R_2}, I_4 = \frac{U_{AB}}{R_4}$$

将 $I_1$、$I_2$、$I_4$ 代入结点 $A$ 的 KCL 方程并整理，可以得出

$$U_{AB} = \frac{\dfrac{U_{S1}}{R_1} - \dfrac{U_{S2}}{R_2} + I_{S1} - I_{S2}}{\dfrac{1}{R_1} + \dfrac{1}{R_2} + \dfrac{1}{R_4}} = \frac{\sum \dfrac{U_S}{R} + \sum I_S}{\sum \dfrac{1}{R}} \tag{2.16}$$

也可以利用电源等效变换的方法，即将图 2.17 中电压源等效变换成电流源，然后将并联的电流源合并，进而求得式（2.16）表示的双结点电路的结点电压 $U_{AB}$ 计算公式。

在式（2.16）中，分母为各支路等效电阻的倒数之和，各项总为正，注意这里不包括与理想电流源直接串联的电阻；分子为各支路短路电流的代数和，其中，电压源源电压的极性与结点电压的极性相同时取正号，否则取负号；电流源源电流的方向与结点电压的方向相反时取正号，否则取负号。如 $U_{S1}$ 与 $U_{AB}$ 皆上 "+" 下 "−"，极性相同，取正号，而 $U_{S2}$ 与 $U_{AB}$ 极性相反取负号；$I_{S1}$ 方向由 $B$ 流向 $A$，与 $U_{AB}$ 方向相反，取正号，而 $I_{S2}$ 与 $U_{AB}$ 方向相同，取负号。

**例 2.8**　电路同例 2.6，试用结点电压法计算各支路电流。

**解：** 恒流源支路的电流为已知，即 $I_2 = I_S = 1\text{A}$。设结点电压 $U_{AB}$ 如图 2.18 所示。

利用式（2.16）直接计算结点电压 $U_{AB}$，可得

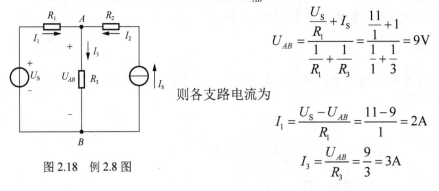

$$U_{AB} = \frac{\dfrac{U_S}{R_1} + I_S}{\dfrac{1}{R_1} + \dfrac{1}{R_3}} = \frac{\dfrac{11}{1} + 1}{\dfrac{1}{1} + \dfrac{1}{3}} = 9\text{V}$$

则各支路电流为

$$I_1 = \frac{U_S - U_{AB}}{R_1} = \frac{11 - 9}{1} = 2\text{A}$$

$$I_3 = \frac{U_{AB}}{R_3} = \frac{9}{3} = 3\text{A}$$

图 2.18　例 2.8 图

### 2.4.2　多结点电路

对于多结点电路，如 $n$ 个结点，选择参考结点后，建立 $(n-1)$ 个结点电压的方程，解出结点电压后再求各支路电流。

如图 2.19 所示电路，选择结点 $D$ 为参考结点，结点 $A$、$B$、$C$ 的结点电压分别用 $U_{n1}$、$U_{n2}$、$U_{n3}$ 表示。对结点 $A$、$B$、$C$ 分别应用基尔霍夫电流定律，得到的结点电流方程为

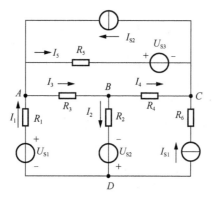

图 2.19　结点电压法

$$\begin{cases} I_1 + I_{S2} - I_3 - I_5 = 0 \\ I_3 - I_2 - I_4 = 0 \\ I_4 + I_5 + I_{S1} - I_{S2} = 0 \end{cases}$$

除理想电流源支路外，将其他的支路电流用有关的结点电压表示，即

$$I_1 = \frac{U_{S1} - U_{n1}}{R_1},\ I_2 = \frac{U_{n2} + U_{S2}}{R_2},\ I_3 = \frac{U_{n1} - U_{n2}}{R_3}$$

$$I_4 = \frac{U_{n2} - U_{n3}}{R_4},\ I_5 = \frac{U_{n1} - U_{n3} - U_{S3}}{R_5}$$

将各支路电流表达式代入上述 KCL 结点电流方程，经过整理，可以得到如下以结点电压为未知量的方程：

$$\begin{cases} \left(\dfrac{1}{R_1} + \dfrac{1}{R_3} + \dfrac{1}{R_5}\right)U_{n1} - \dfrac{1}{R_3}U_{n2} - \dfrac{1}{R_5}U_{n3} = \dfrac{U_{S1}}{R_1} + \dfrac{U_{S3}}{R_5} + I_{S2} \\[2mm] -\dfrac{1}{R_3}U_{n1} + \left(\dfrac{1}{R_2} + \dfrac{1}{R_3} + \dfrac{1}{R_4}\right)U_{n2} - \dfrac{1}{R_4}U_{n3} = -\dfrac{U_{S2}}{R_2} \\[2mm] -\dfrac{1}{R_5}U_{n1} - \dfrac{1}{R_4}U_{n2} + \left(\dfrac{1}{R_4} + \dfrac{1}{R_5}\right)U_{n3} = I_{S1} - I_{S2} - \dfrac{U_{S3}}{R_5} \end{cases}$$

此方程可简写为

$$\begin{cases} G_{11}U_{n1} + G_{12}U_{n2} + G_{13}U_{n3} = I_{Sn1} \quad（结点 A） \\ G_{21}U_{n1} + G_{22}U_{n2} + G_{23}U_{n3} = I_{Sn2} \quad（结点 B） \\ G_{31}U_{n1} + G_{32}U_{n2} + G_{33}U_{n3} = I_{Sn3} \quad（结点 C） \end{cases} \tag{2.17}$$

式中，$G_{11}$、$G_{22}$、$G_{33}$ 称为各结点的自导（self conductance），自导总是正的，等于与该结点相连的所有支路电导的总和。如结点 $A$ 的自导为

$$G_{11} = G_1 + G_3 + G_5 = \frac{1}{R_1} + \frac{1}{R_3} + \frac{1}{R_5}$$

$G_{12} = G_{21}$、$G_{13} = G_{31}$、$G_{23} = G_{32}$ 称为结点间的互导（mutual conductance），互导总是负的，等于连接两结点之间的共有支路电导之和的负值。如结点 $A$ 和结点 $B$ 之间的互导为

$$G_{12} = G_{21} = -G_3 = -\frac{1}{R_3}$$

需要特别注意的是，自导与互导中都不包括与理想电流源直接串联的电导。如结点 $C$ 的自导为 $G_{33} = G_4 + G_5 = \frac{1}{R_4} + \frac{1}{R_5}$，不包括与 $I_{S1}$ 直接串联的 $G_6 = \frac{1}{R_6}$。

$I_{Sn1}$、$I_{Sn2}$、$I_{Sn3}$ 为各结点所连接的电流源的源电流代数和，其中包括电压源经等效变换形成的电流源，流入结点者取"+"号，流出结点者取"–"号。如结点 $A$ 除了有 $I_{S2}$ 流入外，还有电压源形成的等效电流源 $\frac{U_{S1}}{R_1}$ 和 $\frac{U_{S3}}{R_5}$。

用结点电压法分析多结点电路时，可观察电路结构直接写出式（2.17）形式的结点电压方程，求解出结点电压后再求各支路电流。

**例 2.9** 如图 2.20 所示电路，已知 $U_S = 21\text{V}$，$I_S = 4\text{A}$，$R_1 = R_2 = 2\Omega$，$R_3 = 3\Omega$，$R_4 = 6\Omega$。试用结点电压法求各支路电流。

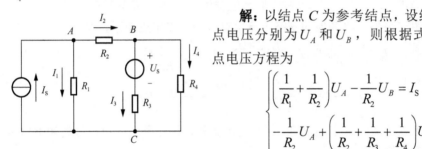

图 2.20 例 2.9 图

**解：** 以结点 $C$ 为参考结点，设结点 $A$ 和 $B$ 的结点电压分别为 $U_A$ 和 $U_B$，则根据式（2.17）可得结点电压方程为

$$\begin{cases} \left(\dfrac{1}{R_1} + \dfrac{1}{R_2}\right)U_A - \dfrac{1}{R_2}U_B = I_S \\ -\dfrac{1}{R_2}U_A + \left(\dfrac{1}{R_2} + \dfrac{1}{R_3} + \dfrac{1}{R_4}\right)U_B = \dfrac{U_S}{R_3} \end{cases}$$

代入数据计算可得结点电压为

$$U_A = 10\text{V}, \ U_B = 12\text{V}$$

除恒流源支路电流为已知外，其他各支路电流为

$$I_1 = \frac{U_A}{R_1} = \frac{10}{2} = 5\text{A}, \ I_2 = \frac{U_A - U_B}{R_2} = \frac{10 - 12}{2} = -1\text{A}$$

$$I_3 = \frac{U_B - U_S}{R_3} = \frac{12 - 21}{3} = -3\text{A}, \ I_4 = \frac{U_B}{R_4} = \frac{12}{6} = 2\text{A}$$

如果电路中存在理想电压源支路，即没有电阻与之串联，通常增设理想电压源中的电流作为附加未知量，然后仍然按结点列方程，最后增加结点电压与理想电压源电压之间的约束关系，使方程数与未知量数相等。如果电路中理想电压源支路只有一条，可选择理想电压源的一端作为参考结点，则其另一端的结点电压就是已知的。

**例 2.10** 如图 2.21 所示电路，已知 $U_{S1} = 4\text{V}$，$U_{S2} = 6\text{V}$，$I_{S1} = 5\text{A}$，$I_{S2} = 3\text{A}$，$R_1 = 1\Omega$，$R_2 = 2\Omega$。试用结点电压法求支路电流 $I_1$ 和 $I_2$。

**解：** 此电路中理想电压源 $U_{S1}$ 作为一条支路连

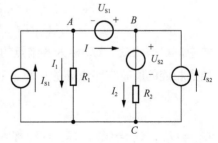

图 2.21 例 2.10 图

接于 $A$ 和 $B$ 两个结点之间。

方法一　以结点 $C$ 为参考结点，结点 $A$ 和 $B$ 的结点电压分别为 $U_A$ 和 $U_B$，并设理想电压源中的电流为 $I$，则根据式（2.17）可得结点电压方程为

$$\begin{cases} \dfrac{1}{R_1}U_A = I_{S1} - I \\[2mm] \dfrac{1}{R_2}U_B = \dfrac{U_{S2}}{R_2} + I_{S2} + I \end{cases}$$

增加一个结点电压和电压源电压之间的约束关系，即

$$U_B - U_A = U_{S1}$$

代入数据计算可得

$$U_A = 6\text{V}, U_B = 10\text{V}, I = -1\text{A}$$

利用结点电压求出的各支路电流为

$$I_1 = \frac{U_A}{R_1} = 6\,\text{A}, I_2 = \frac{U_B - U_{S2}}{R_2} = 2\,\text{A}$$

方法二　选取理想电压源的一端如结点 $A$ 为参考结点，结点 $B$ 和 $C$ 的结点电压分别为 $U_B$ 和 $U_C$，则 $U_B = U_{S1} = 4\text{V}$，而结点 $C$ 的结点电压方程为

$$\left(\frac{1}{R_1} + \frac{1}{R_2}\right)U_C - \frac{1}{R_2}U_B = -\frac{U_{S2}}{R_2} - I_{S1} - I_{S2}$$

解得

$$U_C = -6\text{V}$$

由结点电压求出各支路电流为

$$I_1 = -\frac{U_C}{R_1} = 6\text{A}, I_2 = \frac{U_B - U_C - U_{S2}}{R_2} = 2\text{A}$$

## 2.5　叠　加　原　理

叠加原理（superposition principle）是线性电路的重要性质之一，也是分析线性电路的普遍原理。

在多个电源同时作用的线性电路中，任何一条支路的电流或电压都是各个电源单独作用时在该支路中所产生的电流或电压的代数和，这就是叠加原理的内容。

叠加原理

所谓电源单独作用，是指一次计算的电路中只保留一个电源，将其他电源做零值处理，即将理想电压源做短路处理，其源电压为零；将理想电流源做开路处理，其源电流为零，但所有电源的内阻应保留不变。

用叠加原理求解多个电源作用的电路时，首先将电路分解成每个电源单独作用的电路，并在每个电路中标注待求解的电流或电压分量的参考方向，然后在每个电路中求出相应的电流或电压分量，最后将各电流或电压分量进行叠加。

现以一个简单电路来进一步说明叠加原理。如图 2.22（a）所示电路，其中每个支

路电流都是由 $U_S$ 和 $I_S$ 共同作用产生的。图 2.22（b）是电源 $U_S$ 单独作用的电路，在各支路产生的电流分别为 $I_1'$、$I_2'$ 和 $I_3'$，此时电源 $I_S$ 做零值处理。图 2.22（c）是电源 $I_S$ 单独作用的电路，在各支路产生的电流分别为 $I_1''$、$I_2''$ 和 $I_3''$，此时电源 $U_S$ 做零值处理。

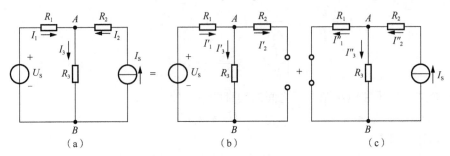

图 2.22　叠加原理

在叠加时，由 $U_S$ 和 $I_S$ 共同作用产生的支路电流待求量（总量）为两部分分量的代数和，这便是叠加原理的含义。将各分量叠加时，分量的参考方向与总量的参考方向一致时取正号；否则取负号。因此，在图 2.22 中，有

$$\begin{cases} I_1 = I_1' - I_1'' \\ I_2 = -I_2' + I_2'' \\ I_3 = I_3' + I_3'' \end{cases} \tag{2.18}$$

**例 2.11**　电路如图 2.23（a）所示，已知 $U_S = 24\text{V}$，$I_S = 8\text{A}$，$R_1 = 2\Omega$，$R_2 = 6\Omega$，$R_3 = 12\Omega$。用叠加原理计算各支路电流，并求电阻 $R_1$ 所消耗的功率。

**解**：利用叠加原理将图 2.23（a）分解为图 2.23（b）和图 2.23（c），则

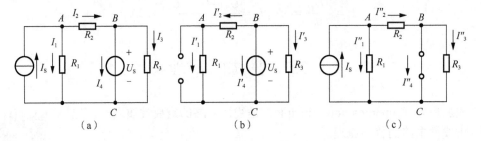

图 2.23　例 2.11 图

$U_S$ 单独作用时，电路如图 2.23（b）所示，可求出

$$I_1' = I_2' = \frac{U_S}{R_1 + R_2} = 3\text{A}, \; I_3' = \frac{U_S}{R_3} = 2\text{A}, \; I_4' = -I_3' - I_2' = -5\text{A}$$

$I_S$ 单独作用时，电路如图 2.23（c）所示，利用并联电阻分流公式可求出

$$I_1'' = \frac{I_S \cdot G_1}{G_1 + G_2} = 6\text{A}, \; I_2'' = I_4'' = \frac{I_S \cdot G_2}{G_1 + G_2} = 2\text{A}, \; I_3'' = 0$$

$U_3$、$I_3$ 共同作用时，根据叠加原理，有

$$\begin{cases} I_1 = I_1' + I_1'' = 9\text{A} \\ I_2 = -I_2' + I_2'' = -1\text{A} \\ I_3 = I_3' + I_3'' = 2\text{A} \\ I_4 = I_4' + I_4'' = -3\text{A} \end{cases}$$

电阻 $R_1$ 所消耗的功率为

$$P_{R1} = I_1^2 R_1 = 162\text{W}$$

应注意叠加原理只适用于线性电路，且只适用于电压和电流的计算，在计算功率时不能应用叠加原理。显然

$$P_{R1} = I_1^2 R_1 = (I_1' + I_1'')^2 R_1 \neq I_1'^2 R_1 + I_1''^2 R_1$$

这是因为电流与功率之间不是线性关系。

**例 2.12**　电路同例 2.10，用叠加原理计算电阻 $R_1$ 中的电流 $I_1$。

**解：** 应用叠加原理时，并不一定要每次一个电源单独作用，而是根据电路结构，可以采取"电源分组作用"来求解电路。

如图 2.24（a）所示电路，可以将此电路分解成如图 2.24（b）所示的两个恒压源同时作用电路和如图 2.24（c）所示的两个恒流源同时作用电路，从而简化解题过程。

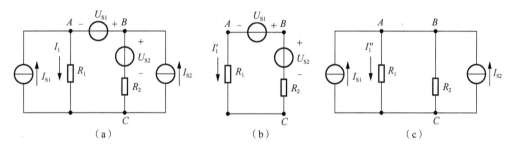

图 2.24　例 2.12 图

由图 2.24（b）求得

$$I_1' = \frac{U_{S2} - U_{S1}}{R_1 + R_2} = \frac{2}{3}\text{A}$$

由图 2.24（c）求得

$$I_1'' = \frac{(I_{S1} + I_{S2})G_1}{G_1 + G_2} = \frac{16}{3}\text{A}$$

根据叠加原理，有

$$I_1 = I_1' + I_1'' = 6\text{A}$$

## 2.6　等效电源定理

前面已介绍了二端网络的概念，通常情况下，一个无源二端网络可以等效为一个电阻；而一个线性有源二端网络在其端口处保持输出电压和输出电流不变即伏安特性等效的前提下，可以等效为电源，这就是等效电源定理。

等效电源定理

由于电源可以用两种不同的电路模型表示，故线性有源二端网络可以等效成一个电压源，也可以等效成一个电流源，相应地等效电源定理有戴维宁定理（Thévenin's theorem）和诺顿定理（Norton's theorem），它们是对线性有源二端网络进行化简的重要定理。如果只需要计算复杂电路中某一元件或支路的电流或电压时，应用等效电源定理将待求的元件或支路以外的线性有源二端网络等效成一个电源，可以使复杂电路的分析计算简化。

### 2.6.1 戴维宁定理

任何一个线性有源二端网络，对其外部电路来说，都可以用一个等效电压源代替。等效电压源的源电压等于有源二端网络的开路电压（open-circuit voltage）；等效电压源的内阻等于有源二端网络中所有电源作用等于零（将理想电压源短接，其源电压为零；将理想电流源开路，其源电流为零）后所得无源二端网络的等效电阻。这就是戴维宁定理。

戴维宁定理可用如图 2.25 所示电路来说明：图 2.25（a）中的线性有源二端网络可以用图 2.25（b）中的等效电压源代替，其中，源电压 $U_{oc}$ 等于图 2.25（c）中有源二端网络两个出线端 $a$、$b$ 之间的开路电压，即将负载电阻 $R_L$ 断开后 $a$、$b$ 两端之间的电压 $U_{oc}$；内阻 $R_0$ 等于图 2.25（d）中从 $a$、$b$ 两端看进去各电源置零后得到的线性无源二端网络的等效电阻 $R_0$。

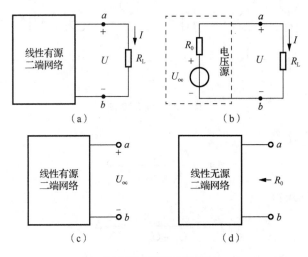

图 2.25 戴维宁定理

用戴维宁定理求解电路时，首先将待求支路从电路中移除，余下的部分是一个有源二端网络，将其等效成电压源，然后将待求支路与此等效电压源连接起来，计算待求支路的电流或电压。如图 2.25（a）所示电路中待求支路 $R_L$ 的电流及电压可由如图 2.25（b）所示电路计算，即

$$I = \frac{U_{oc}}{R_0 + R_L}, \quad U = \frac{U_{oc} \cdot R_L}{R_0 + R_L} \tag{2.19}$$

**例 2.13**　电路同例 2.6，用戴维宁定理计算电流 $I_3$。

**解：**将如图 2.26（a）所示的电路移除待求的 $R_3$ 支路，得到如图 2.26（b）所示的线性有源二端网络，应用戴维宁定理将其等效成电压源，等效电压源的源电压即 $A$、$B$ 间的开路电压 $U_{oc}$：

$$U_{oc} = I_S R_1 + U_S = 1 \times 1 + 11 = 12\text{V}$$

将如图 2.26（b）所示的有源二端网络中所有电源做零值处理，得到如图 2.26（c）所示的线性无源二端网络，可求出等效电压源的内阻，即从 $A$、$B$ 两端看进去的无源二端网络的等效电阻 $R_0$：

$$R_0 = R_1 = 1\Omega$$

由如图 2.26（d）所示的等效电路，可求得

$$I_3 = \frac{U_{oc}}{R_0 + R_3} = \frac{12}{1+3} = 3\text{A}$$

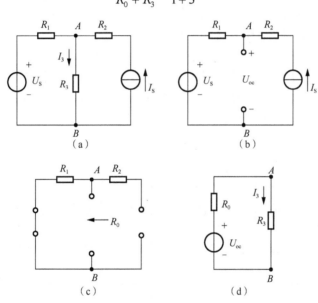

图 2.26　例 2.13 图

**例 2.14**　电路同例 2.10，用戴维宁定理计算电阻 $R_1$ 中的电流 $I_1$。

**解：**将如图 2.27（a）所示的电路移除待求的 $R_1$ 支路，得到如图 2.27（b）所示的线性有源二端网络。等效电压源的源电压即 $A$、$C$ 间的开路电压 $U_{oc}$：

$$U_{oc} = -U_{S1} + U_{S2} + (I_{S1} + I_{S2})R_2 = 18\text{V}$$

等效电压源的内阻即从 $A$、$C$ 两端看进去的无源二端网络的等效电阻 $R_0$：

$$R_0 = R_2 = 2\Omega$$

由如图 2.27（c）所示的等效电路，可求得

$$I_1 = \frac{U_{oc}}{R_0 + R_1} = 6\text{A}$$

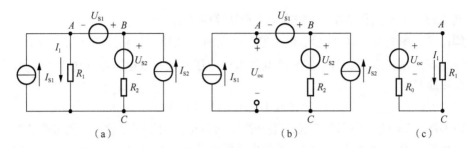

图 2.27 例 2.14 图

### 2.6.2 诺顿定理

任何一个线性有源二端网络，对其外部电路来说，都可以用一个等效电流源代替。等效电流源的源电流等于有源二端网络的短路电流（short-circuit current），等效电流源的内阻等于有源二端网络中所有电源不作用（理想电压源短路、理想电流源开路）时得到的无源二端网络的等效电阻。这就是诺顿定理。

诺顿定理可用如图 2.28 所示电路来说明：图 2.28（a）中的线性有源二端网络可以用图 2.28（b）中的等效电流源代替，其中，源电流 $I_{sc}$ 等于图 2.28（c）中有源二端网络两个出线端 $a$、$b$ 之间的短路电流，即将 $a$、$b$ 两端短接后其中的电流 $I_{sc}$；内阻 $R_0$ 等于图 2.28（d）中从 $a$、$b$ 两端看进去各电源置零后得到的线性无源二端网络的等效电阻 $R_0$。诺顿定理和戴维宁定理中 $R_0$ 的求法相同。

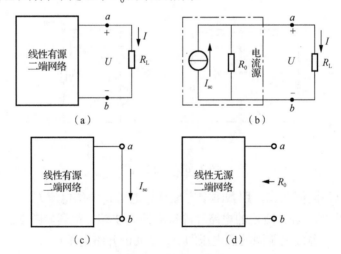

图 2.28 诺顿定理

**例 2.15** 电路同例 2.6，用诺顿定理计算电流 $I_3$。

**解：** 将如图 2.29（a）所示的电路移除待求的 $R_3$ 支路，得到线性有源二端网络，应用诺顿定理将其等效成电流源时，等效电流源的源电流即如图 2.29（b）所示的 $A$、$B$ 间的短路电流 $I_{sc}$：

$$I_{sc} = \frac{U_S}{R_1} + I_S = \frac{11}{1} + 1 = 12\text{A}$$

由图 2.29（c），可求出等效电流源的内阻，即从 $A$、$B$ 两端看进去的线性无源二端网络的等效电阻 $R_0$：

$$R_0 = R_1 = 1\Omega$$

由如图 2.29（d）所示的等效电路，可求得

$$I_3 = \frac{I_{sc} \cdot R_0}{R_0 + R_3} = \frac{12 \times 1}{1 + 3} = 3\mathrm{A}$$

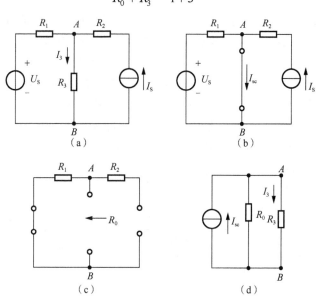

（a）　　　　　　　　　（b）

（c）　　　　　　　　　（d）

图 2.29　例 2.15 图

## 2.7　最大功率传输

在实际应用中，有时需要考虑电源向负载传输最大功率的条件，即负载在什么条件下才能获得最大的功率？根据等效电源定理，一个线性有源二端网络可以等效为一个电源，因此最大功率传输（maximum power transfer）问题实际上也是等效电源定理的应用问题。

如图 2.30 所示电路，接在线性有源二端网络输出端的负载 $R_L$ 所获得的功率为

$$P_L = \left( \frac{U_S}{R_S + R_L} \right)^2 \cdot R_L$$

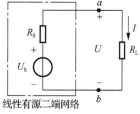

图 2.30　最大功率传输

为寻求负载 $R_L$ 获得最大功率的条件，利用求极值的方法求 $P_L$ 对 $R_L$ 的一阶导数，并令其为 0，即

$$\frac{\mathrm{d}P_L}{\mathrm{d}R_L} = \frac{U_S^2 \left( R_S + R_L \right)^2 - 2U_S^2 R_L \left( R_S + R_L \right)}{\left( R_S + R_L \right)^4} = 0$$

可求得

$$R_L = R_S \qquad\qquad (2.20)$$

因此，当线性有源二端网络输出端的负载等于二端网络等效电源的内阻时，负载可获得最大功率。满足式（2.20）时，负载与电源相匹配，也称电阻匹配。在匹配条件下负载获得的最大功率为

$$P_{Lm} = \frac{U_S^2}{4R_L} \qquad\qquad (2.21)$$

在满足最大功率传输匹配条件时，负载虽然能获得最大功率，但输电效率却比较低，这是因为电源内阻 $R_S$ 消耗的功率与负载电阻 $R_L$ 的一样多，电源 $U_S$ 输出的功率只有一半供给负载。因此，匹配条件一般适用于小功率信息传递电路，如测量、电子与信息工程中看重的从微弱信号中获得最大功率；而对大功率电能输送的过程应尽可能提高效率，如电力系统为了更充分地利用能源，通常不会采用功率匹配条件。

**例 2.16**　电路如图 2.31（a）所示。（1）求 $R_L$ 为何值时能获得最大功率，并求此最大功率及输电效率；（2）若 $R_L = 40\Omega$，求此时 $R_L$ 的功率及输电效率。

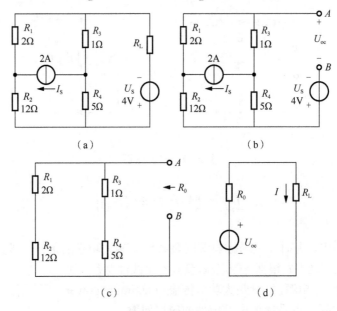

图 2.31　例 2.16 图

**解**：将图 2.31（a）所示电路去除 $R_L$，得到图 2.31（b）所示线性有源二端网络，应用戴维宁定理，等效电压源的源电压即 $A$、$B$ 间的开路电压 $U_{oc}$：

$$U_{oc} = \frac{I_S(R_2 + R_4)}{R_1 + R_2 + R_3 + R_4} \cdot R_3 - \frac{I_S(R_1 + R_3)}{R_1 + R_2 + R_3 + R_4} \cdot R_4 + U_S = 4.2\text{V}$$

由图 2.31（c）所示无源二端网络，可求出等效电压源的内阻 $R_0$：

$$R_0 = (R_1 + R_2) /\!/ (R_3 + R_4) = 4.2\Omega$$

（1）根据式（2.20）最大功率传输匹配条件，可知：当 $R_L = R_0 = 4.2\Omega$ 时可获得最大功率。

利用式（2.21），可得最大功率为

$$P_{Lm} = \frac{U_{oc}^2}{4R_L} = \frac{4.2^2}{4 \times 4.2} = 1.05\ \text{W}$$

输电效率为

$$\eta = \frac{P_{Lm}}{P_S} \times 100\% = \frac{P_{Lm}}{U_{oc} \cdot \dfrac{U_{oc}}{R_0 + R_L}} \times 100\% = 50\%$$

（2）由图 2.31（d）所示电路，可知当 $R_L = 40\Omega$ 时，负载电流为

$$I = \frac{U_{oc}}{R_0 + R_L} = \frac{4.2}{4.2 + 40} = 0.095\ \text{A}$$

$R_L$ 功率为

$$P_L = I^2 \cdot R_L = 0.095^2 \times 40 = 0.36\ \text{W}$$

输电效率为

$$\eta = \frac{P_L}{P_S} \times 100\% = \frac{0.36}{4.2 \times 0.095} \times 100\% = 90.2\%$$

## 2.8　受控电源电路的分析

对含有受控电源的线性电路，可以用前面几节描述的电路分析方法进行分析与计算，但应考虑受控电源的特性，因为受控电源与独立电源不同，当控制量为零时，受控电源的源电压或源电流也为零，所以应注意对电路做处理或等效变换时必须保留受控源的控制量，在任何情况下都不应该去掉控制量与受控量之间的关系。

**例 2.17**　电路如图 2.32（a）所示，已知 $U_S = 10\text{V}$，$R_1 = 2\Omega$，$R_2 = 3\Omega$，求 $I_2$。

**解：** 方法一　如图 2.32（a）所示电路，分别对上部结点及 $U_S - R_1 - R_2$ 回路应用基尔霍夫定律，有

$$\begin{cases} I_1 + 5I_1 = I_2 \\ U_S = I_1 R_1 + I_2 R_2 \end{cases}$$

代入已知数据，可得

$$\begin{cases} I_1 + 5I_1 = I_2 \\ 10 = 2I_1 + 3I_2 \end{cases}$$

因此，解方程组可求出 $I_2 = 3\text{A}$。

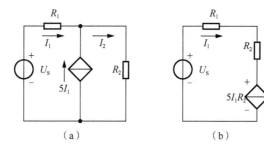

（a）　　　　　　　　　　　　　（b）

图 2.32　例 2.17 图

方法二 将受控电流源等效变换为受控电压源，如图 2.32（b）所示，根据 KVL，有

$$U_S = I_1R_1 + I_1R_2 + 5I_1R_2$$

代入已知数据，可得

$$I_1 = \frac{U_S}{R_1 + 6R_2} = \frac{10}{2 + 6 \times 3} = 0.5\text{A}$$

如图 2.32（a）所示电路，根据 KCL 可求出

$$I_2 = I_1 + 5I_1 = 6I_1 = 6 \times 0.5 = 3\text{A}$$

方法三 用戴维宁定理求解。移除 $R_2$，得到如图 2.33（a）所示有源二端网络，因为 $I_{1o} + 5I_{1o} = 0$，所以 $I_{1o} = 0$，则开路电压为

$$U_{oc} = U_S = 10\text{V}$$

由于除去独立电源后的二端网络中仍含有受控电源，一般不能用电阻的串联、并联等效变换计算等效电源的内阻，可以采用开路电压除以短路电流的方法。

如图 2.33（b）所示电路，有源二端网络的短路电流为

$$I_{sc} = I_{1s} + 5I_{1s} = 6I_{1s} = 6\frac{U_S}{R_1} = 6 \times \frac{10}{2} = 30\text{A}$$

所以等效电源的内阻为

$$R_0 = \frac{U_{oc}}{I_{sc}} = \frac{10}{30} = \frac{1}{3}\Omega$$

根据如图 2.33（c）所示的戴维宁等效电路，可求出

$$I_2 = \frac{U_{oc}}{R_0 + R_2} = \frac{10}{\frac{1}{3} + 3} = 3\text{A}$$

等效电源的内阻还可以采用外加电压法计算，即在除去独立电源的二端网络端口处加一电压 $U$，求出相应的端口电流 $I$，则电压 $U$ 与电流 $I$ 的比值就是该二端网络的等效电阻。

如图 2.34 所示电路，由于 $I = -(I_1' + 5I_1') = -6I_1'$，且 $U = -I_1'R_1 = -2I_1'$，所以等效内阻为

$$R_0 = \frac{U}{I} = \frac{-2I_1'}{-6I_1'} = \frac{1}{3}\Omega$$

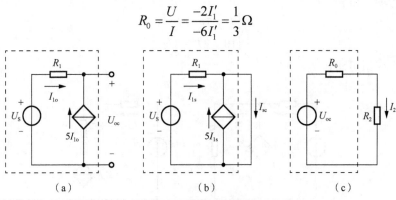

（a）　　　　　　　（b）　　　　　　　（c）

图 2.33 戴维宁定理求解受控源电路

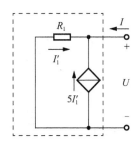

图 2.34　外加电压法求二端网络等效电阻

## 2.9　非线性电阻电路的分析

非线性电阻电路的分析主要采用图解法，即根据基尔霍夫定律及非线性电阻元件的伏安特性曲线用作图的方法求解结果。

如图 2.35 所示的含有非线性电阻元件 $R_2$ 的电路，若已知源电压 $U_S$、线性电阻 $R_1$ 及如图 2.36 所示的非线性电阻 $R_2$ 的伏安特性曲线 $I(U)$，则电路中的电流或电压用图解法求解，具体过程如下。

如图 2.35 所示电路，应用基尔霍夫电压定律并对线性电阻应用欧姆定律，可以得到

$$U_2 = U_S - I_1 R_1 \tag{2.22}$$

即对非线性电阻 $R_2$ 来说，其两端电压 $U_2$ 与其中电流 $I_1$ 满足式（2.22）的直线方程。

在图 2.36 的坐标系中作出式（2.22）所描述的电压、电流关系的直线：令电流为零，得到横轴上的截距为 $U_S$；令电压为零，得到纵轴上的截距为 $\dfrac{U_S}{R_1}$。直线与伏安特性曲线的交点 $Q$ 的坐标，就是图 2.35 电路中的电流 $I_1$ 及非线性电阻两端的电压 $U_2$。

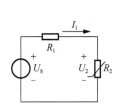

图 2.35　非线性电阻电路

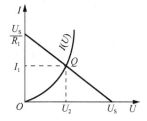

图 2.36　图解法求解非线性电阻电路

当电路中只含有一个非线性电阻时，将非线性电阻以外的线性有源二端网络利用戴维宁定理等效成电压源，电路便可化简为如图 2.35 所示的电路，应用上述图解法即可求解电路。

# 习　　题

2.1　求如图 2.37 所示无源二端网络的等效电阻。

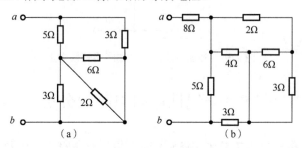

图 2.37　习题 2.1 图

2.2　有源二端网络如图 2.38 所示，利用电压源与电流源的等效变换，将图 2.38（a）用一个等效电流源表示，图 2.38（b）用一个等效电压源表示。

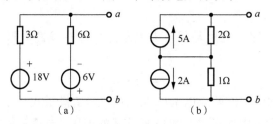

图 2.38　习题 2.2 图

2.3　将如图 2.39 所示的有源二端网络分别用等效电压源和等效电流源表示。

2.4　如图 2.40 所示电路，用电源等效变换法求电流 $I$。

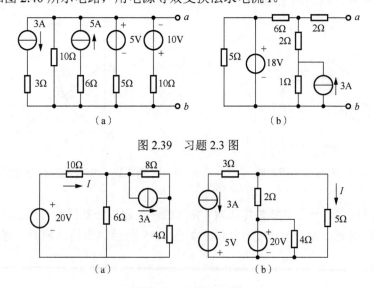

图 2.39　习题 2.3 图

图 2.40　习题 2.4 图

2.5　如图 2.41 所示电路，用电源等效变换法求电压 $U$。

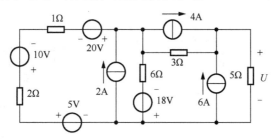

图 2.41　习题 2.5 图

2.6　用支路电流法求如图 2.42 所示电路各支路电流。

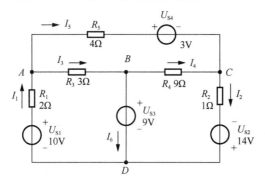

图 2.42　习题 2.6 图

2.7　如图 2.43 所示电路，其中部分电阻值和支路电流值已知，求电阻 $R$ 和恒压源 $U_{S1}$、$U_{S2}$ 的值。

2.8　用结点电压法求如图 2.44 所示电路中的电流 $I_1$、$I_2$ 和 $I_3$。

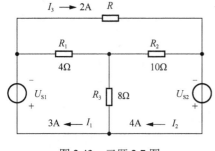

图 2.43　习题 2.7 图

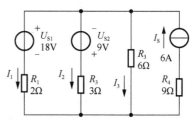

图 2.44　习题 2.8 图

2.9　用结点电压法求如图 2.45 所示电路中的各支路电流。

2.10　用叠加原理求如图 2.46 所示电路中的电压 $U$。

2.11　如图 2.47 所示电路，用叠加原理求电流 $I$。

2.12　如图 2.48 所示电路，用戴维宁定理求电流 $I$。

2.13　用戴维宁定理求如图 2.49 所示电路中的电压 $U$。

2.14　用戴维宁定理求如图 2.50 所示电路中的电流 $I$。

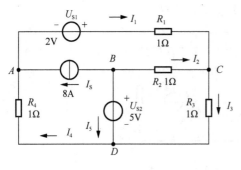

图 2.45　习题 2.9 图

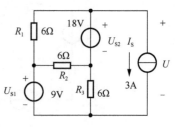

图 2.46　习题 2.10 图

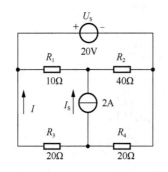

图 2.47　习题 2.11 图

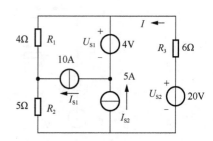

图 2.48　习题 2.12 图

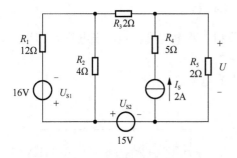

图 2.49　习题 2.13 图

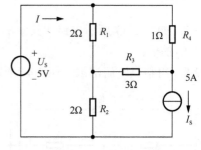

图 2.50　习题 2.14 图

2.15　用诺顿定理求图 2.49 所示电路中的电压 $U$。

2.16　用诺顿定理求图 2.50 所示电路中的电流 $I$。

2.17　电路如图 2.51 所示，当 $R = 5\Omega$ 时，$I = 2A$。求 $R = 15\Omega$ 时的电流 $I$。

2.18　两个相同的线性有源二端网络 $N_1$ 和 $N_2$ 的端子做不同连接时测得的电压、电流如图 2.52 所示，求有源二端网络 $N_1$ 接负载 $R = 1\Omega$ 时的电流 $I$。

2.19　如图 2.53 所示电路。求：（1）电流 $I_4$、$I_5$；（2）电位 $U_A$、$U_B$；（3）恒流源 $I_{S1}$ 的功率，并判断其是电源还是负载。

2.20　如图 2.54 所示电路。求：（1）电流 $I_3$；（2）电位 $U_A$；（3）恒压源 $U_{S1}$、恒流源 $I_{S2}$ 及恒流源 $I_{S3}$ 的功率，并说明是否是发出功率。

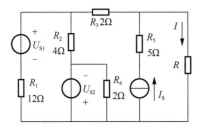

图 2.51 习题 2.17 图

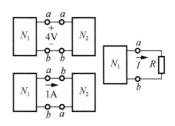

图 2.52 习题 2.18 图

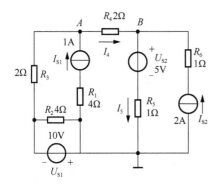

图 2.53 习题 2.19 图

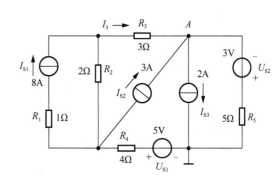

图 2.54 习题 2.20 图

2.21 如图 2.55 所示电路，已知 $U_{AB}=-8V$。求：（1）电流 $I$；（2）恒压源的源电压 $U_S$；（3）恒压源 $U_S$ 及恒流源 $I_{S2}$ 的功率，并说明是发出功率还是吸收功率。

2.22 电路如图 2.56 所示。求：（1）电流 $I_3$；（2）恒流源 $I_S$ 的功率。

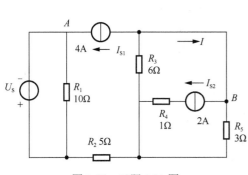

图 2.55 习题 2.21 图

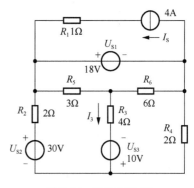

图 2.56 习题 2.22 图

2.23 如图 2.57 所示电路。求：（1）电流 $I$；（2）电位 $U_A$ 和 $U_B$；（3）恒流源 $I_S$ 及恒压源 $U_{S2}$ 的功率，并说明是发出功率还是吸收功率。

2.24 如图 2.58 所示电路。求能获得最大功率的 $R$ 值是多少？此最大功率是多少？

2.25 如图 2.59 所示电路，求电压 $U$ 及恒流源 $I_S$ 的端电压 $U_{IS}$。

2.26 如图 2.60 所示电路，求电压 $U$。

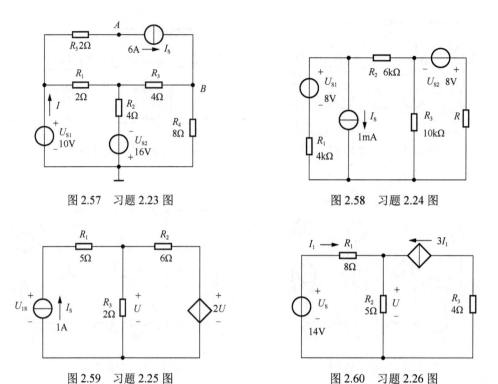

图 2.57　习题 2.23 图　　　　　　　图 2.58　习题 2.24 图

图 2.59　习题 2.25 图　　　　　　　图 2.60　习题 2.26 图

2.27　如图 2.61 所示电路，试问电阻 $R_L$ 为何值时电流 $I_L=-1A$？

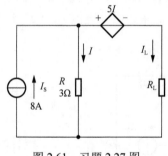

图 2.61　习题 2.27 图

2.28　如图 2.62（a）所示电路，非线性电阻元件 $R$ 的伏安特性曲线如图 2.62（b）所示，试用图解法求非线性电阻元件 $R$ 中的电流 $I$ 及其两端电压 $U$。

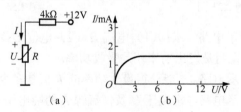

（a）　　　　　　　　　　（b）

图 2.62　习题 2.28 图

2.29　如图 2.63（a）所示电路，非线性电阻元件 $R_3$ 的伏安特性曲线如图 2.63（b）所示，试用图解法求非线性电阻元件 $R_3$ 中的电流 $I$ 及其两端电压 $U$。

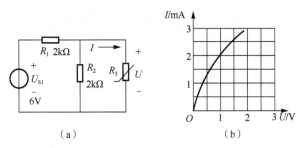

（a）　　　　　　　　　　（b）

图 2.63　习题 2.29 图

2.30　如图 2.64（a）所示电路，其中半导体二极管 D 的伏安特性曲线如图 2.64（b）所示，试用图解法求二极管的两端电压 $U$ 及通过的电流 $I$。

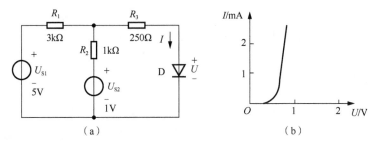

（a）　　　　　　　　　　（b）

图 2.64　习题 2.30 图

# 第3章 线性电路的暂态分析

上一章所讨论的电路都是处于稳定的工作状态，简称稳态（steady state），即电路中的电流和电压在给定的条件下处于某一稳定的数值。

当电路的条件发生改变时，如电路的结构或参数发生变化，将使电路改变原来的工作状态。对于含有电容或电感等储能元件（energy-storage element）的电路，这种工作状态的转变需要经历一个过程。

本章主要分析直流电源激励下的 $RC$ 一阶电路和 $RL$ 一阶电路在工作状态转变过程中电压与电流随时间的变化规律。

## 3.1 电路的暂态过程及换路定律

### 3.1.1 暂态过程

如果电路的条件改变，可能使电路中的电压及电流发生变化。对于纯电阻电路，电路会在瞬间从一种稳定状态转变到另一种稳定状态。但对于含有电容或电感等储能元件的电路，电路从原来的一种稳定状态到另一种新的稳定状态的变化往往不能瞬间完成，要经历一定的时间。

电路的暂态过程及换路定律

如图 3.1（a）所示，开关 S 处于位置 $b$，此时电容两端电压 $u_C = 0$。将开关 S 扳至位置 $a$ 时，$RC$ 串联电路与直流电源 $U_S$ 接通，$U_S$ 经电阻 $R$ 给电容 $C$ 充电，电容电压 $u_C$ 逐渐增大，直到 $u_C = U_S$ 时充电结束，充电过程中充电电流 $i_c$ 由大逐渐减小到零。如图 3.1（b）所示，将开关从位置 $a$ 扳至位置 $b$ 后，电容 $C$ 通过电阻 $R$ 放电，其电压 $u_C$ 由原来的 $U_S$ 逐渐减小到零，放电结束，放电过程中放电电流 $i_f$ 也由大逐渐减小到零。由此可见，电容的充电或放电都要经历一个过渡过程。电路的这种过渡过程往往为时短暂，因此又称为暂态（transient）或瞬态过程。

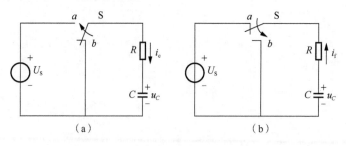

图 3.1 $RC$ 电路中的充、放电过程

### 3.1.2　换路定律

电路的接通、切断、短路、电源电压变化或电路元件参数的改变等所有电路条件的改变统称为换路。

换路破坏了电路原有的稳定状态，迫使电路中各部分的电压、电流发生变化，以求达到新的稳定状态，并且换路时电路中储能元件的能量的存储和释放需要一定的时间，不能跃变。

电容元件上存储的电场能量为 $W_C = \dfrac{1}{2}Cu^2$，由于换路时电场能量不能跃变，所以电容元件上的电压不能跃变；电感元件上存储的磁场能量为 $W_L = \dfrac{1}{2}Li^2$，由于换路时磁场能量不能跃变，所以电感元件中的电流不能跃变。

用 $t = 0$ 表示换路时刻；$t = 0_-$ 表示换路前最后一瞬间，即换路前的终了时刻；$t = 0_+$ 表示换路后的最初瞬间，即换路后的初始时刻；$t \geqslant 0$ 表示换路后暂态过程时间；$t = \infty$ 表示换路后达到新的稳态时间。这里 $0_-$ 和 $0_+$ 在数值上都等于零，但 $0_-$ 时刻对应的电路为换路之前的电路，而 $0_+$ 时刻对应的电路为换路之后的电路，换路瞬间为 $0_-$ 到 $0_+$。

换路定律的内容描述为：在换路瞬间，电容上的电压不能跃变，电感中的电流不能跃变。换路定律还可用数学表达式表示，在 $0_-$ 时刻到 $0_+$ 时刻的换路瞬间，有

$$\begin{cases} u_C(0_+) = u_C(0_-) \\ i_L(0_+) = i_L(0_-) \end{cases} \tag{3.1}$$

## 3.2　初始值与稳态值的计算

电路的暂态过程是由换路后瞬间（$t = 0_+$）开始到电路达到新的稳定状态（$t = \infty$）时结束。$t = 0_+$ 时电路中的电压和电流值称为暂态过程的初始值（initial value），而 $t = \infty$ 时的值称为稳态值（steady-state value）。换路后电路中各电压及电流将由初始值逐渐变化到稳态值，因此，确定初始值和稳态值是暂态分析非常关键的一步。

初始值与稳态值的计算

### 3.2.1　初始值的计算

初始值的求解步骤如下：

首先，根据换路前已处于稳态的电路，求出 $0_-$ 时刻电容上的电压和电感中的电流，即 $u_C(0_-)$ 和 $i_L(0_-)$。

其次，根据换路定律，即由式（3.1），确定电容电压的初始值 $u_C(0_+)$ 和电感电流的初始值 $i_L(0_+)$。

最后，根据 $0_+$ 时刻等效电路，利用欧姆定律、基尔霍夫定律来计算其他各个电流和电压的初始值。

$0_+$ 时刻等效电路的画法如下：若换路前储能元件储有能量，则将电容元件用源电压为 $u_C(0_+)$ 的理想电压源代替，将电感元件用源电流为 $i_L(0_+)$ 的理想电流源代替；若换路

前储能元件没有储能，$u_C(0_+)=0$，$i_L(0_+)=0$，则将电容元件短路、电感元件开路。

**例3.1** 如图3.2（a）所示电路，开关断开前电路已处于稳态，$t=0$时开关断开。已知$U_S=5V$，$I_S=6A$，$R_1=R_2=R_3=2\Omega$。求换路后电路中各电压和电流的初始值。

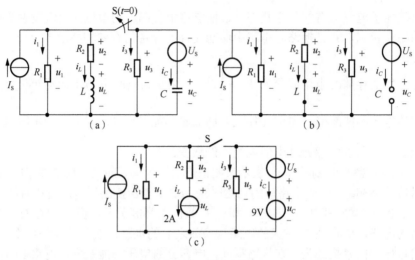

图3.2 例3.1图

**解：** 换路前$t=0_-$时刻的电路处于稳态，在直流电源作用的电路中电容元件$C$可视为开路、电感元件$L$可视为短路，如图3.2（b）所示，可求出

$$i_L(0_-)=\frac{I_S}{3}=\frac{6}{3}=2A$$

$$u_C(0_-)=U_S+i_L(0_-)R_2=5+2\times2=9V$$

根据换路定律，可知

$$u_C(0_+)=u_C(0_-)=9V，i_L(0_+)=i_L(0_-)=2A$$

换路后$0_+$时刻等效电路如图3.2（c）所示，此时电容元件用理想电压源代替，源电压数值为$u_C(0_+)=9V$；电感元件用理想电流源代替，源电流数值为$i_L(0_+)=2A$，方向如图3.2（c）所示。由该电路可求得其他各电量的初始值如下：

$$i_1(0_+)=I_S-i_L(0_+)=6-2=4A$$

$$i_3(0_+)=\frac{u_C(0_+)-U_S}{R_3}=\frac{9-5}{2}=2A$$

$$i_C(0_+)=-i_3(0_+)=-2A$$

$$u_1(0_+)=i_1(0_+)R_1=4\times2=8V$$

$$u_2(0_+)=i_L(0_+)R_2=2\times2=4V$$

$$u_3(0_+)=i_3(0_+)R_3=2\times2=4V$$

$$u_L(0_+)=u_1(0_+)-u_2(0_+)=8-4=4V$$

### 3.2.2 稳态值的计算

在直流电源作用的电路中，当电路达到稳态时，电容元件$C$可视为开路、电感元件

$L$ 可视为短路，根据换路后电路处于新的稳态时（$t = \infty$）的等效电路计算各电压和电流的稳态值。

**例 3.2**　计算例 3.1 中电路开关 S 断开后 $u_C$ 和 $i_L$ 的稳态值。

**解：** 开关 S 断开后，电路达到新的稳态时，$C$ 相当于开路、$L$ 相当于短路，即 $t = \infty$ 时的等效电路如图 3.3 所示。

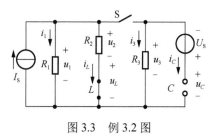

图 3.3　例 3.2 图

由此电路可求出

$$u_C(\infty) = U_S = 5\text{V}$$

$$i_L(\infty) = \frac{I_S \cdot R_1}{R_1 + R_2} = 3\text{A}$$

## 3.3　$RC$ 一阶电路暂态过程的微分方程分析法

$RC$ 一阶电路（first-order circuit）是指电路中只含有一个电容或可以简化为一个电容的 $RC$ 电路。

对暂态过程中电压与电流随时间的变化规律的研究，称为电路的暂态分析。

本节采用微分方程分析法分析 $RC$ 一阶电路的暂态过程，也称为经典法。这种方法是根据电路结构，采用欧姆定律和基尔霍夫定律列出以时间为自变量的微分方程，然后利用已知的初始条件求解微分方程以得出电路的响应的一种暂态分析方法。

### 3.3.1　零输入响应

在电路的稳态过程中，响应都是由电源作用产生的，而暂态过程中则不同，一个换路后不含电源的电路也会存在响应，例如一个已充电的电容通过电阻放电产生的放电电流。零输入响应（zero-input response）就是指换路后的电路中没有电源激励，即输入信号为零时，由储能元件的初始储能引起的电路响应。

$RC$ 一阶电路的
零输入响应

如图 3.4 所示电路，换路前开关 S 合在 $a$ 端，电路处于稳态，电容元件已充电，其两端电压 $u_C(0_-) = U_S$；在 $t = 0$ 时，开关 S 切换到 $b$ 端的位置，电路发生换路，电容与电源断开，电容元件通过电阻放电。电容元件放电时电路中的响应即为零输入响应。

当 $t > 0$ 时，电荷越放越少，$u_C$ 越来越低，放电电流 $i$ 也越来越小。从能量的角度考虑，电容存储的电场能量转化为热能在电阻中消耗掉，最后能量耗尽，$u_C$ 和 $i$ 都衰减到零，即 $u_C(\infty) = 0$，$i(\infty) = 0$。

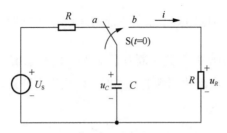

图 3.4　RC 一阶电路的零输入响应

下面通过求解电路的微分方程来分析 $t \geqslant 0$ 时电压 $u_C$ 和电流 $i$ 的具体变化规律。

将换路后电容电压的初始值简记为 $U_0$，即 $U_0 = u_C(0_+)$。根据换路定律可知

$$u_C(0_+) = u_C(0_-) = U_s \tag{3.2}$$

换路后放电电流的初始值为

$$i(0_+) = \frac{u_C(0_+)}{R} = \frac{U_0}{R}$$

按图 3.4 中标明的电容电压和电阻电压的参考方向，可列出换路后的 KVL 方程：

$$u_C - u_R = 0$$

由于电容上的电压、电流参考方向不一致，而电阻上的电压、电流参考方向一致，所以各元件的电压、电流关系为

$$i = -C\frac{\mathrm{d}u_C}{\mathrm{d}t}, u_R = iR$$

代入上述 KVL 方程，可得

$$RC\frac{\mathrm{d}u_C}{\mathrm{d}t} + u_C = 0 \tag{3.3}$$

式（3.3）是一阶常系数线性齐次微分方程，求解该方程的过程如下：

列出特征方程为

$$RCp + 1 = 0 \tag{3.4}$$

求出特征根为

$$p = -\frac{1}{RC} \tag{3.5}$$

则式（3.3）描述的微分方程的通解为

$$u_C(t) = A\mathrm{e}^{pt} = A\mathrm{e}^{\frac{t}{RC}} \tag{3.6}$$

式中，$A$ 为积分常数，将初始条件 $t = 0_+, u_C(0_+) = U_0$ 代入通解，可得

$$A = U_0$$

所以电容电压的零输入响应，即式（3.3）的解为

$$u_C(t) = U_0\mathrm{e}^{\frac{t}{RC}} \quad (t \geqslant 0) \tag{3.7}$$

电路中电阻电压的零输入响应为

$$u_R(t) = u_C(t) = U_0\mathrm{e}^{\frac{t}{RC}} \tag{3.8}$$

电路中放电电流的零输入响应可由电阻或电容中电流与电压关系求得，即

$$i(t) = \frac{u_R(t)}{R} = \frac{U_0}{R}\mathrm{e}^{-\frac{t}{RC}} \quad 或 \quad i(t) = -C\frac{\mathrm{d}u_C}{\mathrm{d}t} = \frac{U_0}{R}\mathrm{e}^{-\frac{t}{RC}} \tag{3.9}$$

电容电压、放电电流随时间的变化规律如图 3.5 所示。从图 3.5 中可以看出，电压、电流的变化曲线都是从初始值开始，随着时间的增长按同一指数规律逐渐衰减到零。

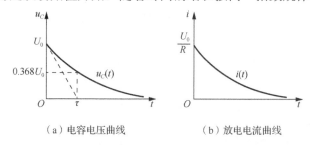

（a）电容电压曲线　　　　　　（b）放电电流曲线

图 3.5　零输入响应曲线

令

$$\tau = RC \tag{3.10}$$

称为 $RC$ 一阶电路的时间常数（time constant），它具有时间的量纲。当电阻单位为欧（Ω）、电容单位为法（F）时，$\tau$ 的单位为秒（s）。

从式（3.7）、式（3.9）中可以看出，$u_C(t)$ 和 $i(t)$ 衰减的快慢与初始值的大小无关，只由时间常数 $\tau$ 决定。

下面分析时间常数 $\tau$ 对放电时间的影响。根据式（3.7）可得

$$u_C(t_0 + \tau) = U_0\mathrm{e}^{-\frac{t_0+\tau}{\tau}} = U_0\mathrm{e}^{-1}\mathrm{e}^{-\frac{t_0}{\tau}} = \mathrm{e}^{-1}u_C(t_0) \approx 0.368u_C(t_0)$$

所以从任意时刻 $t_0$ 开始，当电压大约下降到 $t_0$ 时刻电压的 36.8% 所经历的时间就是时间常数。若 $t_0 = 0$，则时间常数 $\tau$ 为电容电压从初始值 $U_0$ 衰减到 $0.368U_0$ 所需要的时间，如图 3.5（a）所示。

另外，由于在任意时刻 $t_0$，电容电压 $u_C(t)$ 的变化率为

$$\left.\frac{\mathrm{d}u_C}{\mathrm{d}t}\right|_{t=t_0} = -\frac{U_0}{\tau}\mathrm{e}^{-\frac{t_0}{\tau}} = -\frac{u_C(t_0)}{\tau}$$

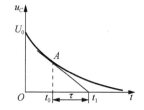

如图 3.6 所示，在电容电压响应曲线上过对应 $t_0$ 时刻的 $A$ 点作切线与横轴交于 $t_1$，可以证明，$t_1 - t_0$ 等于电路的时间常数 $\tau$。过初始点的切线与横轴也相交于 $\tau$，如图 3.5（a）所示。

图 3.6　由响应曲线求时间常数

放电过程中电容电压 $u_C$ 在不同时间的衰减情况，如表 3.1 所示。

表 3.1　电容电压随时间变化的数值表

| $t$ | $u_C(t) = U_0\mathrm{e}^{-\frac{t}{\tau}}$ | $t$ | $u_C(t) = U_0\mathrm{e}^{-\frac{t}{\tau}}$ |
| --- | --- | --- | --- |
| 0 | $U_0$ | $4\tau$ | $0.018U_0$ |
| $\tau$ | $0.368U_0$ | $5\tau$ | $0.007U_0$ |
| $2\tau$ | $0.135U_0$ | ⋮ | ⋮ |
| $3\tau$ | $0.05U_0$ | $\infty$ | 0 |

由表 3.1 可以看出，电容电压在理论上要经过无限长的时间才能衰减到零，但实际上只要经过 $4\tau \sim 5\tau$ 的时间，电容电压将衰减至初始值 $U_0$ 的 1.8%～0.7%，从而可以认为放电过程基本结束。

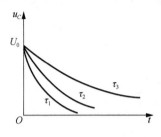

图 3.7 不同时间常数对应的 $u_C$ 变化曲线

时间常数 $\tau$ 的大小反映了一阶电路暂态过程进展的快慢。图 3.7 画出了在同一初始值下对应三个不同时间常数（$\tau_1 < \tau_2 < \tau_3$）的 $u_C$ 放电曲线。从图中可以看出，时间常数越大，电容电压衰减越慢，这是由于电容 $C$ 越大则存储的能量越多，电阻 $R$ 越大则放电电流越小，这都促使放电过程变慢。因此，在实际应用中可根据电路要求改变 $RC$ 参数，调节放电过程的快慢。

**例 3.3** 如图 3.8 所示电路，已知 $U_S = 5\text{V}$，$R_1 = 1\text{k}\Omega$，$R_2 = 4\text{k}\Omega$，$C = 10\mu\text{F}$，开关 S 在位置 $a$ 时电路处于稳态。在 $t = 0$ 时开关扳至位置 $b$，求换路后的电容电压 $u_C$ 和电流 $i$。

**解：** 先求电容电压的初始值 $U_0$，由换路定律可知

$$U_0 = u_C(0_+) = u_C(0_-) = U_S = 5\text{V}$$

换路后，电路的时间常数为

$$\tau = R_2C = 4 \times 10^3 \times 10 \times 10^{-6} = 0.04\text{s}$$

根据式（3.7），可得换路后电容电压的零输入响应为

$$u_C(t) = U_0\mathrm{e}^{-\frac{t}{\tau}} = 5\mathrm{e}^{-25t}\text{V}$$

由于电流 $i$ 与电压 $u_C$ 参考方向一致，因此由式（1.21）可得

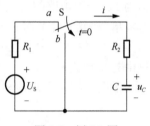

图 3.8 例 3.3 图

$$i(t) = C\frac{\mathrm{d}u_C}{\mathrm{d}t} = 10 \times 10^{-6} \times 5 \times (-25)\mathrm{e}^{-25t}\text{A} = -1.25\mathrm{e}^{-25t}\text{mA}$$

### 3.3.2 零状态响应

零状态响应（zero-state response）是指储能元件在换路前未存储能量，即电容初始电压或电感初始电流为零，换路后，电路接通电源，由电源激励引起的电路响应。

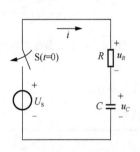

图 3.9 RC 一阶电路的零状态响应

如图 3.9 所示电路，开关 S 闭合前，电路处于稳态，电容电压等于零，即电路处于零状态。在 $t = 0$ 时，合上开关 S，电路与电源接通，电源 $U_S$ 经电阻 $R$ 向电容 $C$ 充电。这里电容元件充电过程中电路对于输入激励的响应即为零状态响应。

在图 3.9 所示电路中，开关闭合后，由换路定律知 $u_C(0_+) = u_C(0_-) = 0$，充电电流初始值 $i(0_+) = \dfrac{U_S - u_C(0_+)}{R} = \dfrac{U_S}{R}$，随着电容电压的增加，充电电流逐渐减小，当电容电压

与 $U_\mathrm{S}$ 相等时，充电电流 $i=0$，电路将达到新的稳态，过渡过程结束。

下面对暂态过程中电压 $u_C$ 和电流 $i$ 的具体变化规律进行分析。根据基尔霍夫电压定律，可列出 $t \geqslant 0$ 时电路中的回路电压方程为

$$u_C + u_R = U_\mathrm{S}$$

电容、电阻元件上电压、电流参考方向一致，所以各元件的电压电流关系为

$$i = C\frac{\mathrm{d}u_C}{\mathrm{d}t}, u_R = iR$$

代入上述 KVL 方程，可得

$$RC\frac{\mathrm{d}u_C}{\mathrm{d}t} + u_C = U_\mathrm{S} \tag{3.11}$$

式（3.11）是一个一阶常系数线性非齐次微分方程，它的解由特解 $u_C'$ 和通解 $u_C''$ 两部分构成：

$$u_C = u_C' + u_C'' \tag{3.12}$$

微分方程的特解 $u_C'$ 与外加输入激励的形式相同，设 $u_C' = K$，代入式（3.11），可得 $K = U_\mathrm{S}$，因此特解为

$$u_C' = U_\mathrm{S}$$

可以看出，特解 $u_C'$ 就是 $t = \infty$ 时的稳态值，它反映了电路的稳态特性，所以称为稳态响应（steady-state response）。

$u_C''$ 为微分方程式（3.11）对应的齐次微分方程 $RC\dfrac{\mathrm{d}u_C}{\mathrm{d}t} + u_C = 0$ 的通解，其形式与式（3.6）相同，即

$$u_C'' = A\mathrm{e}^{-\frac{t}{RC}}$$

通解 $u_C''$ 是一个按指数规律衰减的物理量，仅存在于暂态过程中，所以称为暂态响应（transient response）。

微分方程式（3.11）的解，即电容电压为

$$u_C = u_C' + u_C'' = U_\mathrm{S} + A\mathrm{e}^{-\frac{t}{RC}} \tag{3.13}$$

式中，积分常数 $A$ 由初始条件来确定。将 $u_C(0_+) = 0$ 代入式（3.13），可得

$$A = -U_\mathrm{S}$$

所以非齐次微分方程的解，即电容电压的零状态响应为

$$u_C(t) = U_\mathrm{S} - U_\mathrm{S}\mathrm{e}^{-\frac{t}{RC}} = U_\mathrm{S}(1 - \mathrm{e}^{-\frac{t}{\tau}}) \tag{3.14}$$

换路后电路中的充电电流为

$$i(t) = C\frac{\mathrm{d}u_C}{\mathrm{d}t} = \frac{U_\mathrm{S}}{R}\mathrm{e}^{-\frac{t}{\tau}} \tag{3.15}$$

电阻上的电压为

$$u_R(t) = iR = U_S e^{-\frac{t}{\tau}} \tag{3.16}$$

电容电压 $u_C$ 随时间的变化曲线如图 3.10（a）所示，充电电流 $i(t)$ 与电阻电压 $u_R(t)$ 的变化曲线如图 3.10（b）所示。

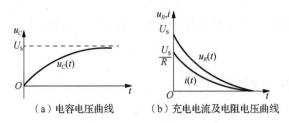

（a）电容电压曲线　　（b）充电电流及电阻电压曲线

图 3.10　零状态响应曲线

$RC$ 电路充电过程的快慢决定于电路的时间常数 $\tau = RC$。同 $RC$ 电路的零输入响应一样，经过 $5\tau$ 左右的时间，就可认为电路达到稳定状态，电容充电过程基本结束。

**例 3.4**　如图 3.11（a）所示电路，已知 $U_S = 5\text{V}$，$R_1 = 1\text{k}\Omega$，$R_2 = 4\text{k}\Omega$，$C = 10\mu\text{F}$，开关 S 闭合前电路处于稳态，在 $t = 0$ 时开关 S 闭合，求开关闭合后的电压 $u_C$。

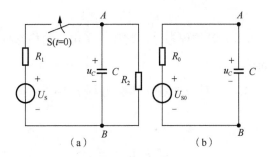

图 3.11　例 3.4 图

**解：** 电容电压初始值 $u_C(0_+) = u_C(0_-) = 0$。

开关闭合后，对除去电容支路外的有源二端网络应用戴维宁定理等效为一个电压源，得到换路后的等效电路如图 3.11（b）所示。电压源的源电压也就是图 3.11（a）中除去电容支路后 $A$、$B$ 间的开路电压，即

$$U_{S0} = \frac{U_S \cdot R_2}{R_1 + R_2} = \frac{5 \times 4}{1 + 4} = 4\text{V}$$

电压源的内阻为

$$R_0 = R_1 /\!/ R_2 = \frac{R_1 R_2}{R_1 + R_2} = \frac{1 \times 4}{1 + 4} = 0.8\text{k}\Omega$$

时间常数为

$$\tau = R_0 C = 0.8 \times 10^3 \times 10 \times 10^{-6} = 0.008\text{s} = 8\text{ms}$$

根据式（3.14），可得电路换路后电容电压的零状态响应为

$$u_C(t) = U_{S0}(1 - e^{-\frac{t}{\tau}}) = 4(1 - e^{-125t})\ \text{V}$$

### 3.3.3　全响应

RC 一阶电路的
全响应

电路换路后，储能元件的初始存储能量不为零并且有电源激励作用时电路的响应，称为全响应（complete response）。零输入响应与零状态响应都属于全响应的特殊情况。

如图 3.12 所示电路，换路前，开关 S 合在 $a$ 端且已达到稳态，电容已被充电，电容电压为 $u_C(0_-) = U_0$，即非零状态。$t = 0$ 时开关由 $a$ 端切换到 $b$ 端，换路后瞬间电容元件两端电压的初始值为 $u_C(0_+) = u_C(0_-) = U_0$，电路中的响应是由激励电源 $U_S$ 和电容初始储能 $u_C(0_+)$ 两部分共同作用产生的，这时的响应即为 $RC$ 一阶电路的全响应。

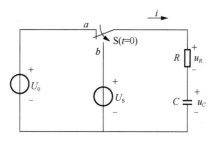

图 3.12　$RC$ 一阶电路的全响应

现仍采用经典的微分方程分析法分析全响应。换路后，根据 KVL 和元件电压、电流关系，对换路后的电路列出微分方程为

$$U_S = iR + u_C = RC\frac{\mathrm{d}u_C}{\mathrm{d}t} + u_C \tag{3.17}$$

方程解的形式与式（3.13）相同，即

$$u_C = u_C' + u_C'' = U_S + Ae^{-\frac{t}{RC}}$$

代入初始条件 $u_C(0_+) = u_C(0_-) = U_0$，可求出积分常数 $A = U_0 - U_S$。

电路中电容电压的全响应为

$$u_C(t) = U_S + (U_0 - U_S)e^{-\frac{t}{RC}} = U_S + (U_0 - U_S)e^{-\frac{t}{\tau}} \tag{3.18}$$

式中，稳态响应为

$$u_C' = U_S$$

暂态响应为

$$u_C'' = (U_0 - U_S)e^{-\frac{t}{\tau}}$$

所以全响应可以表示为

全响应=稳态响应+暂态响应

将式（3.18）改写后可得

$$u_C(t) = U_0 e^{-\frac{t}{\tau}} + U_S(1 - e^{-\frac{t}{\tau}}) \tag{3.19}$$

显然，式（3.19）中等号右边第一项即为式（3.7），是放电的零输入响应，可记为 $u_{Cf}$；第二项为式（3.14），是充电的零状态响应，可记为 $u_{Cc}$。因此，全响应又可以表示成

全响应=零输入响应+零状态响应

这是叠加原理在线性电路暂态分析中的体现，在求全响应时，电容元件的初始状态 $U_0$ 和电源激励 $U_S$ 分别单独作用时产生的零输入响应和零状态响应的叠加，即为全响应。

根据式（3.18），由稳态响应和暂态响应相加而成的全响应 $u_C(t)$ 随时间变化的曲线

如图 3.13 所示。图 3.13（a）是 $U_s > U_0$ 时，$u_C(t)$ 由初始值 $U_0$ 增长到稳态值 $U_s$，电容元件处于继续充电过程。图 3.13（b）是 $U_s < U_0$ 时，$u_C(t)$ 由初始值 $U_0$ 衰减到稳态值 $U_s$，电容元件处于放电过程。

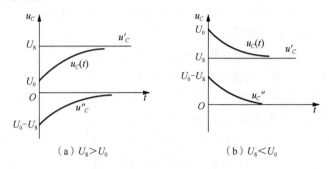

（a）$U_s > U_0$　　　　　　　　（b）$U_s < U_0$

图 3.13　电容电压响应曲线

电路中的电流为

$$i(t) = C \frac{\mathrm{d}u_C}{\mathrm{d}t} = \frac{U_s - U_0}{R} \mathrm{e}^{-\frac{t}{\tau}} \qquad (3.20)$$

$i(t)$ 随时间变化曲线如图 3.14 所示，当 $U_s > U_0$ 时，$i(t)$ 是充电电流；当 $U_s < U_0$ 时，$i(t)$ 是放电电流。无论电容充电还是放电，达到稳态时，电流 $i(t)$ 都将趋于零。

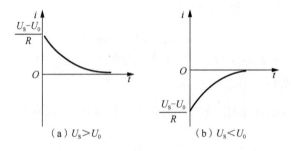

（a）$U_s > U_0$　　　　　　　　（b）$U_s < U_0$

图 3.14　电流 $i(t)$ 响应曲线

根据式（3.19），全响应还可由零输入响应和零状态响应叠加而成，因此，$u_C(t)$ 随时间变化曲线又可如图 3.15 所示，其中，曲线①为零输入响应，曲线②为零状态响应，曲线③为全响应。

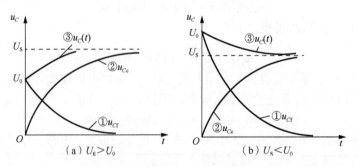

（a）$U_s > U_0$　　　　　　　　（b）$U_s < U_0$

图 3.15　电容电压响应曲线

根据式（3.20），全响应电流 $i(t)$ 也可以由零输入响应 $i_f$ 和零状态响应 $i_c$ 叠加而成：

$$i(t) = i_f + i_c = \frac{-U_0}{R}e^{-\frac{t}{\tau}} + \frac{U_s}{R}e^{-\frac{t}{\tau}} \tag{3.21}$$

其随时间变化曲线也可如图 3.16 所示。

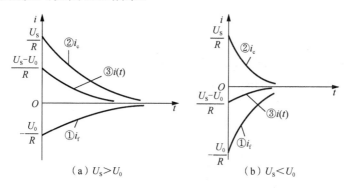

（a）$U_s > U_0$　　　　　　　　　（b）$U_s < U_0$

图 3.16　电流 $i(t)$ 响应曲线

**例 3.5**　电路如图 3.17（a）所示，已知 $U_s = 12\text{V}$，$R_1 = 6\text{k}\Omega$，$R_2 = 12\text{k}\Omega$，$C = 5\mu\text{F}$，换路前电路处于稳态，$t = 0$ 时开关 S 闭合。求 $t \geqslant 0$ 时的电压 $u_C(t)$。

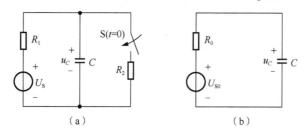

（a）　　　　　　　　　　　　（b）

图 3.17　例 3.5 图

**解**：电容电压的初始值为

$$U_0 = u_C(0_+) = u_C(0_-) = U_s = 12\text{V}$$

开关闭合后，对除去电容支路外的二端网络应用戴维宁定理等效变换为一个电压源，如图 3.17（b）所示。

等效电压源的源电压为

$$U_{S0} = \frac{U_s \cdot R_2}{R_1 + R_2} = \frac{12 \times 12}{6 + 12} = 8\text{V}$$

等效电压源的内阻为

$$R_0 = R_1 \mathbin{/\mkern-5mu/} R_2 = \frac{R_1 R_2}{R_1 + R_2} = \frac{6 \times 12}{6 + 12} = 4\text{k}\Omega$$

时间常数为

$$\tau = R_0 C = 4 \times 10^3 \times 5 \times 10^{-6} = 0.02\text{s}$$

根据式（3.18），可得电路换路后电容电压的全响应为

$$u_C(t) = u_C' + u_C'' = U_{S0} + (U_0 - U_{S0})\mathrm{e}^{-\frac{t}{\tau}} = 8 + 4\mathrm{e}^{-50t}\,\mathrm{V}$$

式中，稳态响应为 $u_C' = 8\mathrm{V}$；暂态响应为 $u_C'' = 4\mathrm{e}^{-50t}\,\mathrm{V}$。

根据式（3.19），电容电压的全响应还可表示为

$$u_C(t) = u_{Cf} + u_{Cc} = U_0\mathrm{e}^{-\frac{t}{\tau}} + U_{S0}(1 - \mathrm{e}^{-\frac{t}{\tau}})$$
$$= 12\mathrm{e}^{-50t} + 8(1 - \mathrm{e}^{-50t}) = 8 + 4\mathrm{e}^{-50t}\,\mathrm{V}$$

式中，零输入响应为 $u_{Cf} = 12\mathrm{e}^{-50t}\,\mathrm{V}$；零状态响应为 $u_{Cc} = 8(1 - \mathrm{e}^{-50t})\mathrm{V}$。

电容电压的各响应曲线如图 3.18 所示。

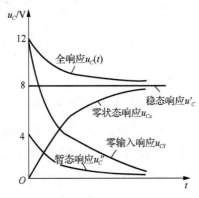

图 3.18　电容电压 $u_C(t)$ 响应曲线

## 3.4　*RL* 一阶电路暂态过程的微分方程分析法

*RL* 一阶电路是指电路中只含有一个电感或可以简化为一个电感的 *RL* 电路。电感元件 *L* 也是储能元件，因此 *RL* 电路在换路时也会产生暂态过程。

### 3.4.1　零输入响应

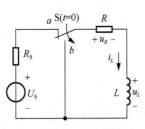

图 3.19　*RL* 一阶电路的零输入响应

如图 3.19 所示电路，换路前开关 S 合在 $a$ 端，电路处于稳态，电感元件已储有能量，电感中电流记作 $I_0$，则 $I_0 = i_L(0_-) = \dfrac{U_S}{R_S + R}$；在 $t = 0$ 时，开关 S 切换到 $b$ 端的位置，电路发生换路，电感与电源断开，电感元件上存储的磁场能量通过电阻释放，电路相应的响应即为零输入响应。达到稳态时，电感电流 $i_L(\infty) = 0$。

下面分析 $t \geqslant 0$ 时电流 $i_L$ 和电压 $u_L$、$u_R$ 的变化规律。

换路后，根据基尔霍夫电压定律和元件电压、电流关系，可列出

$$u_L + u_R = L\frac{\mathrm{d}i_L}{\mathrm{d}t} + Ri_L = 0 \tag{3.22}$$

这也是一个一阶线性常系数齐次微分方程，其特征方程为

$$Lp + R = 0$$

故特征根为

$$p = -\frac{R}{L}$$

微分方程的通解为

$$i_L(t) = A\mathrm{e}^{pt} = A\mathrm{e}^{-\frac{R}{L}t}$$

式中，积分常数 $A$ 由初始条件来确定，即

$$i_L(0_+) = i_L(0_-) = I_0 = A$$

所以电感电流的零输入响应为

$$i_L(t) = I_0\mathrm{e}^{-\frac{R}{L}t} = I_0\mathrm{e}^{-\frac{t}{\tau}} \tag{3.23}$$

可以看出电感电流的零输入响应是由初始值 $I_0$ 逐渐衰减至零。

式（3.23）中，

$$\tau = \frac{L}{R} \tag{3.24}$$

称为 $RL$ 一阶电路的时间常数，它也具有时间的量纲。当电阻单位为欧（$\Omega$）、电感单位为亨（H）时，$\tau$ 的单位为秒（s）。

$\tau$ 也是决定电流衰减快慢的时间常数，其意义与 $RC$ 一阶电路的时间常数相同。$\tau$ 增大，过渡过程的时间增长；$\tau$ 变小，过渡过程就缩短。

电感两端的电压为

$$u_L(t) = L\frac{\mathrm{d}i_L}{\mathrm{d}t} = -RI_0\mathrm{e}^{-\frac{t}{\tau}} \tag{3.25}$$

电阻两端的电压为

$$u_R(t) = -u_L(t) = RI_0\mathrm{e}^{-\frac{t}{\tau}} \tag{3.26}$$

各电流、电压随时间变化曲线如图 3.20 所示。

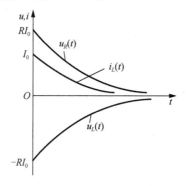

图 3.20　$RL$ 一阶电路的零输入响应曲线

**例 3.6** 如图 3.21 所示电路，电路已达到稳态。已知 $U_s = 10\text{V}$，$R_1 = 2\Omega$，$R_2 = 5\Omega$，$L = 100\text{mH}$，$t = 0$ 时，将开关 S 断开，试求 $t \geqslant 0$ 时的电流 $i_L(t)$ 及电压 $u_L(t)$。

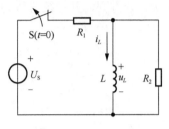

图 3.21　例 3.6 图

**解：** 电感电流的初始值为

$$I_0 = i_L(0_+) = i_L(0_-) = \frac{U_s}{R_1} = \frac{10}{2} = 5\text{A}$$

换路后，电路时间常数为

$$\tau = \frac{L}{R_2} = \frac{100 \times 10^{-3}}{5} = 0.02\text{s}$$

由式（3.23）可得 $t \geqslant 0$ 时的电感电流为

$$i_L(t) = I_0 \text{e}^{-\frac{t}{\tau}} = 5\text{e}^{-50t}\text{A}$$

电感电压为

$$u_L(t) = L\frac{\text{d}i_L}{\text{d}t} = 100 \times 10^{-3} \times 5 \times (-50)\text{e}^{-50t} = -25\text{e}^{-50t}\text{V}$$

### 3.4.2　零状态响应

RL 一阶电路的
零状态响应

如图 3.22 所示电路，开关 S 闭合前电感没有初始储能，即电感电流 $i_L(0_-) = 0$，电路处于零状态。$t = 0$ 时，开关 S 闭合，电路中产生的响应为零状态响应。

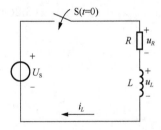

图 3.22　RL 一阶电路的零状态响应

由于电感电流的初始值为

$$i_L(0_+) = i_L(0_-) = 0$$

开关 S 闭合后，根据基尔霍夫电压定律和元件电压、电流关系，可得

$$u_L + u_R = L\frac{\text{d}i_L}{\text{d}t} + Ri_L = U_s \qquad (3.27)$$

此一阶线性非齐次微分方程的解也由特解 $i_L'$ 和通解 $i_L''$ 两部分构成。

特解取电感电流的稳态值，即

$$i_L' = i_L(\infty) = \frac{U_s}{R} = I$$

通解与对应的齐次微分方程的通解形式相同，即

$$i_L'' = Ae^{-\frac{Rt}{L}} = Ae^{-\frac{t}{\tau}}$$

所以式（3.27）的微分方程的解为

$$i_L(t) = i_L' + i_L'' = I + Ae^{-\frac{R}{L}t}$$

由初始条件 $i_L(0_+) = i_L(0_-) = 0$ 可确定积分常数 $A$，即

$$A = -I = -\frac{U_S}{R}$$

则电感电流的零状态响应为

$$i_L(t) = i_L' + i_L'' = I - Ie^{-\frac{R}{L}t} = \frac{U_S}{R}(1 - e^{-\frac{t}{\tau}}) \tag{3.28}$$

式中，时间常数为 $\tau = \dfrac{L}{R}$；稳态响应为 $i_L' = \dfrac{U_S}{R}$；暂态响应为 $i_L'' = -\dfrac{U_S}{R}e^{-\frac{t}{\tau}}$。

电阻电压为

$$u_R(t) = i_L R = U_S(1 - e^{-\frac{t}{\tau}}) \tag{3.29}$$

电感电压为

$$u_L(t) = L\frac{\mathrm{d}i_L}{\mathrm{d}t} = U_S e^{-\frac{t}{\tau}} \tag{3.30}$$

各电流、电压随时间变化的曲线如图 3.23 所示。

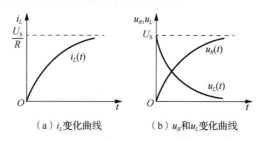

（a）$i_L$ 变化曲线　　　　（b）$u_R$ 和 $u_L$ 变化曲线

图 3.23　$RL$ 一阶电路的零状态响应曲线

从图 3.23 中可以看出，在换路瞬间电感电流 $i_L = 0$，电感电压 $L\dfrac{\mathrm{d}i_L}{\mathrm{d}t} = U_S$，电阻电压 $u_R = 0$。随着时间增加，电感电流逐渐上升，电感电压按指数规律下降，电阻电压随之上升。达到稳态时，电感电流 $i_L(\infty) = \dfrac{U_S}{R}$，电感电压 $u_L = 0$，即电感元件对直流激励作用相当于短路，电源电压 $U_S$ 就会全部降在电阻 $R$ 上。

**例 3.7**　如图 3.24（a）所示电路，换路前电路已达到稳态，已知 $R_1 = 3\Omega$，$R_2 = 2\Omega$，$R_3 = 6\Omega$，$U_S = 12\text{V}$，$L = 100\text{mH}$，$t = 0$ 时开关闭合，试求 $t \geqslant 0$ 时的电感电流 $i_L(t)$。

**解**：电感电流的初始值 $i_L(0_+) = i_L(0_-) = 0$。

开关闭合后，对除去电感元件外的二端网络应用戴维宁定理等效变换为一个电压源，如图 3.24（b）所示。

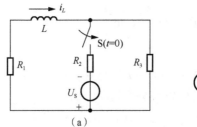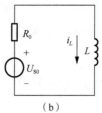

图 3.24　例 3.7 图

等效电压源的源电压为

$$U_{S0} = \frac{U_S \cdot R_3}{R_2 + R_3} = \frac{12 \times 6}{2 + 6} = 9\text{V}$$

等效电压源的内阻为

$$R_0 = R_1 + (R_2 /\!/ R_3) = R_1 + \frac{R_2 R_3}{R_2 + R_3} = 3 + \frac{2 \times 6}{2 + 6} = 4.5\Omega$$

电路的时间常数为

$$\tau = \frac{L}{R_0} = \frac{100 \times 10^{-3}}{4.5} = \frac{1}{45}\text{s}$$

根据式（3.28），可得电路换路后电感电流的零状态响应为

$$i_L(t) = \frac{U_{S0}}{R_0}(1 - \text{e}^{-\frac{t}{\tau}}) = 2(1 - \text{e}^{-45t})\ \text{A}$$

### 3.4.3　全响应

如图 3.25 所示 *RL* 一阶电路，在开关 S 闭合前电路处于稳态。电感元件具有初始储能，$t = 0$ 时，开关 S 闭合，电路中的响应是由激励电源 $U_S$ 和电感初始储能 $i_L(0_+)$ 两部分共同作用产生的，这时的响应即为 *RL* 一阶电路的全响应。

*RL* 一阶电路的
全响应

电感电流的初始值为

$$I_0 = i_L(0_+) = i_L(0_-) = \frac{U_S}{R_1 + R}$$

换路后，电感电流的稳态值为

$$I = i_L(\infty) = \frac{U_S}{R}$$

$t \geqslant 0$ 时，电路的微分方程和式（3.27）相同，参照 3.3.3 小节及 3.4.2 小节一阶线性非齐次微分方程的求解方法，可知微分方程的解为

$$i_L(t) = i_L' + i_L'' = I + (I_0 - I)\text{e}^{-\frac{t}{\tau}} \tag{3.31}$$

式中，时间常数为 $\tau = \dfrac{L}{R}$；稳态响应为 $i_L' = I$；暂态响应为 $i_L'' = (I_0 - I)\text{e}^{-\frac{t}{\tau}}$，两者相加即为电感电流的全响应。

全响应时间曲线如图 3.26 所示。由于图 3.25 中电路的具体情况是 $I > I_0$，故电感电流全响应的时间曲线是上升的。从 $I_0$ 开始增长，最后趋近于稳态值 $I$。

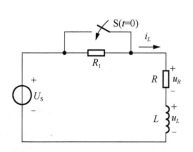

图 3.25　$RL$ 一阶电路的全响应

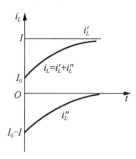

图 3.26　电感电流 $i_L(t)$ 的全响应曲线

电感电流 $i_L$ 的全响应还可利用零输入响应和零状态响应叠加的方法，即

全响应=零输入响应+零状态响应

因此，由式（3.23）及式（3.28），可得电感电流 $i_L$ 的全响应为

$$i_L(t) = I_0 \mathrm{e}^{-\frac{t}{\tau}} + I(1 - \mathrm{e}^{-\frac{t}{\tau}}) \tag{3.32}$$

式中，等号右边第一项为零输入响应 $i_{Lf} = I_0 \mathrm{e}^{-\frac{t}{\tau}}$；第二项为零状态响应 $i_{Lc} = I(1 - \mathrm{e}^{-\frac{t}{\tau}})$。因此电流 $i_L$ 的全响应时间变化曲线也可如图 3.27 所示。

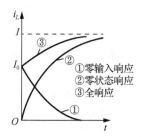

图 3.27　$i_L(t)$ 的响应曲线

**例 3.8**　如图 3.25 所示电路，换路前电路已处于稳态，已知 $U_S = 200\mathrm{V}$，$R_1 = 8\Omega$，$R = 12\Omega$，$L = 0.6\mathrm{H}$，$t = 0$ 时开关 S 闭合，试求 S 闭合后经过多长时间电感电流达到 15A。

**解：** 电感电流的初始值为

$$I_0 = i_L(0_+) = i_L(0_-) = \frac{U_S}{R_1 + R} = \frac{200}{8 + 12} = 10\mathrm{A}$$

换路后，电感电流的稳态值为

$$I = i_L(\infty) = \frac{U_S}{R} = \frac{200}{12} \approx 16.67\mathrm{A}$$

时间常数为

$$\tau = \frac{L}{R} = \frac{0.6}{12} = 0.05\mathrm{s}$$

由式（3.31）可得出 S 闭合后电感中电流的全响应为

$$i_L(t) = I + (I_0 - I)\mathrm{e}^{-\frac{t}{\tau}} = 16.67 + (10 - 16.67)\mathrm{e}^{-\frac{t}{0.05}} = 16.67 - 6.67\mathrm{e}^{-20t}\,\mathrm{A}$$

当电流达到 15A 时，有

$$15 = 16.67 - 6.67\mathrm{e}^{-20t}$$

可解出经过的时间为 $t \approx 0.07\mathrm{s}$。

## 3.5　一阶线性电路暂态分析的三要素法

一阶线性电路暂态
分析的三要素法

　　一阶线性电路只含有一个储能元件或可等效为只含一个储能元件，可用一阶常系数线性微分方程来描述。例如，在前述的 $RC$ 一阶电路中，电路的全响应包括稳态响应和暂态响应两部分，如电容电压可由式（3.18）表示为

$$u_C(t) = u'_C + u''_C = U_S + (U_0 - U_S)\mathrm{e}^{-\frac{t}{\tau}}$$

式中，若 $U_S$ 等于零，便可得电路的零输入响应；若 $U_0$ 等于零，即可得电路的零状态响应。而电路中其他各变量的表示方法与此类似，因此，一阶线性电路中各个物理变量的全响应一般可表示成

$$f(t) = f(\infty) + [f(0_+) - f(\infty)]\mathrm{e}^{-\frac{t}{\tau}} \qquad (3.33)$$

式中，$f(t)$ 为任一电压或电流的响应；$f(\infty)$ 为换路后电压或电流的稳态值；$f(0_+)$ 为换路后电压或电流的初始值；$\tau$ 为换路后一阶线性电路的时间常数。

　　由式（3.33）可以看出，暂态过程中电压和电流都是按指数规律变化的，当 $f(0_+)$、$f(\infty)$ 和 $\tau$ 确定后，一阶线性电路响应的表达式也就被唯一确定了。因此，称 $f(0_+)$、$f(\infty)$ 和 $\tau$ 为三要素，利用三要素求解一阶线性电路暂态过程的方法就称为暂态分析的三要素法。该方法只要求出电路中的三个要素，即可根据式（3.33）直接写出电路响应的表达式，而不必再建立电路微分方程逐步求解。需要注意的是，三要素法只适用于在直流电源作用下的 $RC$ 或 $RL$ 一阶线性电路。

　　三要素法求解电路的具体步骤如下：

　　（1）计算初始值 $f(0_+)$。初始值的计算方法如 3.2.1 小节所述。

　　（2）计算稳态值 $f(\infty)$。稳态值是换路后电路处于新的稳态时的电压、电流值，计算方法如 3.2.2 小节所述。

　　（3）计算时间常数 $\tau$。在 $RC$ 一阶电路中，$\tau = R_0 C$；在 $RL$ 一阶电路中，$\tau = \dfrac{L}{R_0}$。

　　这里 $R_0$ 为换路后的电路中从储能元件（电容或电感）两端看进去的无源二端网络（将理想电压源短路，理想电流源开路）的等效电阻。

　　（4）将上述三要素代入式（3.33），即可求得电路的响应。

　　**例 3.9**　电路如图 3.28（a）所示，已知 $U_S = 5\mathrm{V}$，$I_S = 1\mathrm{mA}$，$R_1 = R_2 = 10\mathrm{k}\Omega$，$C = 10\mu\mathrm{F}$，换路前电路处于稳态，$t = 0$ 时将开关 $S_1$ 闭合、$S_2$ 断开。求换路后的电压 $u_C(t)$ 和电流 $i(t)$ 的全响应表达式。

**解：** 用三要素法求电压 $u_C(t)$ 和电流 $i(t)$ 的全响应。

（1）确定初始值：由换路定律可知电容电压初始值为

$$u_C(0_+) = u_C(0_-) = I_S R_2 = 10\text{V}$$

电流初始值根据图 3.28（b）中 $0_+$ 等效电路计算，可得

$$i(0_+) = \frac{u_C(0_+) - U_S}{R_1} = \frac{10-5}{10} = 0.5\text{mA}$$

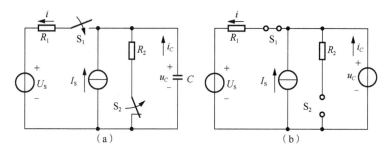

图 3.28　例 3.9 图

（2）确定稳态值：根据换路后电路可求得稳态值为

$$u_C(\infty) = I_S R_1 + U_S = 15\text{V}$$

$$i(\infty) = I_S = 1\text{mA}$$

（3）确定时间常数：换路后的电路中，从电容元件 $C$ 两端看进去的无源二端网络（$U_S$ 短路、$I_S$ 开路）的等效电阻为 $R_0 = R_1 = 10\text{k}\Omega$，所以时间常数为

$$\tau = R_0 C = 10 \times 10^3 \times 10 \times 10^{-6} = 0.1\text{s}$$

（4）将三要素代入式（3.33），可得 $u_C(t)$ 及 $i(t)$ 的全响应为

$$u_C(t) = u_C(\infty) + [u_C(0_+) - u_C(\infty)]\text{e}^{-\frac{t}{\tau}} = 15 + (10-15)\text{e}^{-\frac{t}{0.1}} = 15 - 5\text{e}^{-10t}\text{V}$$

$$i(t) = i(\infty) + [i(0_+) - i(\infty)]\text{e}^{-\frac{t}{\tau}} = 1 + (0.5-1)\text{e}^{-\frac{t}{0.1}} = 1 - 0.5\text{e}^{-10t}\text{mA}$$

本题也可以先用三要素法求出电压 $u_C(t)$ 的全响应，然后对换路后的电路，根据基尔霍夫电压定律及欧姆定律，求出电流 $i(t)$ 的全响应表达式为

$$i(t) = \frac{u_C(t) - U_S}{R_1} = \frac{15 - 5\text{e}^{-10t} - 5}{10} = 1 - 0.5\text{e}^{-10t}\text{mA}$$

电流 $i(t)$ 的全响应还可以通过下式计算：

$$i(t) = I_S + i_C = I_S - C\frac{\text{d}u_C}{\text{d}t} = 1 - 0.5\text{e}^{-10t}\text{mA}$$

**例 3.10**　电路如图 3.29 所示，换路前电路已处于稳态，已知 $U_S = 20\text{V}$，$I_S = 2\text{A}$，$R_1 = R_2 = 5\Omega$，$L = 10\text{mH}$，$t = 0$ 时开关 S 闭合。求 S 闭合后电感电流 $i_L(t)$ 及电阻 $R_2$ 中的电流 $i_2(t)$。

**解：** 先用三要素法求电感电流 $i_L(t)$，然后再求 $R_2$ 中的电流 $i_2(t)$。

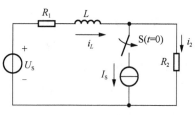

图 3.29　例 3.10 图

（1）确定初始值：根据换路前的直流电路，可求得电感电流初始值为

$$i_L(0_+) = i_L(0_-) = \frac{U_S}{R_1 + R_2} = \frac{20}{5 + 5} = 2\text{A}$$

（2）确定稳态值：换路后的直流稳态电路中，利用电源等效变换将电流源等效变换为电压源进行电路的化简，则

$$i_L(\infty) = \frac{U_S + I_S R_2}{R_1 + R_2} = \frac{20 + 2 \times 5}{5 + 5} = 3\text{A}$$

（3）确定时间常数：换路后的电路中，从电感元件 $L$ 两端看进去的无源二端网络（$U_S$ 短路、$I_S$ 开路）的等效电阻为 $R_0 = R_1 + R_2 = 5 + 5 = 10\Omega$，所以时间常数为

$$\tau = \frac{L}{R_0} = \frac{10 \times 10^{-3}}{10} = 0.001\text{s}$$

（4）用三要素法可求出 S 闭合后电感中电流的全响应为

$$i_L(t) = i_L(\infty) + [i_L(0_+) - i_L(\infty)]\text{e}^{-\frac{t}{\tau}} = 3 + (2 - 3)\text{e}^{-\frac{t}{0.001}} = 3 - \text{e}^{-1000t}\text{A}$$

式中，稳态响应为 $i_L' = 3\text{A}$；暂态响应为 $i_L'' = -\text{e}^{-1000t}\text{A}$；零输入响应为 $i_{Lf} = 2\text{e}^{-1000t}\text{A}$；零状态响应为 $i_{Lc} = 3(1 - \text{e}^{-1000t})\text{A}$。

在换路后的电路中，由基尔霍夫电流定律，可得 $R_2$ 中电流为

$$i_2(t) = i_L(t) - I_S = 3 - \text{e}^{-1000t} - 2 = 1 - \text{e}^{-1000t}\text{A}$$

# 3.6　暂态过程的应用

脉冲激励是电工电子电路中常用的电源或信号源，$RC$ 一阶电路在这种激励下，利用暂态过程，可以通过选取不同的时间常数来获得输出电压和输入电压之间的特定关系，组成实用的微分电路（differentiating circuit）或积分电路（integrating circuit）。

### 3.6.1　微分电路

如图 3.30 所示的 $RC$ 微分电路，电路的时间常数 $\tau = RC$。在电路的输入端加上如图 3.31（a）所示的矩形脉冲电压 $u_i$，脉冲宽度为 $t_p$，周期为 $T$，幅值为 $U$。电阻两端的电压作为输出电压 $u_o$。根据基尔霍夫电压定律，有

微分电路

$$u_o + u_C = u_i$$

若适当地选择电路参数，使电容元件的充、放电时间常数与输入信号 $u_i$ 的脉冲宽度相比满足 $\tau \ll t_p$，则电路的暂态过程非常短。

在 $t = 0$ 时，$u_i$ 从零跃变到 $U$，此时 $u_C$ 初始值为 0，而 $u_o$ 初始值为 $U$，电路中产生零状态响应，即开始对电容元件 $C$ 充电。由于电路的暂态过程很短，故 $u_C$ 很快充电到 $U$，而 $u_o$ 很快衰减到零。电阻两端的输出电压 $u_o$ 是一个正尖脉冲。各电压波形如图 3.31 所示。

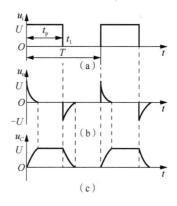

图 3.31　微分电路中的电压波形

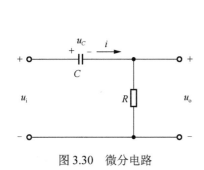

图 3.30　微分电路

在 $t = t_1$ 时，$u_i$ 突然下降到零，此时输入端不是开路，而是短路。由于 $u_C$ 不能跃变，所以 $u_C$ 初始值为 $U$，而 $u_o$ 初始值为 $-U$，电路中产生零输入响应，即电容元件 $C$ 开始放电。$u_C$ 很快衰减到零，而输出电压 $u_o$ 也很快变到零，如图 3.31 所示，输出电压 $u_o$ 是一个负尖脉冲。

可以看出，在 $\tau \ll t_p$ 且从电阻端输出 $u_o$ 的条件下，$u_o \ll u_C$，因而 $u_C \approx u_i$。根据元件电压电流关系可得

$$u_o = iR = RC\frac{\mathrm{d}u_C}{\mathrm{d}t} \approx RC\frac{\mathrm{d}u_i}{\mathrm{d}t} \tag{3.34}$$

式（3.34）表明，输出电压 $u_o$ 与输入电压 $u_i$ 近似满足微分关系，故称为微分电路。

在脉冲电路中，常应用微分电路将矩形脉冲变换为尖脉冲，作为触发信号。

### 3.6.2　积分电路

如果将图 3.30 电路中电阻元件 $R$ 和电容元件 $C$ 位置交换一下，便构成另一个应用十分广泛的电路，如图 3.32 所示的积分电路。输入电压 $u_i$ 仍然是矩形波，如图 3.33（a）所示，电容两端电压作为输出电压 $u_o$，并且适当地选择电路参数，使电路的时间常数 $\tau \gg t_p$。

积分电路

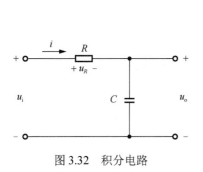

图 3.32　积分电路

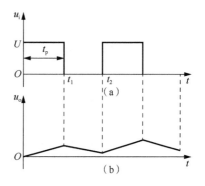

图 3.33　积分电路中的电压波形

对图 3.32 所示电路应用基尔霍夫电压定律，可以得出

$$u_i = u_R + u_o$$

由于 $\tau \gg t_p$，电容元件的充、放电进行得很慢，如图 3.33（b）所示。在第一个脉冲作用期间，电容电压缓慢增长，也就是输出电压 $u_o$ 很小，故 $u_i \approx u_R$。在 $t = t_1$ 后，电容电压缓慢衰减。于是根据元件电压电流关系可得

$$u_i \approx iR = RC \frac{\mathrm{d}u_o}{\mathrm{d}t}$$

从而

$$u_o \approx \frac{1}{RC} \int u_i \mathrm{d}t \tag{3.35}$$

式（3.35）表明，输出电压 $u_o$ 与输入电压 $u_i$ 近似满足积分关系，故称为积分电路。经过几个周期后，充电时电压的初始值和放电时电压的初始值基本稳定，输出端输出一个幅值很小的锯齿波电压。时间常数 $\tau$ 越大，充、放电越是缓慢，输出端所得到的锯齿波电压的线性也就越好。

在脉冲电路中，可应用积分电路把矩形脉冲变换为锯齿波电压，作扫描等用。

# 习　　题

3.1　如图 3.34 所示电路，开关原来合在 $a$ 端时电路处于稳定状态。（1）开关由 $a$ 端切换到 $b$ 端，求 $i_1$、$i_2$、$u_{R1}$、$u_{R2}$、$u_L$、$u_C$ 的初始值和稳态值；（2）当开关合在 $b$ 端电路达到稳态后，再将开关由 $b$ 端切换到 $c$ 端，试求上述各量的初始值和稳态值。

3.2　如图 3.35 所示电路，开关 S 断开前电路处于稳态，$t = 0$ 时将开关断开，求开关刚刚断开一瞬间各支路电流及电容两端电压 $u_C$ 与恒流源两端电压 $U_{IS}$ 的值。

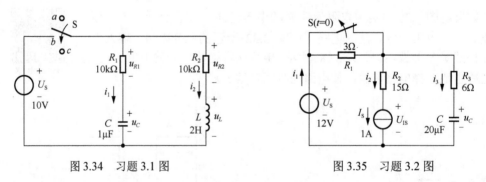

图 3.34　习题 3.1 图　　　　　　　　图 3.35　习题 3.2 图

3.3　如图 3.36 所示电路，在开关 S 闭合前处于稳态，求开关闭合后电感中电流 $i_L$ 的初始值和稳态值。

3.4　如图 3.37 所示电路，电路已处于稳态。$t = 0$ 时，将开关 S 断开，试求 $t \geqslant 0$ 时电容电压 $u_C(t)$ 及电流 $i_2(t)$。

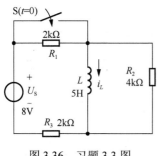

图 3.36　习题 3.3 图

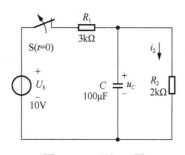

图 3.37　习题 3.4 图

3.5　如图 3.38 所示电路，电路已处于稳态，若要求电容两端的电压 $u_C$ 在开关闭合后最少 10ms、最多 50ms 达到 12V，求电阻 $R_3$ 的调节范围。

3.6　如图 3.39 所示电路，开关 S 在 $t=0$ 时闭合，已知开关闭合后电容两端的电压为 $u_C(t)=5+10\mathrm{e}^{-20t}\mathrm{V}$。求 $u_C(0_-)$、$I_S$ 和电容 $C$ 的值。

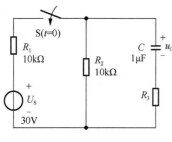

图 3.38　习题 3.5 图

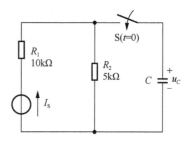

图 3.39　习题 3.6 图

3.7　如图 3.40 所示电路，开关未断开前，电路已处于稳态，$t=0$ 时断开开关 S，试求：（1）电感中电流 $i_L(t)$；（2）电感两端电压 $u_L(t)$。

3.8　如图 3.41 所示电路，开关 S 闭合前电路已处于稳态。$t=0$ 时合上开关 S，求：$t=4\mathrm{ms}$ 时电阻 $R_3$ 两端的电压 $u_3$。

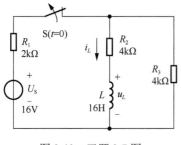

图 3.40　习题 3.7 图

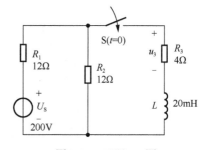

图 3.41　习题 3.8 图

3.9　如图 3.42 所示电路，开关 S 闭合前电路已处于稳态。$t=0$ 时合上开关，试求 S 闭合后：（1）电容电压 $u_C(t)$ 及电流 $i_2(t)$ 的表达式；（2）画出 $u_C(t)$ 的零输入响应、零状态响应及全响应曲线。

3.10　如图 3.43 所示电路，在换路前已处于稳态，试求换路后 $u_C(t)$ 及 $i(t)$ 的全响应表达式。

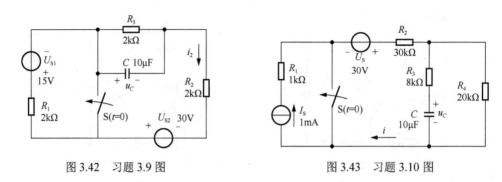

图 3.42  习题 3.9 图　　　　　　　　图 3.43  习题 3.10 图

3.11　如图 3.44 所示电路,换路前电路已处于稳态。求换路后电路中的电流 $i_C$、$i_1$、$i_2$ 和 $i_3$。

3.12　如图 3.45 所示电路,开关 S 合在 $a$ 端时,电路处于稳态。$t = 0$ 时,开关扳至 $b$ 端处,求 $t \geqslant 0$ 时的 $u_C(t)$ 及 $i_R(t)$。

3.13　如图 3.46 所示电路,开关 S 闭合前电路已处于稳态,$t = 0$ 时开关闭合。求开关闭合后恒流源 $I_S$ 两端电压 $U_{IS}$ 的全响应表达式,并分解成零输入响应和零状态响应,画出相应的响应曲线。

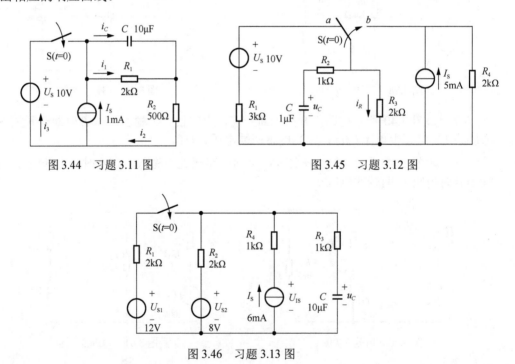

图 3.44  习题 3.11 图　　　　　　　　图 3.45  习题 3.12 图

图 3.46  习题 3.13 图

3.14　如图 3.47 所示电路,开关 S 闭合前电路已处于稳态,$t = 0$ 时开关闭合。求开关闭合后的电流 $i_L$ 和电压 $u_1$。

3.15　如图 3.48 所示电路,开关 S 闭合前电路已处于稳态,$t = 0$ 时开关闭合。求开关闭合后的电压 $u_1$ 和 $u_L$。

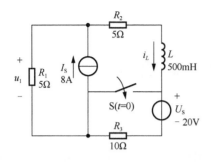

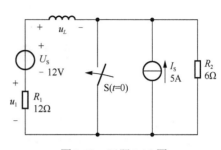

图 3.47　习题 3.14 图　　　　　　　　图 3.48　习题 3.15 图

3.16　如图 3.49 所示电路，开关 S 断开前电路已处于稳态，$t=0$ 时开关断开。（1）求换路后的电流 $i_L(t)$，并画出其零输入响应、零状态响应及全响应曲线；（2）求换路后的电压 $u_3(t)$。

3.17　如图 3.50 所示电路，开关 S 断开前电路已处于稳态，$t=0$ 时将开关 S 断开。求 S 断开后：（1）电容电压 $u_C(t)$ 及电感电流 $i_L(t)$；（2）电压 $u_2(t)$ 及电流 $i_4(t)$。

3.18　如图 3.51 所示电路，开关 S 闭合于 $a$ 端时电路已处于稳态，在 $t=0$ 时将开关切换到 $b$ 端，求换路后电容两端电压 $u_C(t)$ 及电感中电流 $i_L(t)$。

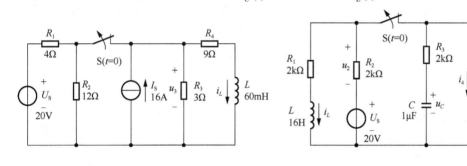

图 3.49　习题 3.16 图　　　　　　　　图 3.50　习题 3.17 图

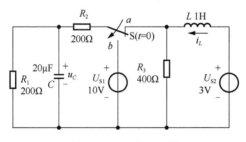

图 3.51　习题 3.18 图

# 第4章 交流电路

在交流电路中，电流、电压、电动势的大小与方向随时间做周期性交替变化，若电路含有正弦电源而且电路各部分的电流和电压按正弦规律变化，则所研究电路称为正弦交流电路。交流发电机产生的电动势和正弦信号发生器输出的电压信号都是按正弦规律变化的。

正弦（sinusoidal）交流电是目前供电和用电的主要形式，因其各种优势得以广泛应用，如：交流发电机等供电设备比直流等其他波形的供电设备性能好、效率高；正弦交流电在输送和使用时可以利用变压器变换电压，以减小远距离输送的电能损耗、满足不同设备电压需要；交流电动机等用电设备结构相对简单、运行平稳可靠、维护方便；在一些需要直流电的场合，可通过整流的方法将交流电变换成直流电。在电子技术中，可将一些非正弦周期信号通过傅里叶级数分解为一系列不同频率的正弦分量来进行分析。

本章首先介绍正弦交流电的基本概念和表示方法，然后从单一参数电路出发，讨论电路中电压、电流之间关系及功率、能量交换的基本理论，从而得出正弦交流电路的基本分析方法，最后简要介绍非正弦周期信号电路的谐波分析方法。

## 4.1 正弦交流电的基本概念

在分析交流电路时同样需要设定电压、电流的参考方向，如图 4.1 所示。当电压或电流的实际方向在某一瞬间与参考方向相同时，在这一瞬间电压或电流值为正，相应的正弦函数处于正半周；当电压或电流的实际方向在某一瞬间与参考方向相反时，在这一瞬间电压或电流值为负，相应的正弦函数处于负半周。只有选定了参考方向才能说明任一瞬间电压、电流的正负。

正弦交流电的
基本概念

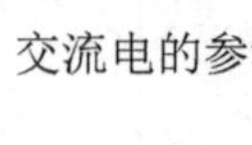

图 4.1 交流电的参考方向

### 4.1.1 正弦量的三要素

以正弦交流电压为例，正弦量的波形图如图 4.2 所示。正弦量还可以用时间 $t$ 的正弦函数来表示，其数学表达式为

$$u(t) = U_{\mathrm{m}} \sin(\omega t + \psi) \tag{4.1}$$

式中，$u(t)$ 为正弦电压随时间变化的瞬时值（instantaneous value）；$U_{\mathrm{m}}$ 为幅值或者最大值（maximum value）；$\omega$ 为角频率（angular frequency）；$\psi$ 为初相位（initial phase）。

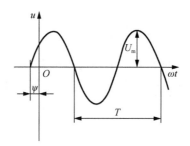

图 4.2　正弦交流电的波形图

$U_{\mathrm{m}}$、$\omega$ 和 $\psi$ 分别用来表示一个正弦电压的大小、变化速度和初始状态。对任一正弦量，当其幅值、角频率和初相位确定以后，该正弦量就可以完全确定下来。因此，幅值、角频率和初相位是区别不同正弦量的依据，称为正弦量的三要素。

**1. 周期、频率和角频率**

正弦量变化一周所需的时间称为周期（period），用 $T$ 表示，单位为秒（s）。每秒正弦量变化的次数称为频率（frequency），用 $f$ 表示，单位为赫兹（Hz）。频率和周期互为倒数，即

$$f = \frac{1}{T} \tag{4.2}$$

正弦量一周期内经历 $2\pi$ 弧度，所以角频率为

$$\omega = \frac{2\pi}{T} = 2\pi f \tag{4.3}$$

其单位为弧度/秒（rad/s）。

周期、频率和角频率都是反映正弦量变化快慢的量。$T$ 越小，$f$ 越大，$\omega$ 越大，正弦量循环变化越快；反之变化越慢。

我国电力工业标准频率是 50Hz，称为工频（power frequency），通常的交流电动机和照明负载都采用这种频率。有些国家，如美国、日本等，采用 60Hz 作为电力工业标准频率。

在其他不同的技术领域内使用着各种不同的频率，千赫（kHz）、兆赫（MHz）和吉赫（GHz）是在高频下常用的频率单位。例如，在电加热方面用的中频炉使用的频率是 500～8000Hz；高频炉的频率是 200～300kHz；无线电工程的频率高达 500kHz～300GHz。

正弦量变化的快慢也可用弧度 $\omega t$ 表示。时间和弧度的对应关系如图 4.3 所示。

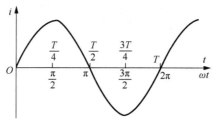

图 4.3　正弦量波形图的不同横坐标

## 2. 瞬时值、幅值（最大值）和有效值

瞬时值是正弦量在任一瞬间的值，用小写字母表示，如 $u$、$i$、$e$ 分别表示电压、电流和电动势的瞬时值。它们是时间的函数，大小随时间按正弦规律变化。瞬时值中最大的值称为幅值或最大值，用带下标 m 的大写字母来表示，如 $U_m$、$I_m$、$E_m$ 分别表示电压、电流和电动势的最大值。

正弦量的大小一般不用瞬时值、幅值计量，而是用有效值（effective value）来衡量。有效值是从电流的热效应来规定的，因为在电工技术中，电流常表现出其热效应。不论是周期性变化的电流还是直流电流，只要它们在相等的时间内通过同一电阻产生的热效应相等，就把它们的安培值看作是相等的。

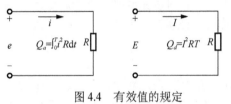

图 4.4　有效值的规定

如图 4.4 所示，有效值的规定是：假设一个周期性电流 $i$ 通过一个电阻 $R$ 时，在一个周期内产生热量 $Q_a$，和一个恒定的直流电流 $I$ 通过这个电阻 $R$ 时，在相同的时间内产生的热量 $Q_d$ 相等，即直流电流 $I$ 和周期电流 $i$ 产生的热效应是等效的，则把该直流电流的数值大小 $I$ 定义为这个周期电流 $i$ 的有效值。

根据焦耳-楞次定律，周期电流 $i$ 通过电阻 $R$，在一个周期 $T$ 内所产生的热量为

$$Q_a = \int_0^T i^2 R dt$$

恒定的直流电流 $I$ 通过相同电阻 $R$，在相同时间内产生的热量为

$$Q_d = I^2 RT$$

根据有效值的规定，令 $Q_d = Q_a$，即

$$I^2 RT = \int_0^T i^2 R dt$$

由此，可得出周期电流 $i$ 的有效值为

$$I = \sqrt{\frac{1}{T} \int_0^T i^2 dt} \qquad\qquad (4.4)$$

由式（4.4）可知，有效值是由周期电流瞬时值的平方在一个周期内的平均值再取平方根计算出来的，因此，有效值又称方均根值（root-mean-square value，rms value），该定义对正弦量和非正弦周期量都适用。有效值用大写字母来表示，如 $U$、$I$、$E$ 分别表示电压、电流和电动势的有效值。

当周期电流为正弦量时，设 $i = I_m \sin(\omega t + \psi)$，代入式（4.4），可得

$$I = \sqrt{\frac{1}{T} \int_0^T [I_m \sin(\omega t + \psi)]^2 dt}$$

$$= I_m \sqrt{\frac{1}{T} \int_0^T \frac{[1 - \cos(2\omega t + 2\psi)]}{2} dt}$$

$$= \frac{I_m}{\sqrt{2}}$$

同理，对于正弦电压和正弦电动势，也有类似的结论，即正弦交流电的电流、电压和电动势的有效值与最大值的关系为

$$\begin{cases} I = \dfrac{I_{\mathrm{m}}}{\sqrt{2}} \\[2mm] U = \dfrac{U_{\mathrm{m}}}{\sqrt{2}} \\[2mm] E = \dfrac{E_{\mathrm{m}}}{\sqrt{2}} \end{cases} \tag{4.5}$$

必须注意的是，只有周期量为正弦函数时，式（4.5）的关系才成立。

在工程上，正弦电压和电流的大小一般指其有效值。如通常所说的交流电源电压是 220V，交流电动机的额定电流是 15A 等都是指有效值。一般交流电压表和电流表的读数，常按正弦量的有效值刻度，即表的读数就是被测物理量的有效值。

### 3. 相位、初相位和相位差

设正弦量

$$i = I_{\mathrm{m}} \sin(\omega t + \psi)$$

式中，随时间连续变化的角度 $\omega t + \psi$ 称为正弦量的相位角（phase angle），简称相位，它反映出正弦量变化的进程。时间 $t$ 不同，相位角 $\omega t + \psi$ 不同，瞬时值 $i$ 也不同。$\psi$ 为 $t=0$ 时正弦量的相位，称为初相位，它反映了正弦量在 $t=0$ 时的状态。初相位不同，正弦量的初始值也不同。

相位和初相位的单位为弧度（rad）或度（°）。画波形图时，一般横坐标表示弧度。初相位的取值范围通常为 $|\psi| \leqslant \pi$，图 4.5 给出了不同初相位的正弦电流 $i = I_{\mathrm{m}} \sin(\omega t + \psi)$ 的波形。

若规定正弦量由负到正的零点为其变化起点，$t=0$ 的时刻为计时起点，则初相位 $\psi$ 就是变化起点到计时起点的角度。如图 4.5（a）所示，变化起点与计时起点重合，则 $\psi$ 等于零；如图 4.5（b）所示，变化起点在计时起点的左边，则 $\psi$ 为正；如图 4.5（c）所示，变化起点在计时起点的右边，则 $\psi$ 为负。

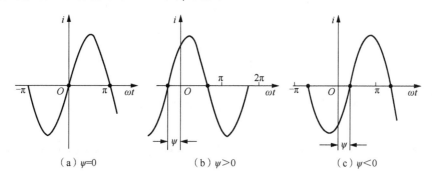

（a）$\psi=0$ 　　　　（b）$\psi>0$ 　　　　（c）$\psi<0$

图 4.5　正弦量的初相位

两个同频率正弦量的相位之差，称为相位差（phase difference），用 $\varphi$ 表示。例如，两个同频率的正弦量 $u$、$i$ 分别为

$$u = U_{\mathrm{m}} \sin(\omega t + \psi_u)$$
$$i = I_{\mathrm{m}} \sin(\omega t + \psi_i)$$

则 $u$ 和 $i$ 之间的相位差为

$$\varphi = (\omega t + \psi_u) - (\omega t + \psi_i) = \psi_u - \psi_i$$

因此，两个同频率正弦量的相位差也就是它们的初相位之差。

相位差与时间无关，用来描述两个同频率正弦量的相位超前（lead）、滞后（lag）关系，如图 4.6 所示。

当 $\psi_u > \psi_i$ 时，$\varphi = \psi_u - \psi_i > 0$，则称 $u$ 超前于 $i$ $\varphi$ 角，意为 $u$ 比 $i$ 先达到正最大值，如图 4.6（a）所示。

当 $\psi_u < \psi_i$ 时，$\varphi = \psi_u - \psi_i < 0$，则称 $u$ 滞后于 $i$ $|\varphi|$ 角，即 $u$ 比 $i$ 后达到正最大值，如图 4.6（b）所示。

如果 $\psi_u = \psi_i$，$\varphi = \psi_u - \psi_i = 0$，则称 $u$ 和 $i$ 同相位（简称同相），如图 4.6（c）所示。

如果 $\varphi = \psi_u - \psi_i = \pm \pi$，则称 $u$ 和 $i$ 反相位（简称反相），如图 4.6（d）所示。

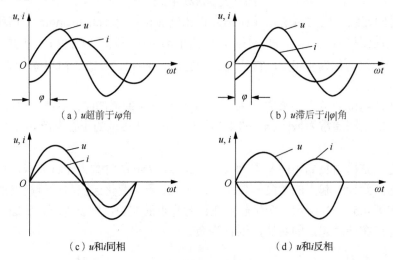

（a）$u$ 超前于 $i$ $|\varphi|$ 角　　　　　（b）$u$ 滞后于 $i$ $|\varphi|$ 角

（c）$u$ 和 $i$ 同相　　　　　　（d）$u$ 和 $i$ 反相

图 4.6　正弦量的相位差

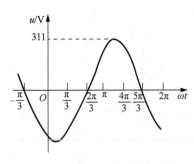

图 4.7　例 4.1 图

**例 4.1**　已知工频正弦交流电压 $u$ 的波形如图 4.7 所示。试求：（1）周期、角频率；（2）初相位；（3）幅值、有效值、瞬时值表达式。

**解：**已知频率 $f = 50\mathrm{Hz}$。

（1）由式（4.2），可得正弦交流电压的周期为

$$T = \frac{1}{f} = \frac{1}{50} = 0.02\mathrm{s}$$

由式（4.3），可得正弦交流电压的角频率为

$$\omega = 2\pi f = 2\pi \times 50 \approx 314\mathrm{rad/s}$$

（2）由于如图 4.7 所示正弦电压的变化起点在计时起点的右边，所以初相位为负，其值为

$$\psi = -\frac{2\pi}{3}\text{rad}$$

（3）由波形图可知，幅值 $U_\text{m} = 311\text{V}$，根据式（4.5），可得有效值为

$$U = \frac{U_\text{m}}{\sqrt{2}} = \frac{311}{\sqrt{2}} \approx 220\text{V}$$

因为已经求出了正弦电压的三要素，所以瞬时值表达式为

$$u = U_\text{m}\sin(\omega t + \psi) = 311\sin\left(314t - \frac{2\pi}{3}\right)\text{V}$$

**例 4.2** 已知 $u = 220\sqrt{2}\sin(314t - 30°)\text{V}$，$i = 22\sqrt{2}\sin(314t + 60°)\text{A}$，求 $u$ 和 $i$ 之间的相位差。

**解：** $u$ 和 $i$ 之间的相位差为

$$\varphi = \psi_u - \psi_i = -30° - 60° = -90°$$

即电压滞后电流 $90°$，或者说电流超前电压 $90°$。

### 4.1.2 正弦量的相量表示法

如前所述，正弦交流量可以通过三角函数解析式（瞬时值表达式）和波形图来描述，这两种表示方法比较直观，但当用其来分析和计算正弦交流电路时，则很不方便。

正弦量的相量表示法

线性交流电路中，如果电源激励都是同频率的正弦量，则电路中电压、电流的全部稳态响应也都将是同频率的正弦量，因此，确定正弦量三要素中的频率这个要素可以作为不变的已知量，只需根据幅值和初相位两个要素来确定一个正弦量。为使电路的分析、计算得以简化，本节将介绍在电工技术里常用的正弦量的相量（phasor）表示法。

相量表示法的基础是复数，下面首先介绍复数的基本形式和四则运算，然后讨论如何用复数分析计算正弦交流电路。

根据数学中的知识可知，复数 $A$ 可以用由实轴和虚轴构成的复平面上的一条有向线段来表示，如图 4.8 所示。为了与一般的复数相区别，把表示正弦量的复数称为相量，并在大写字母上面加"·"，记为 $\dot{A}$。

相量 $\dot{A}$ 的长度 $A$ 称为复数的模；$\dot{A}$ 与实轴的夹角 $\psi$ 称为复数的辐角。相量 $\dot{A}$ 在实轴上的投影为 $a$，在虚轴上的投影为 $b$，$a$ 与 $b$ 分别称为复数的实部与虚部。

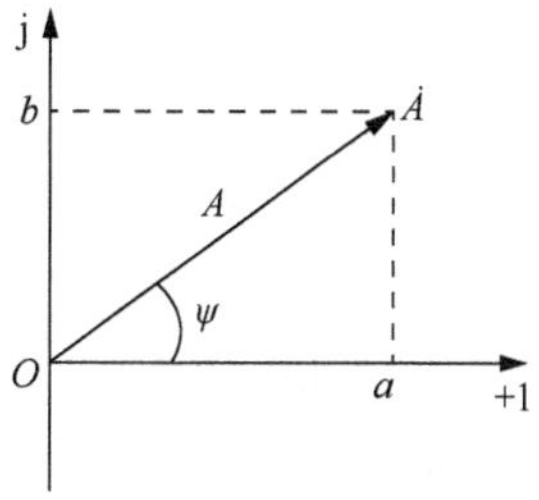

图 4.8 复平面及相量表示法

由图 4.8 可得复数的模、辐角与实部、虚部之间的关系为

$$A = \sqrt{a^2 + b^2}, \quad \psi = \arctan\frac{b}{a} \tag{4.6}$$

$$a = A\cos\psi, \quad b = A\sin\psi \tag{4.7}$$

于是，相量 $\dot{A}$ 有下述复数表达形式：

$$\dot{A} = a + \mathrm{j}b = A\cos\psi + \mathrm{j}A\sin\psi \quad \text{（复数的代数式）}$$

式中，$\mathrm{j} = \sqrt{-1}$ 为虚数单位。在电工技术中用 j 表示虚部，是为了避免与电流 $i$ 相混淆。

根据欧拉公式

$$\cos\psi = \frac{\mathrm{e}^{\mathrm{j}\psi} + \mathrm{e}^{-\mathrm{j}\psi}}{2}, \quad \sin\psi = \frac{\mathrm{e}^{\mathrm{j}\psi} - \mathrm{e}^{-\mathrm{j}\psi}}{2\mathrm{j}}$$

有

$$\mathrm{e}^{\mathrm{j}\psi} = \cos\psi + \mathrm{j}\sin\psi$$

因此，相量 $\dot{A}$ 又可表示为

$$\dot{A} = A\mathrm{e}^{\mathrm{j}\psi} \quad \text{（复数的指数式）}$$
$$\dot{A} = A\angle\psi \quad \text{（复数的极坐标式）}$$

用 $\angle\psi$ 代替 $\mathrm{e}^{\mathrm{j}\psi}$，是电工上的习惯用法。

对于同一个相量，其复数的几种表达形式可以进行互相转换，究竟采用哪种表示法，视具体运算方便而定。

由于

$$\mathrm{j} = \cos 90° + \mathrm{j}\sin 90° = \mathrm{e}^{\mathrm{j}90°} = 1\angle 90°$$
$$-\mathrm{j} = \cos 90° - \mathrm{j}\sin 90° = \mathrm{e}^{-\mathrm{j}90°} = 1\angle -90°$$

任一相量乘以 j 时，其模不变，辐角增大 90°，即向前（逆时针）旋转 90°；乘以 $-\mathrm{j}$ 时，其模不变，辐角减小 90°，即向后（顺时针）旋转 90°。因此，把 j 称为旋转 90°算子。

复数进行四则运算时，一般加、减运算采用代数式，分别把实部与实部相加减，虚部与虚部相加减；乘、除运算一般采用极坐标形式（或指数式），相乘时，模和模相乘，辐角相加；相除时，模和模相除，辐角相减。如有两个复数：

$$\dot{A}_1 = a_1 + \mathrm{j}b_1 = A_1\mathrm{e}^{\mathrm{j}\psi_1}, \quad \dot{A}_2 = a_2 + \mathrm{j}b_2 = A_2\mathrm{e}^{\mathrm{j}\psi_2}$$

则它们进行四则运算时，有

$$\dot{A}_1 \pm \dot{A}_2 = (a_1 \pm a_2) + \mathrm{j}(b_1 \pm b_2)$$
$$\dot{A}_1 \cdot \dot{A}_2 = A_1 A_2 \mathrm{e}^{\mathrm{j}(\psi_1 + \psi_2)} = A_1 A_2 \angle(\psi_1 + \psi_2)$$
$$\frac{\dot{A}_1}{\dot{A}_2} = \frac{A_1}{A_2}\mathrm{e}^{\mathrm{j}(\psi_1 - \psi_2)} = \frac{A_1}{A_2}\angle(\psi_1 - \psi_2)$$

由图 4.8 可看出，若用复数的模表示正弦量的大小（幅值或有效值），用复数的辐角表示正弦量的初相位，则这个复数就可用来表示正弦量。如 $\dot{U}_\mathrm{m}$ 和 $\dot{I}_\mathrm{m}$ 分别表示电压和电流的最大值相量；$\dot{U}$ 和 $\dot{I}$ 分别表示电压和电流的有效值相量。

正弦交流量用相量表示后，同频率的正弦量之间的运算便可采用相量运算。因而，交流电路的基尔霍夫定律除了可用式（1.7）～式（1.10）的瞬时值表达式表示外，还可以用相量表达式来表示，即

$$\sum \dot{I}_{流入} = \sum \dot{I}_{流出} \quad \text{或} \quad \sum \dot{I}_k = 0 \tag{4.8}$$
$$\sum \dot{U}_{电压升} = \sum \dot{U}_{电压降} \quad \text{或} \quad \sum \dot{U}_k = 0 \tag{4.9}$$

式中，$\dot{I}_k$、$\dot{U}_k$ 分别表示第 $k$ 条支路的电流相量、电压相量。

将同频率的正弦量用相量表示方法画在同一复平面中的图称为相量图（phasor diagram）。相量图可明确表示同一电路中各正弦量（电压、电流）的相位和大小关系。用平行四边形法则，同样可以方便地进行相量的加减运算。

以正弦电流 $i = I_m \sin(\omega t + \psi) = \sqrt{2} I \sin(\omega t + \psi)$ 为例，其用复数表示的最大值相量表达式为

$$\dot{I}_m = I_m e^{j\psi} = I_m \angle \psi = I_m (\cos\psi + j\sin\psi)$$

有效值相量表达式为

$$\dot{I} = I e^{j\psi} = I \angle \psi = I(\cos\psi + j\sin\psi)$$

相量图如图 4.9 所示。

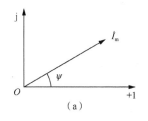 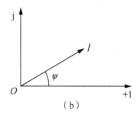

图 4.9　相量图

要注意的是：相量是表示正弦交流量的复数，而正弦交流量本身是时间的正弦函数，相量并不等于正弦交流量，如 $\dot{I}_m = I_m \angle \psi \neq I_m \sin(\omega t + \psi)$。

**例 4.3**　已知频率为 50Hz 的正弦电流相量的复数表达式为 $\dot{I} = (-3 + j4)$A，求其瞬时值表达式。

**解：** 角频率为

$$\omega = 2\pi f = 2\pi \times 50 = 314 \text{rad/s}$$

根据式（4.6），可得有效值为

$$I = \sqrt{(-3)^2 + 4^2} = 5\text{A}$$

初相位为

$$\psi = \arctan\frac{4}{-3} = 126.9°$$

所以，瞬时值表达式为

$$i = 5\sqrt{2} \sin(314t + 126.9°) \text{ A}$$

**例 4.4**　已知 $i = 14.14\sin(314t + \dfrac{\pi}{6})$A, $u = 311.1\sin(314t - \dfrac{\pi}{3})$V，求 $i$、$u$ 的相量表达式及相量图。

**解：** 由已知，可得

$$\dot{I} = \frac{14.14}{\sqrt{2}} e^{j30°} = 10 e^{j30°} = 10\angle 30° \text{A}$$

$$\dot{U} = \frac{311.1}{\sqrt{2}} \left[ \cos(-60°) + j\sin(-60°) \right]$$

$$= 110 - j190.5 = 220 e^{-j60°} = 220\angle -60° \text{V}$$

相量如图 4.10 所示。

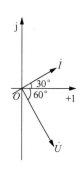

图 4.10　例 4.4 相量图

**例 4.5** 已知两个同频率正弦电流 $i_1 = 10\sin(314t + 45°)\text{A}$，$i_2 = 6\sin(314t + 30°)\text{A}$，试用相量法求两个电流之和 $i = i_1 + i_2$。

**解：** 电流 $i_1$、$i_2$ 的最大值相量分别为

$$\dot{I}_{1\text{m}} = 10\angle 45°\text{A} ， \dot{I}_{2\text{m}} = 6\angle 30°\text{A}$$

则

$$\begin{aligned}
\dot{I}_{\text{m}} &= \dot{I}_{1\text{m}} + \dot{I}_{2\text{m}} = 10\angle 45° + 6\angle 30° \\
&= (10\cos 45° + \text{j}10\sin 45°) + (6\cos 30° + \text{j}6\sin 30°) \\
&= (7.07 + \text{j}7.07) + (5.2 + \text{j}3) \\
&= 12.27 + \text{j}10.07 \\
&= 15.87\angle 39.38°\text{A}
\end{aligned}$$

所以，所求电流为

$$i = 15.87\sin(314t + 39.38°)\text{A}$$

需要指出的是：相量只是正弦量进行运算时的一种表示方法和主要工具，只有正弦交流量才能用相量表示，只有同频率的正弦交流量才能进行相量运算。

# 4.2 单一参数的正弦交流电路

用来表征电路元件基本性质的物理量称为电路参数。电阻、电感和电容是交流电路的三个基本参数。在恒定的直流电路中，磁场和电场都是恒定的，电路在稳定状态下，电感元件可视作短路，电容元件可视作开路，因此可以不考虑它们的影响，只需考虑电路中电阻元件的作用。但在交流电路中，因电压和电流是不断交变的，磁场和电场总在变化，这就必须考虑电感元件和电容元件对电路所起的作用。

只具有一种电路参数的电路称为单一参数电路。实际的电路总是同时存在电阻、电感和电容效应的，但当电路中只有一种电路参数起主要作用，而其余电路参数可以忽略不计时，就可以把这个电路看成是单一参数电路。

分析交流电路的目的在于确定电路中电压与电流之间的大小和相位关系，并讨论电路中能量的转换和功率问题。掌握单一参数交流电路的分析方法和基本规律，是分析复杂交流电路的基础。

## 4.2.1 电阻电路

### 1. 电压和电流之间的关系

电阻元件与正弦交流电源相接组成的电阻电路如图 4.11（a）所示。
设正弦交流电源电压 $u$ 为

电阻电路

$$u = U_{\text{m}}\sin \omega t$$

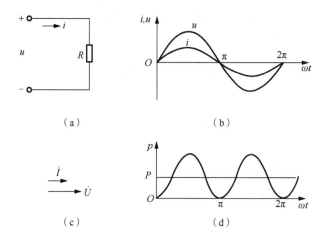

图 4.11 电阻电路及其电压、电流和功率

欧姆定律对交流瞬时值也成立，即

$$i = \frac{u}{R} = \frac{U_m}{R}\sin\omega t = I_m\sin\omega t \tag{4.10}$$

可以看出，电阻元件上的电压和电流为同频率的正弦量，并且电流 $i$ 和电压 $u$ 同相位，即 $u$ 和 $i$ 之间的相位差 $\varphi = 0$。电压和电流的波形图如图 4.11（b）所示。

由式（4.10）可知

$$I_m = \frac{U_m}{R} \text{ 或 } I = \frac{U}{R} \tag{4.11}$$

这说明电阻元件上正弦量的最大值和有效值都满足欧姆定律。

如果用复数表示正弦量，则电阻元件上电压和电流的有效值相量表示为

$$\dot{U} = U e^{j\psi} = U\angle 0°$$

$$\dot{I} = I e^{j\psi} = \frac{U}{R} e^{j0°} = \frac{U}{R}\angle 0°$$

相量图如图 4.11（c）所示。因此有

$$\dot{U} = \dot{I}R \tag{4.12}$$

式（4.12）就是欧姆定律的相量表示法，即电阻元件上正弦电压和电流的相量关系也满足欧姆定律。

**2. 功率**

在任意瞬间，电压瞬时值 $u$ 和电流瞬时值 $i$ 的乘积，称为瞬时功率，用小写字母 $p$ 表示，即

$$p = u \cdot i \tag{4.13}$$

电阻元件的瞬时功率为

$$p = u \cdot i = U_m\sin\omega t \cdot I_m\sin\omega t = 2UI\sin^2\omega t = UI - UI\cos 2\omega t \tag{4.14}$$

其波形图如图 4.11（d）所示。

由式（4.14）可知，瞬时功率 $p$ 虽然随时间不断变化，但在任意时刻，$p \geqslant 0$。这

说明无论交流电压、电流的大小和方向如何变化，电阻总是要消耗电能。

瞬时功率也可以写成

$$p = i^2 R \text{ 或 } p = \frac{u^2}{R} \qquad (4.15)$$

在实际应用中，更常用的是平均功率（average power）。平均功率是电路在一个周期内消耗电能的平均速率，即瞬时功率在一个周期内的平均值，用大写字母 $P$ 表示，单位是 W 或 kW。

电阻元件的平均功率为

$$P = \frac{1}{T}\int_0^T p\mathrm{d}t = \frac{1}{T}\int_0^T UI(1-\cos 2\omega t)\mathrm{d}t = UI = I^2 R = \frac{U^2}{R} \qquad (4.16)$$

平均功率又称有功功率（active power），反映了电阻元件实际消耗的电能。通常所说的功率，就是指平均功率。如一只标有"220V 100W"的灯泡，就是指灯泡接 220V 额定电压时，平均功率为 100W。

### 4.2.2 电感电路

#### 1. 电压和电流之间的关系

电感元件与正弦交流电源相接组成的电感电路如图 4.12（a）所示。

电感电路

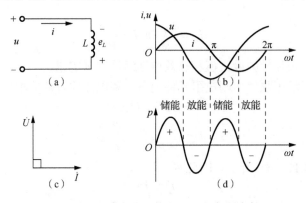

图 4.12 电感电路及其电压、电流和功率

设电感元件中通过的正弦交流电流 $i$ 为

$$i = I_{\mathrm{m}} \sin \omega t$$

在图 4.12（a）所示的电压 $u$、电流 $i$ 关联参考方向下，根据式（1.17），有

$$u = L\frac{\mathrm{d}i}{\mathrm{d}t} = L\frac{\mathrm{d}(I_{\mathrm{m}}\sin\omega t)}{\mathrm{d}t} = \omega L I_{\mathrm{m}}\cos\omega t = U_{\mathrm{m}}\sin(\omega t + 90°) \qquad (4.17)$$

可见，电感元件上的电压和电流为同频率的正弦量，且电压 $u$ 在相位上超前于电流 $i$ 90°，即 $u$ 和 $i$ 之间的相位差 $\varphi = 90°$。电压和电流的波形图如图 4.12（b）所示。

由式（4.17）可以得出

$$U_{\mathrm{m}} = I_{\mathrm{m}}\omega L$$

因此，电感元件上电压和电流的有效值之间的关系为

$$U = I\omega L = IX_L \tag{4.18}$$

式（4.18）与欧姆定律形式相同。式中，

$$X_L = \omega L = 2\pi f L \tag{4.19}$$

称为感抗（inductive reactance）。当频率 $f$ 的单位为 Hz、电感 $L$ 的单位为 H 时，感抗 $X_L$ 的单位为 $\Omega$ 。

感抗是表示电感元件对电流阻碍作用大小的物理量。显然感抗 $X_L$ 与频率 $f$ 成正比，频率越高，感抗越大。在直流电路中，$f = 0$，故 $X_L = 0$，因此电感对直流可视为短路。

如果用复数表示正弦量，则电感元件上电压和电流的有效值相量表示为

$$\dot{I} = I\angle 0°$$

$$\dot{U} = U\angle 90° = IX_L\angle 90°$$

相量图如图 4.12（c）所示。因此，电压和电流的有效值相量之间的关系表达式为

$$\dot{U} = \text{j}X_L\dot{I} \tag{4.20}$$

式中，$\text{j}X_L$ 为电感的复数感抗。

当电流 $\dot{I}$ 的初相位不为零，或以电压 $\dot{U}$ 为参考相量时的相量图，如图 4.13 所示。

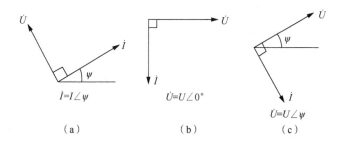

图 4.13　电感电路的电压、电流相量图

## 2. 功率

电感元件的瞬时功率为

$$p = ui = U_\text{m}\sin(\omega t + 90°) \cdot I_\text{m}\sin\omega t$$
$$= U_\text{m}I_\text{m}\cos\omega t\sin\omega t = UI\sin 2\omega t \tag{4.21}$$

即电感元件的瞬时功率是一个幅值为 $UI$、角频率为 $2\omega$ 的正弦量，如图 4.12（d）所示。当 $p > 0$ 时，电感从电源取用能量转化为磁场能，存储在磁场中；当 $p < 0$ 时，电感将磁场中存储的能量释放给电源，即电感以两倍于电源频率的速度不断地与电源进行能量的交换。

电感元件的平均功率（有功功率）为

$$P = \frac{1}{T}\int_0^T p\text{d}t = \int_0^T UI\sin 2\omega t\text{d}t = 0 \tag{4.22}$$

说明电感元件并不消耗电能，它只是一种储能元件，电感和电源之间有能量的互相交换。

瞬时功率的幅值反映了能量交换规模的大小，称为无功功率（reactive power），用大写字母 $Q$ 表示。电感电路的无功功率又称为感性无功功率，记作 $Q_L$。由式（4.21）可知，感性无功功率在数值上等于电压、电流有效值的乘积，即

$$Q_L = UI = I^2 X_L = \frac{U^2}{X_L} \qquad (4.23)$$

为了与有功功率相区别，无功功率的单位用乏（var）或千乏（kvar）表示。

储能元件与电源之间进行能量互换，这对电源来说是一种负担，但对储能元件本身来说没有能量损耗，故将反映能量交换的功率命名为无功功率，而有功功率反映的是能量消耗的功率。

**例 4.6**　将 $L = 0.1$H 的电感线圈（设其电阻为 0）接在 $U = 100$V 的工频电源上，若电源电压的初相位为 $30°$，求电流的瞬时值和无功功率。

**解：**感抗为

$$X_L = 2\pi f L = 2 \times 3.14 \times 50 \times 0.1 = 31.4\Omega$$

电流相量为

$$\dot{I} = \frac{\dot{U}}{\mathrm{j}X_L} = \frac{100\angle 30°}{\mathrm{j}31.4} = \frac{100\angle 30°}{31.4\angle 90°} = 3.18\angle -60° \mathrm{A}$$

因此，电流的瞬时值为

$$i = 3.18\sqrt{2}\sin(314t - 60°)\ \mathrm{A}$$

无功功率为

$$Q_L = UI = 100 \times 3.18 = 318\,\mathrm{var}$$

### 4.2.3　电容电路

电容电路

#### 1. 电压和电流之间的关系

一个线性电容元件与正弦交流电源相连组成的电容电路，如图 4.14（a）所示。

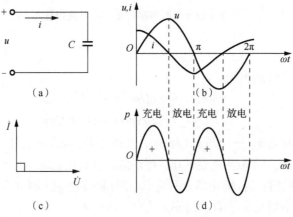

图 4.14　电容电路及其电压、电流和功率

设正弦交流电源电压 $u$ 为

$$u = U_{\mathrm{m}}\sin\omega t$$

在图 4.14（a）所示的电压 $u$、电流 $i$ 关联参考方向下，根据式（1.21），有

$$i = C\frac{\mathrm{d}u}{\mathrm{d}t} = C\frac{\mathrm{d}(U_\mathrm{m}\sin\omega t)}{\mathrm{d}t} = U_\mathrm{m}\omega C\cos\omega t = I_\mathrm{m}\sin(\omega t + 90°) \tag{4.24}$$

可见，电容元件上的电压和电流也为同频率的正弦量，且电流 $i$ 在相位上超前于电压 $u$ 90°，或者说电压 $u$ 在相位上滞后于电流 $i$ 90°，即 $u$ 和 $i$ 之间的相位差 $\varphi = -90°$。电压和电流的波形图如图 4.14（b）所示。

由式（4.24）可以得出

$$I_\mathrm{m} = U_\mathrm{m}\omega C$$

因此，电容元件上电压和电流的有效值之间的关系为

$$I = U\omega C = \frac{U}{X_C} \text{ 或 } U = I\cdot\frac{1}{\omega C} = IX_C \tag{4.25}$$

式（4.25）也与欧姆定律形式相同。式中，

$$X_C = \frac{1}{\omega C} = \frac{1}{2\pi fC} \tag{4.26}$$

称为容抗（capacitive reactance）。当频率 $f$ 的单位为 Hz、电容 $C$ 的单位为 F 时，容抗 $X_C$ 的单位为 Ω。

容抗是表示电容元件对电流阻碍作用大小的物理量。显然容抗 $X_C$ 与频率 $f$ 成反比，频率越低，容抗越大。在直流电路中，$f=0$，故 $X_C = \infty$，因此电容对直流可视为开路，即电容具有"隔直传交"的作用。

如果用复数表示正弦量，则电容元件上电压和电流的有效值相量表示为

$$\dot{U} = U\angle 0°$$

$$\dot{I} = I\angle 90° = \frac{U}{X_C}\angle 90°$$

相量图如图 4.14（c）所示。因此，电压和电流的有效值相量之间的关系表达式为

$$\dot{I} = \frac{\dot{U}}{-\mathrm{j}X_C} \text{ 或 } \dot{U} = -\mathrm{j}X_C\dot{I} \tag{4.27}$$

式中，$-\mathrm{j}X_C$ 为电容的复数容抗。

当电压 $\dot{U}$ 的初相位为任意角度，或以电流 $\dot{I}$ 为参考相量时的相量图，读者可自行分析画出，以加深理解。

**2. 功率**

电容元件的瞬时功率为

$$p = ui = U_\mathrm{m}\sin\omega t\cdot I_\mathrm{m}\sin(\omega t + 90°) = U_\mathrm{m}I_\mathrm{m}\sin\omega t\cos\omega t = UI\sin 2\omega t \tag{4.28}$$

同电感元件一样，电容元件的瞬时功率也是一个幅值为 $UI$、角频率为 $2\omega$ 的正弦量，如图 4.14（d）所示。当 $p > 0$ 时，电容充电，从电源取用电能并将其存储在电场中；当 $p < 0$ 时，电容放电，将电场中存储的能量释放给电源，即电容以两倍于电源频率的速度不断地与电源进行能量交换。

电容元件的平均功率（有功功率）为

$$P = \frac{1}{T}\int_0^T p\mathrm{d}t = \frac{1}{T}\int_0^T UI\sin 2\omega t\mathrm{d}t = 0 \qquad (4.29)$$

说明电容元件也不消耗电能，它也是一种储能元件，电容和电源之间有能量的互相交换。

电容电路能量交换的规模，用容性无功功率 $Q_C$ 来衡量，数值上仍等于瞬时功率的最大值。由式（4.28）可知，容性无功功率 $Q_C$ 也是电压、电流有效值的乘积。为与感性无功功率 $Q_L$ 相区别，$Q_C$ 取负值，即

$$Q_C = -UI = -I^2 X_C = -\frac{U^2}{X_C} \qquad (4.30)$$

$Q_C$ 的单位也为乏（var）或千乏（kvar）。

**例 4.7** 将 $C=160\mu\mathrm{F}$ 的电容器接在 220V 的工频电源上，求电路中的电流和无功功率。

**解：** 容抗为

$$X_C = \frac{1}{2\pi f C} = \frac{1}{2\times 3.14 \times 50 \times 160 \times 10^{-6}} \approx 20\Omega$$

电流为

$$I = \frac{U}{X_C} = \frac{220}{20} = 11\mathrm{A}$$

无功功率为

$$Q_C = -UI = -220 \times 11 = -2420\,\mathrm{var} = -2.42\mathrm{kvar}$$

## 4.3  简单正弦交流电路的分析

实际电路中，$R$、$L$、$C$ 几种电路参数往往可能同时存在，各电路元件的连接关系可能是串联，也可能是并联，还可能是串联、并联构成的混联。分析交流电路的基本依据依然是基尔霍夫定律。对正弦交流电路来说，电压、电流的瞬时值和相量形式都满足基尔霍夫定律。

本节将在单一参数电路的基础上，研究由一个正弦交流电源供电的简单交流电路。

### 4.3.1  *RLC* 串联的正弦交流电路

电阻、电感和电容元件相串联的交流电路如图 4.15 所示，其中，各电压、电流分别用瞬时值符号及相量符号来标注。

RLC 串联的
正弦交流电路

1. 电压与电流之间的关系

串联电路的特点是各元件流过同一电流。为方便起见，设电路中电流为

$$i = I_{\mathrm{m}}\sin \omega t$$

如图 4.15（a）所示，根据基尔霍夫电压定律列出回路电压方程，并将单一参数电路中电压、电流的关系代入，可得 *RLC* 串联电路的电压、电流瞬时值关系式为

$$u = u_R + u_L + u_C$$

$$= iR + L\frac{\mathrm{d}i}{\mathrm{d}t} + \frac{1}{C}\int i\mathrm{d}t$$

$$= I_{\mathrm{m}}R\sin\omega t + I_{\mathrm{m}}X_L\sin(\omega t + 90°) + I_{\mathrm{m}}X_C\sin(\omega t - 90°) \tag{4.31}$$

同理，如图 4.15（b）所示，可得电压、电流的相量关系式为

$$\dot{U} = \dot{U}_R + \dot{U}_L + \dot{U}_C = \dot{I}R + \mathrm{j}X_L\dot{I} - \mathrm{j}X_C\dot{I} = \dot{I}[R + \mathrm{j}(X_L - X_C)] \tag{4.32}$$

令

$$Z = R + \mathrm{j}(X_L - X_C) = R + \mathrm{j}X \tag{4.33}$$

则

$$\dot{U} = \dot{I}Z \text{ 或 } Z = \frac{\dot{U}}{\dot{I}} \tag{4.34}$$

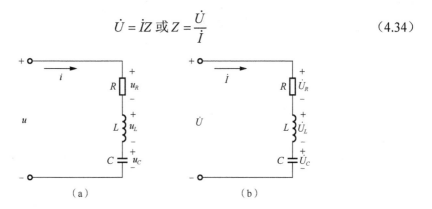

图 4.15 *RLC* 串联交流电路

式（4.34）与欧姆定律的相量表示法形式相同。式中， $Z$ 称为复阻抗（complex impedance），其实部为电阻 $R$ ，虚部为电抗（reactance） $X$ 。应注意复阻抗只是复数计算量，不是正弦量的复数表示，所以字母 $Z$ 上面不加 "·"。电抗、复阻抗的单位都为 $\Omega$ 。

复阻抗体现 *RLC* 串联交流电路的性质，表示电路电压相量与电流相量之间的关系。由式（4.34），可知

$$Z = \frac{U}{I}\angle(\psi_u - \psi_i) = |Z|\angle\varphi$$

式中，复数 $Z$ 的模 $|Z|$ 称为阻抗模（magnitude），它反映了电压和电流的大小关系，其值是电压与电流的有效值之比，即

$$|Z| = \frac{U}{I} \tag{4.35}$$

复数 $Z$ 的辐角 $\varphi$ 称为阻抗角（impedance angle），它反映了电压与电流的相位关系，是电压超前于电流的角度，即电压与电流的相位差

$$\varphi = \psi_u - \psi_i$$

由式（4.33），可得

$$|Z| = \sqrt{R^2 + (X_L - X_C)^2} \tag{4.36}$$

$$\varphi = \arctan\frac{X_L - X_C}{R} = \arctan\frac{X}{R} \tag{4.37}$$

由此可见，电阻 $R$、电抗 $X$ 和阻抗模 $|Z|$ 的大小满足一个直角三角形的三边关系，如图 4.16 所示，将此直角三角形称为阻抗三角形（impedance triangle）。

在频率 $f$ 一定时，阻抗角 $\varphi$ 的大小和正负，是由电路参数决定的，即 $X_L > X_C$ 时，$\varphi > 0$，电压超前电流 $\varphi$ 角，电路为电感性的；$X_L < X_C$ 时，$\varphi < 0$，电流超前电压 $|\varphi|$ 角，电路为电容性的；$X_L = X_C$ 时，$\varphi = 0$，电压与电流同相位，电路为电阻性的。因此，根据阻抗角的正负，就可以判断电路的性质。

画串联电路的相量图时，以电流 $\dot{I} = I\angle 0°$ 为参考相量，则电阻电压 $\dot{U}_R$ 与电流 $\dot{I}$ 同相；电感电压 $\dot{U}_L$ 超前于电流 $\dot{I}$ 90°；电容电压 $\dot{U}_C$ 滞后于电流 $\dot{I}$ 90°。假定 $U_L > U_C$，利用平行四边形法则将 $\dot{U}_R$、$\dot{U}_L$、$\dot{U}_C$ 相加，其合成相量即为 $RLC$ 串联电路的总电压 $\dot{U}$。相量图如图 4.17 所示。电压 $\dot{U}$ 与电流 $\dot{I}$ 的夹角即为相位差 $\varphi$。

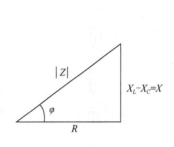
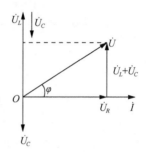

图 4.16　阻抗三角形　　　　　　图 4.17　$RLC$ 串联电路相量图

由图（4.17）可知，电压相量 $\dot{U}$、$\dot{U}_R$ 及（$\dot{U}_L + \dot{U}_C$）也构成了一个直角三角形，称为电压三角形（voltage triangle），如图 4.18 所示。

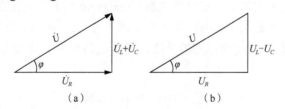

（a）　　　　　　　　（b）

图 4.18　电压三角形

利用电压三角形，可得出 $RLC$ 串联电路的电压、电流有效值之间的关系式为

$$
\begin{aligned}
U &= \sqrt{U_R^2 + (U_L - U_C)^2} \\
&= \sqrt{(IR)^2 + (IX_L - IX_C)^2} \\
&= I\sqrt{R^2 + (X_L - X_C)^2} \\
&= I|Z|
\end{aligned}
\tag{4.38}
$$

可见，与式（4.35）结论相同。

将电压三角形中各部分电压除以串流，也可得到如图 4.16 所示的阻抗三角形，所以 $RLC$ 串联电路中的阻抗三角形与电压三角形相似。

由式（4.33）的复阻抗的定义可知：

当 $X_C = 0$ 时，$Z = R + jX_L$，为 $RL$ 串联电路；

当 $X_L = 0$ 时，$Z = R - jX_C$，为 $RC$ 串联电路；

当 $X_L = X_C = 0$ 时，$Z = R$，为电阻电路；

当 $R = X_C = 0$ 时，$Z = jX_L$，为电感电路；

当 $R = X_L = 0$ 时，$Z = -jX_C$，为电容电路。

所以说，$RLC$ 串联电路是一个典型电路，而 $RL$ 串联、$RC$ 串联和单一参数电路都是它的特例。

**2. 功率**

设 $RLC$ 串联电路中的电流、端电压分别为

$$i = I_m \sin \omega t$$
$$u = U_m \sin(\omega t + \varphi)$$

则瞬时功率为

$$p = ui = U_m \sin(\omega t + \varphi) \cdot I_m \sin \omega t = 2UI \sin(\omega t + \varphi) \sin \omega t$$
$$= UI[\cos \varphi - \cos(2\omega t + \varphi)] = UI \cos \varphi - UI \cos(2\omega t + \varphi)$$

瞬时功率的曲线如图 4.19 所示。

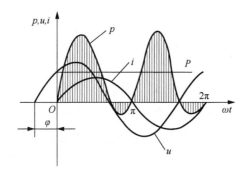

图 4.19　$RLC$ 串联电路中的 $u$、$i$ 与 $p$

可以看出，$RLC$ 串联电路的瞬时功率曲线与三个单一参数电路中的瞬时功率曲线都不同，不再像纯电阻电路那样无负值，也不再像纯电感和纯电容电路那样对称于时间轴，而是有正有负，且正负两部分面积不等。说明 $RLC$ 串联电路中既有电阻消耗能量，同时也有储能元件与电源之间进行能量的相互转换。

有功功率，也就是平均功率为

$$P = \frac{1}{T} \int_0^T p \, \mathrm{d}t = \frac{1}{T} \int_0^T [UI \cos \varphi - UI \cos(2\omega t + \varphi)] \mathrm{d}t = UI \cos \varphi \tag{4.39}$$

式中，$\cos\varphi$ 称为功率因数（power factor）；$\varphi$ 角又称功率因数角（power-factor angle），$\varphi$ 角是 $\dot{U}$ 与 $\dot{I}$ 的相位差，也是电路的阻抗角。

可见，交流电路的有功功率，不仅与电压、电流有效值的乘积有关，而且还受功率因数大小的影响。功率因数大小由电路参数决定。

如图 4.18 所示的电压三角形，有

$$\cos\varphi = \frac{U_R}{U}$$

代入式（4.39），有

$$P = UI\cos\varphi = IU_R = I^2R = \frac{U_R^2}{R} \tag{4.40}$$

即交流电路的有功功率就是电阻上的功率，反映了电路中电阻消耗的电能。

由图 4.17 所示的 $RLC$ 串联电路的相量图可知，$\dot{U}_R$ 与 $\dot{I}$ 同相位，所以把 $\dot{U}_R$ 称为电压 $\dot{U}$ 的有功分量，而把垂直于 $\dot{I}$ 的 $(\dot{U}_L + \dot{U}_C)$ 称为电压 $\dot{U}$ 的无功分量。因为在数值上 $(\dot{U}_L + \dot{U}_C)$ 的大小为 $(U_L - U_C)$，且由电压三角形可知 $U_L - U_C = U\sin\varphi$，所以无功功率为

$$Q = UI\sin\varphi = (U_L - U_C)I = I^2X_L - I^2X_C = Q_L + Q_C \tag{4.41}$$

即交流电路的无功功率 $Q$ 是感性无功功率 $Q_L$ 和容性无功功率 $Q_C$ 的和，说明 $Q_L$ 和 $Q_C$ 在电路中是互相补偿的。与有功功率不同，无功功率是有正负的，对于电感性电路，$Q$ 为正值；对于电容性电路，$Q$ 为负值。

在电工电子技术中，将正弦交流电路端电压的有效值 $U$ 和端电流的有效值 $I$ 的乘积称为视在功率（apparent power），或表观功率，用大写字母 $S$ 表示：

$$S = UI = I^2|Z| \tag{4.42}$$

视在功率的单位为伏安（V·A）或千伏安（kV·A）。

视在功率用于表示一些交流电气设备的容量。有些电气设备的容量是不能用有功功率来表示的，如某些发电机和变压器，因为它们所带负载的功率因数是未知的，所以用视在功率来表示容量。视在功率表示最大可能输出的功率。如额定电压为 $U_N$、额定电流为 $I_N$ 的电源设备的额定容量为 $S_N = U_N I_N$。

显然，有功功率、无功功率和视在功率满足

$$\begin{cases} P = S\cos\varphi \\ Q = S\sin\varphi \\ S = \sqrt{P^2 + Q^2} \end{cases} \tag{4.43}$$

这种关系也可以用图 4.20（a）所示的功率三角形（power triangle）来描述，其中

$$\varphi = \arctan\frac{Q}{P} = \arctan\frac{U_L - U_C}{U_R} = \arctan\frac{X_L - X_C}{R}$$

可见功率三角形、电压三角形、阻抗三角形是三个相似三角形，如图 4.20（b）所示。

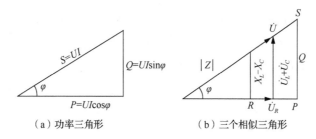

（a）功率三角形　　　　　（b）三个相似三角形

图 4.20　功率三角形及其与电压三角形、阻抗三角形的相似性

**例 4.8**　在 *RLC* 串联的交流电路中，已知 $R = 30\Omega$，$L = 127\text{mH}$，$C = 40\mu\text{F}$，电源电压 $u = 220\sqrt{2}\sin(314t + 20°)\,\text{V}$。求：（1）电流的有效值与瞬时值表达式；（2）各元件上电压的有效值与瞬时值表达式；（3）各电压、电流的相量图；（4）电路的有功功率和无功功率。

**解：**方法一　相量图解法

要画出正弦量的相量图，必须知道正弦量的有效值及其初相位。相量图解法是先求出电路中各正弦量的有效值，再利用 *R*、*L*、*C* 上电压、电流的相位关系确定各正弦量的初相位，进而由相量图再求出正弦量的其他形式。

感抗为

$$X_L = \omega L = 314 \times 0.127 \approx 40\Omega$$

容抗为

$$X_C = \frac{1}{\omega C} = \frac{1}{314 \times 40 \times 10^{-6}} \approx 80\Omega$$

阻抗模为

$$|Z| = \sqrt{R^2 + (X_L - X_C)^2} = \sqrt{30^2 + (40 - 80)^2} = 50\Omega$$

（1）电流有效值为

$$I = \frac{U}{|Z|} = \frac{220}{50} = 4.4\text{A}$$

*RLC* 串联电路的阻抗角，即 *u*、*i* 相位差为

$$\varphi = \arctan\frac{X_L - X_C}{R} = \arctan\frac{40 - 80}{30} = -53.1°$$

所以，*i* 在相位上超前 *u* 53.1°，则

$$i = 4.4\sqrt{2}\sin(314t + 20° + 53.1°) = 4.4\sqrt{2}\sin(314t + 73.1°)\,\text{A}$$

（2）各元件上电压的有效值为

$$U_R = IR = 4.4 \times 30 = 132\text{V}$$
$$U_L = IX_L = 4.4 \times 40 = 176\text{V}$$
$$U_C = IX_C = 4.4 \times 80 = 352\text{V}$$

由于电阻元件上 *u*、*i* 同相位；电感元件上 *u* 超前 *i* 90°；电容元件上 *u* 滞后 *i* 90°，因此，有

$$u_R = 132\sqrt{2}\sin(314t + 73.1°)\,\text{V}$$

$$u_L = 176\sqrt{2}\sin(314t + 73.1° + 90°) = 176\sqrt{2}\sin(314t + 163.1°)\,\text{V}$$

$$u_C = 352\sqrt{2}\sin(314t + 73.1° - 90°) = 352\sqrt{2}\sin(314t - 16.9°)\,\text{V}$$

**方法二　相量解析法（复数运算法）**

相量解析法是将正弦量用相量（复数形式）表示，电路参数用复阻抗表示，利用相量形式的欧姆定律 $\dot{U} = \dot{I}Z$ 和基尔霍夫定律 $\sum \dot{I} = 0$、$\sum \dot{U} = 0$ 求解电路，其中的运算为复数运算。

复阻抗为

$$Z = R + j(X_L - X_C) = 30 + j(40 - 80) = 50\angle -53.1°\,\Omega$$

（1）电流有效值相量为

$$\dot{I} = \frac{\dot{U}}{Z} = \frac{220\angle 20°}{50\angle -53.1°} = 4.4\angle 73.1°\,\text{A}$$

所以电流的有效值为 $I = 4.4\text{A}$；瞬时值为 $i = 4.4\sqrt{2}\sin(314t + 73.1°)\,\text{A}$。

（2）各元件上电压的有效值相量为

$$\dot{U}_R = \dot{I}R = 4.4\angle 73.1° \times 30 = 132\angle 73.1°\,\text{V}$$

$$\dot{U}_L = \dot{I}(jX_L) = 4.4\angle 73.1° \times 40\angle 90° = 176\angle 163.1°\,\text{V}$$

$$\dot{U}_C = \dot{I}(-jX_C) = 4.4\angle 73.1° \times 80\angle -90° = 352\angle -16.9°\,\text{V}$$

所以，各元件上电压的有效值、瞬时值分别为

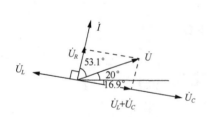

图 4.21　例 4.8 相量图

$$U_R = 132\text{V},\ u_R = 132\sqrt{2}\sin(314t + 73.1°)\,\text{V}$$

$$U_L = 176\text{V},\ u_L = 176\sqrt{2}\sin(314t + 163.1°)\,\text{V}$$

$$U_C = 352\text{V},\ u_C = 352\sqrt{2}\sin(314t - 16.9°)\,\text{V}$$

（3）相量图如图 4.21 所示。

（4）有功功率为

$$P = UI\cos\varphi = 220 \times 4.4 \times \cos(-53.1°) = 581\text{W}$$

无功功率为

$$Q = UI\sin\varphi = 220 \times 4.4 \times \sin(-53.1°) = -774\text{var}$$

或

$$P = I^2 R = 4.4^2 \times 30 = 581\text{W}$$

$$Q = I^2(X_L - X_C) = 4.4^2 \times (40 - 80) = -774\text{var}$$

**例 4.9**　如图 4.22 所示的 $RC$ 串联电路，已知电源频率 $f = 995\text{Hz}$，$R = 16\text{k}\Omega$，$C = 0.01\mu\text{F}$，试求 $\dot{U}$ 与 $\dot{U}_R$ 的相位差。

**解：** $RC$ 串联电路是 $RLC$ 串联电路的特例。

容抗为

$$X_C = \frac{1}{2\pi f C} = \frac{1}{2 \times 3.14 \times 995 \times 0.01 \times 10^{-6}} \approx 16\text{k}\Omega$$

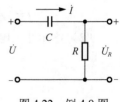

图 4.22　例 4.9 图

电路的阻抗角，也是 $\dot{U}$ 与 $\dot{I}$ 的相位差为

$$\varphi = \psi_u - \psi_i = \arctan\frac{-X_C}{R} = \arctan\frac{-16}{16} = -45°$$

由于电阻 $R$ 上的电压 $\dot{U}_R$ 与电流 $\dot{I}$ 同相位，$\dot{U}$ 与 $\dot{I}$ 的相位差即是所求的 $\dot{U}$ 与 $\dot{U}_R$ 的相位差。

### 4.3.2 复阻抗的串联、并联与混联

复阻抗的串联、并联与混联

在直流电路中，若干电阻的串联、并联或混联都可等效变换为一个电阻。在正弦交流电路中，由 $R$、$L$、$C$ 构成的无源网络也可以用一个复阻抗等效。

#### 1. 复阻抗的串联

如图 4.23 所示，若干个串联的复阻抗可用一个等效复阻抗 $Z$ 代替。注意电路中 $Z_1, Z_2, \cdots, Z_n$ 表示复阻抗，而不是电阻。

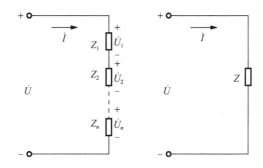

图 4.23　复阻抗的串联及其等效复阻抗

根据欧姆定律和基尔霍夫电压定律的相量形式，有

$$
\begin{aligned}
\dot{U} &= \dot{U}_1 + \dot{U}_2 + \cdots + \dot{U}_n \\
&= \dot{I}Z_1 + \dot{I}Z_2 + \cdots + \dot{I}Z_n \\
&= \dot{I}(Z_1 + Z_2 + \cdots + Z_n) \\
&= \dot{I}Z
\end{aligned}
\tag{4.44}
$$

由此可见，等效复阻抗等于串联的各复阻抗之和，即

$$
\begin{aligned}
Z &= Z_1 + Z_2 + \cdots + Z_n \\
&= R_1 + \mathrm{j}X_1 + R_2 + \mathrm{j}X_2 + \cdots + R_n + \mathrm{j}X_n \\
&= \sum R + \mathrm{j}\sum X
\end{aligned}
\tag{4.45}
$$

等效复阻抗的阻抗模、阻抗角分别为

$$
|Z| = \sqrt{\left(\sum R\right)^2 + \left(\sum X\right)^2}
$$
$$
\varphi = \arctan \frac{\sum X}{\sum R}
\tag{4.46}
$$

各复阻抗的电压与电流的有效值大小关系分别为

$$
U_k = I\left|Z_k\right| \quad (k = 1, 2, \cdots, n)
\tag{4.47}
$$

复阻抗 $Z_k (k = 1, 2, \cdots, n)$ 上的电压相量为

$$\dot{U}_k = \frac{Z_k}{Z_1 + Z_2 + \cdots + Z_n}\dot{U} \tag{4.48}$$

式（4.48）为相量形式的串联电路分压公式。

在正弦交流电路中，有功功率和无功功率满足功率的可加性，电路中总的有功功率等于电路中各部分的有功功率之和，总的无功功率等于电路中各部分的无功功率之和，但在一般情况下，视在功率不满足可加性。因此，对于复阻抗串联电路来说，有

$$P = UI\cos\varphi = P_1 + P_2 + \cdots + P_n$$
$$Q = UI\sin\varphi = Q_1 + Q_2 + \cdots + Q_n \tag{4.49}$$
$$S = UI = \sqrt{P^2 + Q^2}$$

注意，一般情况下，$|Z| \neq |Z_1| + |Z_2| + \cdots + |Z_n|$，$S \neq S_1 + S_2 + \cdots + S_n$。

**例4.10** 两个复阻抗串联 $Z_1 = \mathrm{j}20\,\Omega$，$Z_2 = (10 - \mathrm{j}10)\Omega$，接入 $\dot{U} = 100\angle 60°\mathrm{V}$ 的电源上，求：（1）电路中的电流；（2）各复阻抗上的电压；（3）电路的有功功率、无功功率和视在功率。

**解：** $Z_1 = \mathrm{j}20 = 20\angle 90°\Omega$，$Z_2 = 10 - \mathrm{j}10 = 10\sqrt{2}\angle -45°\Omega$。

等效复阻抗为

$$Z = Z_1 + Z_2 = \mathrm{j}20 + 10 - \mathrm{j}10 = 10 + \mathrm{j}10 = 10\sqrt{2}\angle 45°\Omega$$

（1）电流为

$$\dot{I} = \frac{\dot{U}}{Z} = \frac{100\angle 60°}{10\sqrt{2}\angle 45°} = 5\sqrt{2}\angle 15°\mathrm{A}$$

（2）电压为

$$\dot{U}_1 = \dot{I}Z_1 = 5\sqrt{2}\angle 15° \times 20\angle 90° = 100\sqrt{2}\angle 105°\mathrm{V}$$
$$\dot{U}_2 = \dot{I}Z_2 = 5\sqrt{2}\angle 15° \times 10\sqrt{2}\angle -45° = 100\angle -30°\mathrm{V}$$

（3）有功功率为

$$P = UI\cos\varphi = 100 \times 5\sqrt{2} \times \cos 45° = 500\mathrm{W}$$

无功功率为

$$Q = UI\sin\varphi = 100 \times 5\sqrt{2} \times \sin 45° = 500\mathrm{var}$$

视在功率为

$$S = UI = 100 \times 5\sqrt{2} = 500\sqrt{2}\mathrm{V} \cdot \mathrm{A}$$

或

$$P = P_1 + P_2 = I^2 R_1 + I^2 R_2 = (5\sqrt{2})^2 \times 0 + (5\sqrt{2})^2 \times 10 = 500\mathrm{W}$$
$$Q = Q_1 + Q_2 = I^2 X_L + (-I^2 X_C) = (5\sqrt{2})^2 \times 20 - (5\sqrt{2})^2 \times 10 = 500\mathrm{var}$$
$$S = \sqrt{P^2 + Q^2} = \sqrt{500^2 + 500^2} = 500\sqrt{2}\mathrm{V} \cdot \mathrm{A}$$

还可以用以下方法求功率 $P_1$、$P_2$、$Q_1$、$Q_2$：

$$P_1 = U_1 I\cos\varphi_1 = 100\sqrt{2} \times 5\sqrt{2} \times \cos 90° = 0\mathrm{W}$$
$$P_2 = U_2 I\cos\varphi_2 = 100\sqrt{2} \times 5\sqrt{2} \times \cos(-45°) = 500\mathrm{W}$$

$$Q_1 = U_1 I \sin \varphi_1 = 100\sqrt{2} \times 5\sqrt{2} \times \sin 90° = 1000\text{var}$$

$$Q_2 = U_2 I \sin \varphi_2 = 100 \times 5\sqrt{2} \times \sin(-45°) = -500\text{var}$$

**2. 复阻抗的并联**

如图 4.24 所示，若干个并联的复阻抗可用一个等效复阻抗 $Z$ 代替。

根据欧姆定律和基尔霍夫电流定律的相量形式，显然有

$$\dot{I} = \dot{I}_1 + \dot{I}_2 + \cdots + \dot{I}_n = \frac{\dot{U}}{Z_1} + \frac{\dot{U}}{Z_2} + \cdots + \frac{\dot{U}}{Z_n} = \frac{\dot{U}}{Z} \qquad (4.50)$$

由此可见，等效复阻抗的值满足

$$\frac{1}{Z} = \frac{1}{Z_1} + \frac{1}{Z_2} + \cdots + \frac{1}{Z_n} \qquad (4.51)$$

复阻抗并联电路功率的计算方法和复阻抗串联电路功率的计算方法相同，具体参见式（4.49）。

复阻抗并联电路的相量图常常以电压 $\dot{U}$ 为参考相量，画出各支路电流，再合成总电流。例如，图 4.25 是三个复阻抗并联的电路中各电流初相位不同情况下的相量图。

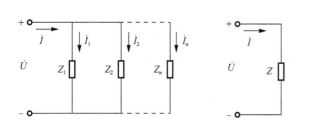

图 4.24　复阻抗的并联及其等效复阻抗　　　图 4.25　复阻抗并联电路相量图

**例 4.11**　如图 4.26（a）所示的 $RLC$ 并联电路，已知 $R = 10\Omega$，$X_L = 15\Omega$，$X_C = 8\Omega$，电路端电压 $\dot{U} = 220\angle -30°\text{V}$，求电流 $\dot{I}_R$、$\dot{I}_L$、$\dot{I}_C$ 和 $\dot{I}$；并画出电压、电流的相量图。

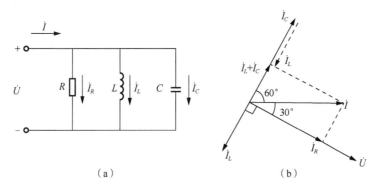

（a）　　　　　　　　　　（b）

图 4.26　例 4.11 图

**解：** 三个并联的复阻抗分别为

$$Z_1 = R = 10\Omega, Z_2 = jX_L = 15\angle 90°\Omega, Z_3 = -jX_C = 8\angle -90°\Omega$$

各支路电流为

$$\dot{I}_R = \frac{\dot{U}}{Z_1} = \frac{220\angle -30°}{10} = 22\angle -30° \text{A}$$

$$\dot{I}_L = \frac{\dot{U}}{Z_2} = \frac{220\angle -30°}{15\angle 90°} = 14.7\angle -120° \text{A}$$

$$\dot{I}_C = \frac{\dot{U}}{Z_3} = \frac{220\angle -30°}{8\angle -90°} = 27.5\angle 60° \text{A}$$

则总电流为

$$\dot{I} = \dot{I}_R + \dot{I}_L + \dot{I}_C = 22\angle -30° + 14.7\angle -120° + 27.5\angle 60°$$
$$= (19 - j11) + (-7.35 - j12.8) + (13.75 + j23.8)$$
$$= 25.4 + j0 = 25.4\angle 0° \text{A}$$

电压、电流的相量图如图 4.26（b）所示。

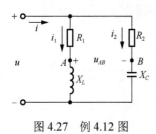

图 4.27　例 4.12 图

**例 4.12**　电路如图 4.27 所示，已知 $R_1 = 3\Omega$，$R_2 = 8\Omega$，$X_L = 4\Omega$，$X_C = 6\Omega$，$u = 220\sqrt{2}\sin(314t - 30°)$ V，求电流 $i$ 和电压 $u_{AB}$，以及电路的有功功率、无功功率和视在功率。

**解：** 并联支路的复阻抗分别为

$$Z_1 = R_1 + jX_L = 3 + j4 = 5\angle 53.1°\Omega$$

$$Z_2 = R_2 - jX_C = 8 - j6 = 10\angle -36.9°\Omega$$

电流相量 $\dot{I}$ 可通过以下两种方法求解。

方法一　等效复阻抗

$$Z = \frac{Z_1 Z_2}{Z_1 + Z_2} = \frac{5\angle 53.1° \times 10\angle -36.9°}{3 + j4 + 8 - j6} = \frac{50\angle 16.2°}{11.18\angle -10.3°} = 4.47\angle 26.5°\Omega$$

$$\dot{I} = \frac{\dot{U}}{Z} = \frac{220\angle -30°}{4.47\angle 26.5°} = 49.2\angle -56.5° \text{A}$$

方法二　各支路电流

$$\dot{I}_1 = \frac{\dot{U}}{Z_1} = \frac{220\angle -30°}{5\angle 53.1°} = 44\angle -83.1° = 5.29 - j43.68 \text{A}$$

$$\dot{I}_2 = \frac{\dot{U}}{Z_2} = \frac{220\angle -30°}{10\angle -36.9°} = 22\angle 6.9° = 21.84 + j2.64 \text{A}$$

$$\dot{I} = \dot{I}_1 + \dot{I}_2 = 5.29 - j43.68 + 21.84 + j2.64 = 27.13 - j41.04 = 49.2\angle -56.5° \text{A}$$

所以

$$i = 49.2\sqrt{2}\sin(314t - 56.5°) \text{A}$$

$A$、$B$ 两点间电压为

$$\dot{U}_{AB} = -\dot{I}_1 R_1 + \dot{I}_2 R_2$$
$$= -44\angle -83.1° \times 3 + 22\angle 6.9° \times 8$$
$$= -132[\cos(-83.1°) + j\sin(-83.1°)] + 176(\cos 6.9° + j\sin 6.9°)$$
$$= 158.85 + j152.16 = 220\angle 43.77°V$$

故

$$u_{AB} = 220\sqrt{2}\sin(314t + 43.77°)V$$

有功功率为

$$P = UI\cos\varphi = 220 \times 49.2 \times \cos 26.5° = 9.68kW$$

无功功率为

$$Q = UI\sin\varphi = 220 \times 49.2 \times \sin 26.5° = 4.84kvar$$

视在功率为

$$S = UI = 220 \times 49.2 \approx 10.82kV \cdot A$$

或用以下方法求各功率：

$$P = P_1 + P_2 = I_1^2 R_1 + I_2^2 R_2 = 44^2 \times 3 + 22^2 \times 8 = 9.68kW$$
$$Q = Q_1 + Q_2 = I_1^2 X_L - I_2^2 X_C = 44^2 \times 4 - 22^2 \times 6 = 4.84kvar$$
$$S = \sqrt{P^2 + Q^2} = \sqrt{9.68^2 + 4.84^2} \approx 10.82kV \cdot A$$

各并联支路复阻抗的功率也可以用以下方法计算：

$$P_1 = UI_1\cos\varphi_1 = 220 \times 44 \times \cos 53.1° = 5.81kW$$
$$P_2 = UI_2\cos\varphi_2 = 220 \times 22 \times \cos(-36.9°) = 3.87kW$$
$$Q_1 = UI_1\sin\varphi_1 = 220 \times 44 \times \sin 53.1° = 7.74kvar$$
$$Q_2 = UI_2\sin\varphi_2 = 220 \times 22 \times \sin(-36.9°) = -2.9kvar$$

由于 $S_1 = UI_1 = 220 \times 44 = 9.68kV \cdot A$，$S_2 = UI_2 = 220 \times 22 = 4.84kV \cdot A$，可以看出，$S \neq S_1 + S_2$。

### 3. 复阻抗的混联

所谓复阻抗的混联是指复阻抗既有串联也有并联的电路。求解复阻抗混联电路的方法就是利用复阻抗串联、并联的关系，合理地应用电路的基本定律和分析方法，列出相量方程求解。

复阻抗混联的典型结构如图 4.28 所示，根据欧姆定律和基尔霍夫定律的相量形式，可以得出此混联电路中各部分电压、电流之间的关系，而功率的计算方法和复阻抗串联、并联电路功率的计算方法相同。

如图 4.28 所示电路，混联的复阻抗也可以用一个等效复阻抗代替，等效复阻抗为

$$Z = Z_1 + \frac{Z_2 Z_3}{Z_2 + Z_3} = |Z|\angle\varphi$$

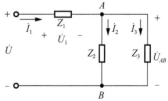

图 4.28　复阻抗的混联

各支路电流关系满足基尔霍夫电流定律，即

$$\dot{I}_1 = \dot{I}_2 + \dot{I}_3$$

各部分电压关系满足基尔霍夫电压定律，即

$$\dot{U} = \dot{U}_1 + \dot{U}_{AB}$$

根据欧姆定律，可得出各复阻抗上电压、电流之间的关系分别为

$$\dot{U} = \dot{I}_1 Z \ , \quad \dot{U}_1 = \dot{I}_1 Z_1 , \dot{U}_{AB} = \dot{I}_2 Z_2 = \dot{I}_3 Z_3$$

有功功率、无功功率及视在功率分别为

$$P = U I_1 \cos\varphi$$
$$= P_1 + P_2 + P_3 = U_1 I_1 \cos\varphi_1 + U_{AB} I_2 \cos\varphi_2 + U_{AB} I_3 \cos\varphi_3$$
$$Q = U I_1 \sin\varphi$$
$$= Q_1 + Q_2 + Q_3 = U_1 I_1 \sin\varphi_1 + U_{AB} I_2 \sin\varphi_2 + U_{AB} I_3 \sin\varphi_3$$
$$S = U I_1 = \sqrt{P^2 + Q^2}$$

需要说明的是，上述表达式中的 $\varphi$ 既是等效复阻抗 $Z$ 的阻抗角，也是 $\dot{U}$、$\dot{I}_1$ 的相位差，还是电路的功率因数角，而 $\varphi_1$、$\varphi_2$、$\varphi_3$ 分别是三个复阻抗的阻抗角，也是三个复阻抗的各自电压与电流的相位差。

**例 4.13**　复阻抗混联电路如图 4.29（a）所示，已知 $R_1 = R_2 = X_L = X_{C1} = X_{C2} = 1\,\Omega$，$\dot{I}_1 = 2\angle 0°\text{A}$，求：（1）电流 $\dot{I}_2$、$\dot{I}$ 和电压 $\dot{U}$；（2）相量图；（3）有功功率、无功功率和视在功率。

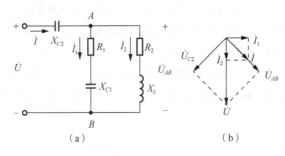

图 4.29　例 4.13 图

**解**：（1）复阻抗并联部分的两端电压为

$$\dot{U}_{AB} = \dot{I}_1 (R_1 - jX_{C1}) = 2\angle 0° \times (1 - j) = 2\sqrt{2}\angle -45°\,\text{V}$$

支路电流为

$$\dot{I}_2 = \frac{\dot{U}_{AB}}{R_2 + jX_L} = \frac{2\sqrt{2}\angle -45°}{1 + j} = 2\angle -90°\,\text{A}$$

总电流为

$$\dot{I} = \dot{I}_1 + \dot{I}_2 = 2\angle 0° + 2\angle -90° = 2 - j2 = 2\sqrt{2}\angle -45°\,\text{A}$$

设 $X_{C2}$ 上的电压为 $\dot{U}_{C2}$，且参考方向与电流参考方向相同，则有

$$\dot{U}_{C2} = \dot{I}(-jX_{C2}) = 2\sqrt{2}\angle -45° \times 1\angle -90° = 2\sqrt{2}\angle -135°\,\text{V}$$

电路端电压为

$$\dot{U} = \dot{U}_{C2} + \dot{U}_{AB} = 2\sqrt{2}\angle -135° + 2\sqrt{2}\angle -45° = 4\angle -90°\,\text{V}$$

（2）相量图如图 4.29（b）所示。

（3）$\dot{U}$、$\dot{I}$ 的相位差 $\varphi = \psi_u - \psi_i = -90° - (-45°) = -45°$，则

有功功率为

$$P = UI\cos\varphi = 4 \times 2\sqrt{2} \times \cos(-45°) = 8\text{W}$$

无功功率为

$$Q = UI\sin\varphi = 4 \times 2\sqrt{2} \times \sin(-45°) = -8\text{var}$$

视在功率为

$$S = UI = 4 \times 2\sqrt{2} = 8\sqrt{2}\text{V}\cdot\text{A}$$

各种功率还可由下式计算：

$$P = P_1 + P_2 = I_1^2 R_1 + I_2^2 R_2 = 2^2 \times 1 + 2^2 \times 1 = 8\text{W}$$

$$Q = Q_1 + Q_2 + Q_3 = -I_1^2 X_{C1} + I_2^2 X_L - I^2 X_{C2} = -2^2 \times 1 + 2^2 \times 1 - 2\sqrt{2}^2 \times 1 = -8\text{var}$$

$$S = \sqrt{P^2 + Q^2} = \sqrt{8^2 + (-8)^2} = 8\sqrt{2}\text{V}\cdot\text{A}$$

**例 4.14**　如图 4.30（a）所示电路，已知 $I_1 = I_2 = 10\text{A}$，$U = 100\text{V}$，且 $u$ 与 $i$ 同相，求 $I$、$R$、$X_L$ 及 $X_C$。

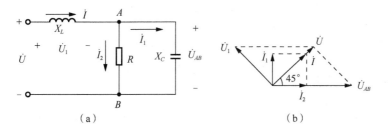

图 4.30　例 4.14 图

**解：**设参考相量 $\dot{U}_{AB} = U_{AB}\angle 0°\text{V}$，则根据电阻、电容上电压、电流的相位关系，可知

$$\dot{I}_1 = 10\angle 90°\text{A}，\dot{I}_2 = 10\angle 0°\text{A}$$

利用 KCL，可得

$$\dot{I} = \dot{I}_1 + \dot{I}_2 = 10\angle 90° + 10\angle 0° = 10\sqrt{2}\angle 45°\text{A}$$

所以

$$I = 10\sqrt{2}\text{A}$$

根据题意，$\dot{U}$ 与 $\dot{I}$ 同相，则

$$\dot{U} = 100\angle 45°\text{V}$$

电感元件上 $\dot{U}_1$ 超前 $\dot{I}$ 90°，且利用 KVL，有 $\dot{U} = \dot{U}_1 + \dot{U}_{AB}$，因此可画出相量图如图 4.30（b）所示。

由相量图可得

$$\dot{U}_1 = 100\angle 135°\text{V}，\dot{U}_{AB} = 100\sqrt{2}\angle 0°\text{V}$$

因此，可得

$$R = \frac{U_{AB}}{I_2} = \frac{100\sqrt{2}}{10} = 10\sqrt{2}\Omega$$

$$X_C = \frac{U_{AB}}{I_1} = \frac{100\sqrt{2}}{10} = 10\sqrt{2}\Omega$$

$$X_L = \frac{U_1}{I} = \frac{100}{10\sqrt{2}} = 5\sqrt{2}\Omega$$

# 4.4　复杂交流电路的分析

对于正弦交流电路，若正弦量用相量表示，电路参数用复阻抗表示，则前面介绍的基本定律和分析方法在正弦交流电路中同样适用。因此复杂交流电路也可以应用线性电路的分析方法，如支路电流法、戴维宁定理、叠加原理等来分析与计算。注意在有多个正弦交流电源的电路中，我们只考虑各电源频率相同的情况。

复杂交流电路的
分析

下面通过例题具体说明复杂交流电路的分析与计算。

**例 4.15**　电路如图 4.31 所示，已知 $\dot{U}_{S1} = \dot{U}_{S2} = 220\angle 0°\text{V}$，$R = X_L = X_C = 22\Omega$，求各支路电流。

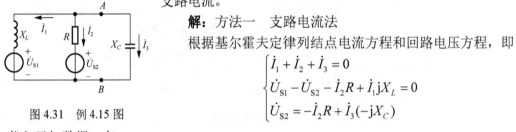

图 4.31　例 4.15 图

**解：方法一　支路电流法**

根据基尔霍夫定律列结点电流方程和回路电压方程，即

$$\begin{cases} \dot{I}_1 + \dot{I}_2 + \dot{I}_3 = 0 \\ \dot{U}_{S1} - \dot{U}_{S2} - \dot{I}_2 R + \dot{I}_1 jX_L = 0 \\ \dot{U}_{S2} = -\dot{I}_2 R + \dot{I}_3(-jX_C) \end{cases}$$

代入已知数据，有

$$\begin{cases} \dot{I}_1 + \dot{I}_2 + \dot{I}_3 = 0 \\ -22\dot{I}_2 + j22\dot{I}_1 = 0 \\ 220\angle 0° = -22\dot{I}_2 + \dot{I}_3(-j22) \end{cases}$$

解此方程组，可得

$$\dot{I}_1 = 10\angle -180°\text{A}，\dot{I}_2 = 10\angle -90°\text{A}，\dot{I}_3 = 10\sqrt{2}\angle 45°\text{A}$$

**方法二　结点电压法**

$A$、$B$ 间结点电压为

$$\dot{U}_{AB} = \frac{\dfrac{\dot{U}_{S1}}{jX_L} + \dfrac{\dot{U}_{S2}}{R}}{\dfrac{1}{jX_L} + \dfrac{1}{R} + \dfrac{1}{-jX_C}} = \frac{\dfrac{220\angle 0°}{j22} + \dfrac{220\angle 0°}{22}}{\dfrac{1}{j22} + \dfrac{1}{22} + \dfrac{1}{-j22}} = 220\sqrt{2}\angle -45°\text{V}$$

则电路中各支路电流为

$$\dot{I}_1 = \frac{\dot{U}_{AB} - \dot{U}_{S1}}{jX_L} = \frac{220\sqrt{2}\angle -45° - 220\angle 0°}{22\angle 90°} = 10\angle -180°\text{A}$$

$$\dot{I}_2 = \frac{\dot{U}_{AB} - \dot{U}_{S2}}{R} = \frac{220\sqrt{2}\angle -45° - 220\angle 0°}{22} = 10\angle -90°\text{A}$$

$$\dot{I}_3 = \frac{\dot{U}_{AB}}{-jX_C} = \frac{220\sqrt{2}\angle -45°}{22\angle -90°} = 10\sqrt{2}\angle 45°\text{A}$$

**例 4.16** 用戴维宁定理计算例 4.15 中的电流 $\dot{I}_3$。

**解：** 如图 4.31 所示的电路应用戴维宁定理可化为图 4.32（a）所示的等效电路。

由图 4.32（b），可求出回路电流：

$$\dot{I} = \frac{\dot{U}_{S1} - \dot{U}_{S2}}{jX_L + R} = \frac{220\angle 0° - 220\angle 0°}{22j + 22} = 0\text{A}$$

因此，等效电源的电压为

$$\dot{U}_0 = \dot{U}_{AB0} = \dot{U}_{S2} = 220\angle 0°\text{V}$$

由图 4.32（c），可求出等效电源的复阻抗为

$$Z_0 = R \mathbin{/\!/} (jX_L) = \frac{R \cdot jX_L}{jX_L + R} = \frac{22 \times 22\angle 90°}{22j + 22} = 11\sqrt{2}\angle 45°\,\Omega$$

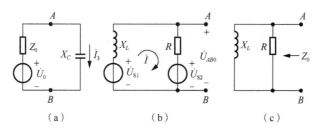

图 4.32 例 4.16 图

由图 4.32（a），可求出电流：

$$\dot{I}_3 = \frac{\dot{U}_0}{-jX_C + Z_0} = \frac{220\angle 0°}{-22j + 11\sqrt{2}\angle 45°} = 10\sqrt{2}\angle 45°\text{A}$$

**例 4.17** 电路如图 4.33（a）所示，已知 $R = X_L = X_C = 22\Omega$，$u_{S1} = 220\sqrt{2}\sin 314t\,\text{V}$，$U_{S2} = 220\text{V}$，试求各支路电流。

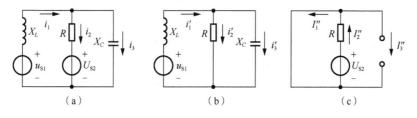

图 4.33 例 4.17 图

**解：** 图 4.33（a）是交直流电源并存的复杂电路，应用叠加原理求解。

交流电源 $u_{S1}$ 单独作用时，电路如图 4.33（b）所示，各电流相量为

$$\dot{I}_1' = \frac{\dot{U}_{S1}}{jX_L + \dfrac{R \cdot (-jX_C)}{R - jX_C}} = \frac{220\angle 0^\circ}{j22 + \dfrac{22 \cdot (-j22)}{22 - j22}} = 10\sqrt{2}\angle -45^\circ \text{A}$$

$$\dot{I}_2' = \dot{I}_1' \times \frac{-jX_C}{R - jX_C} = \frac{10\sqrt{2}\angle -45^\circ \times 22\angle -90^\circ}{22 - j22} = 10\angle -90^\circ \text{A}$$

$$\dot{I}_3' = \dot{I}_1' - \dot{I}_2' = 10\sqrt{2}\angle -45^\circ - 10\angle -90^\circ = 10\text{A}$$

直流电源 $U_{S2}$ 单独作用时，电路如图 4.33（c）所示，各电流为

$$I_1'' = I_2'' = \frac{U_{S2}}{R} = \frac{220}{22} = 10\text{A}$$

$$I_3'' = 0\text{A}$$

交流电源 $u_{S1}$ 和直流电源 $U_{S2}$ 共同作用时，各支路电流为

$$i_1 = i_1' - I_1'' = \sqrt{2} \times 10\sqrt{2}\sin(314t - 45^\circ) - 10 = -10 + 20\sin(314t - 45^\circ)\text{A}$$

$$i_2 = i_2' - I_2'' = 10\sqrt{2}\sin(314t - 90^\circ) - 10 = -10 + 10\sqrt{2}\sin(314t - 90^\circ)\text{A}$$

$$i_1 = i_3' + I_3'' = 10\sqrt{2}\sin 314t + 0 = 10\sqrt{2}\sin 314t\text{A}$$

# 4.5　功率因数的提高

在正弦交流电路中，有功功率与视在功率的比值为功率因数，即

$$\frac{P}{S} = \cos\varphi$$

功率因数的提高

功率因数是正弦交流电路中一个非常重要的物理量，其大小决定于负载的性质。功率因数的提高在实际应用中有着非常重要的经济意义。

## 4.5.1　提高功率因数的意义

首先，提高功率因数可以提高电源设备的利用率。

因为用视在功率表示的电源设备的容量 $S_N$ 是一定的，由 $P = S\cos\varphi$ 可知，电源能够输出的有功功率 $P$ 与功率因数 $\cos\varphi$ 成正比。例如一台发电机的容量 $S_N = 75000\text{kV} \cdot \text{A}$，若功率因数 $\cos\varphi = 1$，则发电机输出有功功率为 75000kW；若功率因数 $\cos\varphi = 0.6$，则发电机只能输出有功功率 45000kW，即电源的利用率只有 60%，这说明由于 $\cos\varphi$ 低，发电机不能输出最大功率。若采取措施提高功率因数，则同一电源设备可向更多负载供电。

其次，提高功率因数还可以减少发电机绕组和输电线路上的功率损耗和电压损失。

因为 $I = \dfrac{P}{U\cos\varphi}$，当输电线路的电压 $U$ 和传输的有功功率 $P$ 一定时，输电线上的电流 $I$ 与功率因数 $\cos\varphi$ 成反比。$\cos\varphi$ 越高，电流 $I$ 越小。设发电机绕组和线路电阻为 $r$，则功率损耗为 $I^2 r$，电压损失 $\Delta U$ 为 $Ir$。因此，功率因数提高可以使电流通过输电线产生的功率损耗和电压损失也减小。

在供电系统电路中，大量使用的是电感性负载，如交流电动机、感应炉、日光灯等，

功率因数都较低。例如，作为动力的交流异步电动机，满载时功率因数为 0.7～0.85，轻载时只有 0.4～0.5，空载时甚至只有 0.2；日光灯电路的功率因数为 0.3～0.5；感应炉的功率因数也小于 1。这是造成实际电路中功率因数不高的主要原因。

作为工业上很重要的技术经济指标的功率因数，一般要求为 0.85～0.9。因此，在保证负载正常工作的前提下，提高功率因数是必须要解决的问题。应注意的是，这里所说的提高功率因数是指提高线路的功率因数，而不是提高某一电感性负载的功率因数。

### 4.5.2　提高功率因数的方法

提高功率因数，首先要改善负载本身的工作状态，设计要合理，安排使用要恰当。例如，在选择异步电动机时，尽量使其在满载下工作，减少轻载和空载工作，即要避免"大马拉小车"现象。

对于电感性负载，通常采用在其两端并联电容的方法，来补偿无功功率，使功率因数提高，该电容称为补偿电容。电路图和相量图如图 4.34 所示。图中，$R$、$L$ 为电感性负载的等效电阻和电感，$C$ 为补偿电容，通常采用的是电力电容器。

由如图 4.34（b）所示相量图可知，并联电容以前，线路的阻抗角为负载的阻抗角 $\varphi_{RL}$，线路的功率因数即为负载的功率因数 $\cos\varphi_{RL}$（较低），线路中的电流为负载的电流 $I_{RL}$（较大）；并联电容以后，$\dot{I}_{RL}$ 不变，线路中的电流 $\dot{I} = \dot{I}_{RL} + \dot{I}_C$，由于电容上的电流 $\dot{I}_C$ 超前于电压 $\dot{U}$ 90°，抵消掉了部分电感性负载电流的无功分量，使得线路的总电流 $I$ 减小，$\dot{I}$ 滞后于 $\dot{U}$ 的 $\varphi$ 角也减小，故 $\cos\varphi > \cos\varphi_{RL}$，线路的功率因数得以提高。

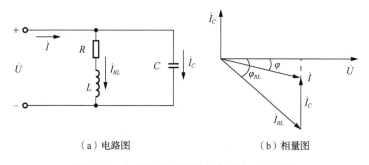

（a）电路图　　　　　　　　（b）相量图

图 4.34　电感性负载并联电容提高功率因数

由于电容是并联在电感性负载两端的，负载的两端电压不变，负载的工作状况也不会发生变化，即 $I_{RL} = \dfrac{U}{\sqrt{R^2 + X_L^2}}$，$\cos\varphi_{RL} = \dfrac{R}{\sqrt{R^2 + X_L^2}}$ 都不变，所以并联电容来提高功率因数不影响负载正常工作。

从能量角度来说，在电感性负载两端并联了电容以后，电感性负载的部分无功功率与电容的无功功率相互补偿，减少了电源与负载之间的无功能量交换。就是说，能量的互换主要发生在电感性负载和电容器之间，这样电源能量能够得到充分利用。

还应该指出，由于电容是不消耗能量的，所以并联电容前后，电路的有功功率不变。即有

$$P = I_{RL}U\cos\varphi_{RL} = IU\cos\varphi$$

从相量图中也可以看出 $I_{RL}\cos\varphi_{RL} = I\cos\varphi$ 。

已知电路的有功功率 $P$、电压 $U$，把功率因数由 $\cos\varphi_{RL}$ 提高到 $\cos\varphi$ 所需并联的补偿电容 $C$ 的计算方法如下：

**方法一　利用相量图求解**

由图 4.34（b）可知

$$I_C = I_{RL}\sin\varphi_{RL} - I\sin\varphi \qquad (4.52)$$

由于 $I_{RL} = \dfrac{P}{U\cos\varphi_{RL}}$，$I = \dfrac{P}{U\cos\varphi}$，则

$$C = \frac{1}{\omega X_C} = \frac{I_C}{\omega U} \qquad (4.53)$$

**方法二　通过无功功率求解**

电感性负载的无功功率为

$$Q_L = P\tan\varphi_{RL}$$

并联电容后电路总无功功率为

$$Q = P\tan\varphi$$

所以，需补偿的电容无功功率为

$$Q_C = Q - Q_L = P(\tan\varphi - \tan\varphi_{RL})$$

又 $Q_C = -UI_C = -\dfrac{U^2}{X_C} = -U^2\omega C$，所以

$$C = \frac{P(\tan\varphi_{RL} - \tan\varphi)}{U^2\omega} \qquad (4.54)$$

**例 4.18**　有一电感性负载，$P=10\text{kW}, \cos\varphi_{RL} = 0.6$，接到 $U$=220V、$f$=50Hz 的正弦交流电源上。（1）若将功率因数提高到 0.9，求需并联多大的电容，并比较并联电容前后线路中总电流的大小；（2）若要求将功率因数从 0.9 进一步提高到 1，求还需并联多大电容；若并联的电容继续增加，功率因数将会如何变化？

**解：**（1）$\cos\varphi_{RL} = 0.6$ 时，$\varphi_{RL} = 53.1°$；$\cos\varphi = 0.9$ 时，$\varphi = 25.8°$。

由式（4.54），可得

$$C = \frac{P}{\omega U^2}(\tan\varphi_{RL} - \tan\varphi) = \frac{10\times 10^3}{2\pi\times 50\times 220^2}(\tan 53.1° - \tan 25.8°) \approx 558.3\mu\text{F}$$

并联电容前的线路电流，即负载电流为

$$I_{RL} = \frac{P}{U\cos\varphi_{RL}} = \frac{10\times 10^3}{220\times 0.6} \approx 75.76\text{A}$$

并联电容后的线路总电流为

$$I = \frac{P}{U\cos\varphi} = \frac{10\times 10^3}{220\times 0.9} \approx 50.51\text{A}$$

即并联电容后线路的总电流减小了。

（2）功率因数从 0.9 提高到 1，需再增加的电容值为

$$C = \frac{10 \times 10^3}{2\pi \times 50 \times 220^2}(\tan 25.8° - \tan 0°) = 292.9\mu\text{F}$$

通过并联电容提高功率因数，在理论上可以达到以下三种情况：

并联电容后的电路仍为电感性，$\cos\varphi < 1$，称为欠补偿。本例中可以看出，欠补偿时，电容越大，功率因数越高。

功率因数提高到 1 时，电路呈电阻性，称为全补偿。

并联的电容继续增加，电路将呈电容性，$\cos\varphi < 1$，称为过补偿。过补偿时，随电容的增加，功率因数将降低。

# 4.6　交流电路中的谐振

由电阻、电感、电容三种基本元件组成的交流电路，可能呈电感性或电容性，还可能呈电阻性。如果调节电路参数或电源频率，使电感和电容的无功功率完全补偿，此时电路的端电压与端电流同相，电路显示电阻性，这种现象叫作电路的谐振（resonance）。根据电路的连接方式不同，谐振分串联谐振（series resonance）和并联谐振（parallel resonance）两种。

### 4.6.1　串联谐振（电压谐振）

串联谐振
（电压谐振）

如图 4.35（a）所示的 $RLC$ 串联电路，电路的等效复阻抗为

$$Z = R + \text{j}(X_L - X_C)$$

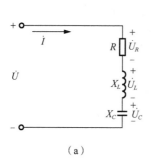
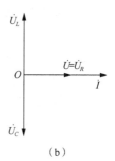

（a）　　　　　　　　　　（b）

图 4.35　$RLC$ 串联电路及谐振相量图

**1. 串联谐振的条件**

若电路的感抗和容抗相等，即 $X_L = X_C$，则

$$\varphi = \arctan\frac{X_L - X_C}{R} = 0$$

此时电源电压 $\dot{U}$ 与电路中的电流 $\dot{I}$ 同相位，电路呈电阻性，说明电路中发生串联谐振现象。

由此，可得串联谐振条件 $X_L = X_C$，即

$$\omega_0 L = \frac{1}{\omega_0 C} \tag{4.55}$$

谐振角频率和谐振频率分别为

$$\omega_0 = \frac{1}{\sqrt{LC}}, f_0 = \frac{1}{2\pi\sqrt{LC}} \tag{4.56}$$

可见，当电源频率和电路参数 $L$ 和 $C$ 满足以上关系时，电路发生串联谐振。

由式（4.56）可知，谐振频率 $f_0$ 的大小完全是由电路本身的参数决定的，是电路本身的固有性质，称为谐振电路的固有频率。每一个 $RLC$ 串联电路都对应一个谐振频率。当电源频率一定时，改变电路的参数 $L$ 或 $C$，使 $\omega L = \frac{1}{\omega C}$，即可使电路发生谐振；当电路参数一定时，改变电源频率，使之与电路的固有频率相等，也可使电路产生谐振，这个过程称为调谐。

**2. 串联谐振的特征**

串联谐振具有以下特征：

（1）电路的阻抗模 $|Z_0|$ 最小。电源电压 $U$ 一定时，电流 $I_0$ 最大，即

$$|Z_0| = \sqrt{R^2 + (X_L - X_C)^2} = R$$

$$I = I_0 = \frac{U}{|Z_0|} = \frac{U}{R}$$

所以，$R$ 越小，谐振电流越大。

（2）电源电压 $\dot{U}$ 等于电阻电压 $\dot{U}_R$。

由于 $X_L = X_C$，所以电感电压与电容电压大小相等，相位相反，即

$$\dot{U}_L = jX_L\dot{I}_0, \dot{U}_C = -jX_C\dot{I}_0$$

因此，根据基尔霍夫电压定律，有

$$\dot{U} = \dot{U}_R + \dot{U}_L + \dot{U}_C = \dot{I}R + jX_L\dot{I} - jX_C\dot{I} = \dot{I}R = \dot{U}_R$$

电压与电流相量图如图 4.35（b）所示。

（3）当感抗（容抗）远远大于电阻时，电感（电容）两端的电压将比电源电压大很多，即

$$X_L = X_C \gg R \text{ 时，} U_L = U_C \gg U_R = U$$

将电感或电容上的电压与电源电压之比称为电路的品质因数（quality factor），用 $Q$ 表示，即串联谐振时，

$$Q = \frac{U_L}{U} = \frac{U_C}{U} = \frac{X_L}{R} = \frac{X_C}{R} = \frac{\omega_0 L}{R} = \frac{1}{\omega_0 CR} \tag{4.57}$$

由于串联谐振能在电感和电容上产生高于电源很多倍的电压，因此，串联谐振又称为电压谐振。

（4）电源电压 $\dot{U}$ 与电流 $\dot{I}$ 同相，电路对电源呈电阻性；电源供给的能量全部被电阻所消耗。

串联谐振时，电路的有功功率、无功功率分别为

$$P = UI\cos\varphi = IU = I^2 R$$

$$Q = UI\sin\varphi = Q_L + Q_C = 0$$

这表明，串联谐振时，电路与电源之间没有无功功率交换，而电感中的无功功率与电容中的无功功率大小相等、互相补偿。磁场能量与电场能量进行互换。

3. 电路参数、电流、电压与频率的关系曲线

在 $RLC$ 串联电路中，当改变电源频率时，电路中的电路参数、电流和电压等各量都将随频率而变。

电路参数与频率的关系曲线如图 4.36 所示，图中，感抗为 $X_L = \omega L$，容抗为 $X_C = \dfrac{1}{\omega C}$，电抗为 $X = X_L - X_C$，阻抗模为

$$|Z| = \sqrt{R^2 + (X_L - X_C)^2} = \sqrt{R^2 + \left(\omega L - \frac{1}{\omega C}\right)^2}$$

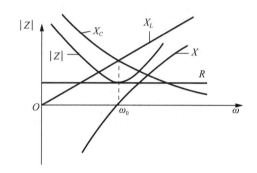

图 4.36　电路参数与频率的关系曲线

可以看出，当 $\omega = \omega_0$ 时，即电路发生串联谐振时，$X_L = X_C$，$X=0$，$|Z|$ 有一个最小值 $R$。

电路中电流为

$$I = \frac{U}{|Z|} = \frac{U}{\sqrt{R^2 + \left(\omega L - \frac{1}{\omega C}\right)^2}}$$

因此，在电源电压 $U$ 和电路参数 $R$、$L$、$C$ 一定的条件下，电流随频率变化的曲线如图 4.37 所示。可以看出，当 $\omega = \omega_0$ 时，由于阻抗模 $|Z| = R$ 最小，所以电流最大。

品质因数 $Q$ 值越大，如图 4.37 所示的谐振曲线就越尖锐；而 $Q$ 值越小，电流 $I$ 的峰值 $I_0$ 就越小。

电路中电感电压 $U_L$ 和电容电压 $U_C$ 与频率之间的关系可表示为

$$U_L = \frac{\omega L U}{\sqrt{R^2 + \left(\omega L - \dfrac{1}{\omega C}\right)^2}} , U_C = \frac{U}{\omega C \sqrt{R^2 + (\omega L - \dfrac{1}{\omega C})^2}}$$

所以，$U_L$ 与 $U_C$ 随频率变化的曲线如图 4.38 所示。

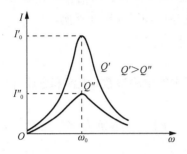

图 4.37　电流与频率的关系曲线

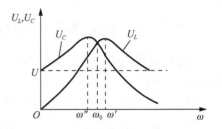

图 4.38　电压与频率的关系曲线

对于电感电压 $U_L$ 来说，当 $\omega = 0$ 时，$U_L = 0$；当 $\omega$ 增加时，感抗 $X_L$ 和电流 $I$ 都在增大，所以 $U_L$ 也增大；当 $\omega = \omega_0$ 时，$U_L = QU$；当 $\omega > \omega_0$ 时，电流 $I$ 过了最大值开始下降，但开始下降的速度不是很快，而 $U_L$ 随着 $X_L$ 线性增大，在某一 $\omega'$ 处，$U_L$ 有一个最大值；此后 $I$ 的下降多于 $X_L$ 的增长，$U_L$ 减小；当 $\omega = \infty$ 时，$U_L = U$。

对于电容电压 $U_C$，当 $\omega = 0$ 时，$U_C = U$；当 $\omega$ 开始增加时，容抗 $X_C$ 的减小不如电流 $I$ 增大的快，总的结果是 $U_C$ 增大；在某一 $\omega''$ 处（$\omega'' < \omega_0$），$U_C$ 有一个最大值；此后随着 $\omega$ 的增加，$U_C$ 开始下降；当 $\omega = \omega_0$ 时，$U_C = QU$；直到 $\omega = \infty$ 时，$U_C = 0$。

要注意谐振点 $\omega = \omega_0$ 处，$U_L$ 与 $U_C$ 两条曲线相交，此时 $U_L$、$U_C$ 较大，但并不是 $U_C$ 和 $U_L$ 的最大值。

### 4. 串联谐振的应用

如前所述，串联谐振时，在电感元件和电容元件上可能产生高电压。若电压 $U_L$ 或 $U_C$ 过高，可能将线圈或电容器的绝缘击穿，产生事故，所以在电力系统中，必须注意避免谐振。但在无线电工程中，常利用串联谐振的这个特点，在某个频率上获得高电压。

在无线电接收设备中，常利用串联谐振来选择电台信号，即从各种微弱的信号电压中，获得较强的某一频率的信号。例如，收音机的调谐回路如图 4.39（a）所示。它由电感线圈 $L$ 和可变电容 $C$ 组成，$L_1$ 为天线线圈。

由于每一个电台都有自己的广播频率，不同电台发射出不同的电磁波信号，在收音机的天线回路中就产生各自的感应电动势。由于天线回路与 $LC$ 调谐回路之间的互感作用，在 $LC$ 调谐回路中将感应出许多频率不同的电动势 $e_1, e_2, \cdots$，其等效电路如图 4.39（b）所示。

调节可变电容 $C$，使电路对某一电台频率发生串联谐振，此时在电容两端产生与该电台同频率的电压最高。其他各种不同频率的信号，虽然在调谐回路中出现，但由于它们的频率与谐振频率不一致，所以不显著。调节 $C$ 值，调谐回路就会对不同频率发生串联谐振，于是就可收到不同电台的节目。电路的品质因数越大，频率选择性越好。

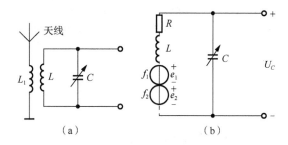

图 4.39　调谐回路

并联谐振
（电流谐振）

## 4.6.2　并联谐振（电流谐振）

如图 4.40（a）所示的 $RLC$ 并联电路，电路的等效复阻抗为

$$Z = \frac{1}{\dfrac{1}{R} + \dfrac{1}{jX_L} + \dfrac{1}{-jX_C}} = \frac{1}{\dfrac{1}{R} + j\left(\omega C - \dfrac{1}{\omega L}\right)} \tag{4.58}$$

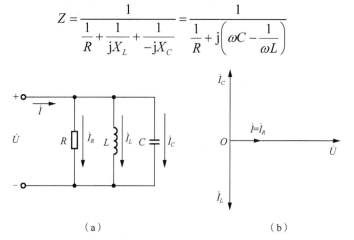

图 4.40　$RLC$ 并联电路及其相量图

### 1. 并联谐振的条件

电路发生谐振时，电压 $\dot{U}$ 与电流 $\dot{I}$ 同相位，阻抗角为零，则式（4.58）中的虚部分量必等于零，即

$$\omega_0 C = \frac{1}{\omega_0 L}$$

并联谐振角频率和谐振频率分别为

$$\omega_0 = \frac{1}{\sqrt{LC}}, \quad f_0 = \frac{1}{2\pi\sqrt{LC}} \tag{4.59}$$

当电源频率与电路参数 $L$ 和 $C$ 之间满足式（4.59）时，电路发生谐振。由此可见，调节 $f$ 或 $L$ 或 $C$ 都能使电路发生并联谐振。

### 2. 并联谐振的特征

并联谐振具有以下特征：

（1）电路的阻抗模 $|Z_0|$ 最大。电源电压一定时，总电流最小。

根据式（4.58）及式（4.59），并联谐振时 $RLC$ 并联电路的总阻抗 $|Z_0| = R$，电路总电流为 $I_0 = \dfrac{U}{|Z_0|} = \dfrac{U}{R}$。

如果图 4.40 电路中的电阻 $R = \infty$（即开路），电路仅由 $LC$ 并联组成，谐振时电路的阻抗为 $\infty$，电流为 0。

如果图 4.40 并联电路改用恒流源供电，当在某一频率下发生并联谐振时，电路阻抗很大，则电路两端将呈现高电压。

（2）电感支路和电容支路上的电流可能远远大于总电流。

并联谐振时，电路的电压与电流相量图如图 4.40（b）所示。若电压 $\dot{U}$ 一定，在谐振情况下，支路电流 $I_L$、$I_C$ 可以远大于总电流 $I$，故并联谐振又称电流谐振。

并联谐振时电路的品质因数 $Q$ 就是谐振时电感或电容支路电流比总电流 $I_0$ 大的倍数，即

$$Q = \frac{I_L}{I_0} = \frac{I_C}{I_0} = \frac{R}{X_L} = \frac{R}{X_C} = \frac{R}{\omega_0 L} = \omega_0 CR \qquad (4.60)$$

（3）电源电压 $\dot{U}$ 与电流 $\dot{I}$ 同相，电路对电源呈电阻性；电源供给的能量全部被电阻所消耗。

并联谐振时，总阻抗相当于一个纯电阻。电源只向电路提供有功功率，电感与电容互换无功功率。

**3. 电路阻抗模、电流与频率的关系曲线**

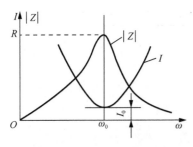

图 4.41　并联谐振曲线

并联谐振曲线如图 4.41 所示。电路阻抗 $|Z|$ 随频率变化的特性曲线与串联谐振时相反，在谐振点 $\omega = \omega_0$ 处，$|Z| = |Z_0| = R = Z_0$ 最大。当电压一定时，电流 $I$ 与阻抗 $|Z|$ 成反比。

**4. 实际的并联谐振电路**

因为实际的电感线圈具有电阻，所以在实际应用中，并联谐振电路是由具有电阻 $R$ 和电感 $L$ 的线圈与电容 $C$ 并联组成的电路，如图 4.42（a）所示。电路的等效复阻抗为

$$Z = \frac{(R + j\omega L) \cdot \dfrac{1}{j\omega C}}{R + j\omega L + \dfrac{1}{j\omega C}} = \frac{1}{\dfrac{R}{R^2 + (\omega L)^2} + j\left[\omega C - \dfrac{\omega L}{R^2 + (\omega L)^2}\right]} \qquad (4.61)$$

电路发生谐振时，电压 $\dot{U}$ 与电流 $\dot{I}$ 同相位，阻抗角为零，则式（4.61）中的虚部分量必等于零，由此可解出谐振角频率和谐振频率分别为

$$\omega_0 = \frac{1}{\sqrt{LC}}\sqrt{1 - \frac{CR^2}{L}}, \quad f_0 = \frac{1}{2\pi\sqrt{LC}}\sqrt{1 - \frac{CR^2}{L}} \qquad (4.62)$$

此时电路的总阻抗 $|Z_0|$ 为

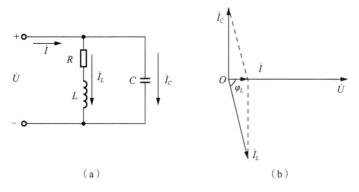

（a）　　　　　　　　　　　　　　（b）

图 4.42　*RL* 与 *C* 并联电路并联电路及其相量图

$$|Z_0| = \frac{R^2 + \omega_0{}^2 L^2}{R} = \frac{L}{RC} \tag{4.63}$$

电路总电流为

$$I_0 = \frac{U}{|Z_0|} = \frac{U}{\dfrac{L}{RC}}$$

电感线圈的电阻趋于零时，$|Z_0|$ 趋近于无穷大，谐振电流也为零。

根据式（4.60）并联谐振电路品质因数的定义，图 4.42 所示电路的品质因数为

$$Q = \frac{I_L}{I_0} = \frac{I_C}{I_0} = \frac{1}{\omega_0 CR} = \frac{\omega_0 L}{R} \tag{4.64}$$

它与 *RLC* 串联谐振电路的品质因数相同。

**5. 并联谐振的应用**

并联谐振时，电感、电容支路上的电流可能远远大于总电流。谐振的大电流可能给电气设备造成损坏，所以在电力系统中，应尽量避免谐振。但也可以利用这个特点，进行频率选择。

在某些无线电接收设备中，常利用并联谐振选择有用的信号，消除杂波干扰。如图 4.43 所示的滤波电路，*LC* 组成并联谐振电路，调整电容 *C*，使其对某频率谐振，则在该频率下 *LC* 部分的电路阻抗最大，即满足谐振频率的信号主要降落在 *LC* 上，而在负载电阻 *R* 上降落较少，起到滤波作用。

在电子技术中，串联、并联谐振都有着广泛的应用。

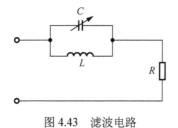

图 4.43　滤波电路

## 4.7　非正弦周期信号的交流电路

在生产和科研中所用的电源主要是正弦交流电。但在实际应用的交流电路中，除了正弦交流信号外，还常常会遇到非正弦周期性变化的电压和电流信号。图 4.44（a）是整流电路中的全波整流电压波形；图 4.44（b）是示波器中的锯齿波电压波形；图 4.44（c）是三角波；图 4.44（d）是矩形波。这些信号都是周期性变化的，统称为非正弦周期信号。

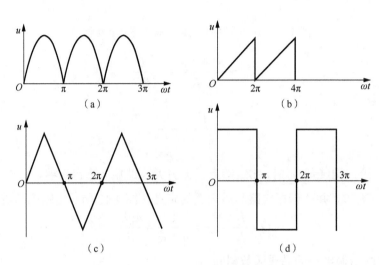

图 4.44　几种非正弦周期信号的波形

在线性电路中，一般利用傅里叶级数展开的方法，将非正弦的周期信号分解为直流分量和一系列不同频率的正弦信号分量之和，然后利用叠加原理，分析研究各分量单独对线性电路的作用，这种方法称为谐波分析法（harmonic analysis）。

在数学分析中已经指出：一切满足狄利克雷条件（即周期函数在一个周期内只含有有限个极值点及有限个第一类不连续点）的周期函数都可以分解为傅里叶级数。在电工技术中的非正弦周期信号，不论电动势、电压或电流，通常都满足这个条件，因此，只要知道其数学解析式或波形，都可以展开成傅里叶级数形式。

如角频率为 $\omega$ 的非正弦周期电压 $u$，可分解为

$$u = U_0 + U_{1m}\sin(\omega t + \psi_1) + U_{2m}\sin(2\omega t + \psi_2) + \cdots + U_{km}\sin(k\omega t + \psi_k)$$

$$= U_0 + \sum_{k=1}^{\infty} U_{km}\sin(k\omega t + \psi_k) \tag{4.65}$$

式中，$U_0$ 为常数，是 $u$ 在一个周期内的平均值，称为直流分量（DC component）或恒定分量；$U_{1m}\sin(\omega t + \psi_1)$ 是与 $u$ 同频率的正弦分量，称为基波（fundamental wave）或一次谐波（first harmonic）；$U_{km}\sin(k\omega t + \psi_k)$ 称为 $k$ 次谐波。除了直流分量和基波外，其余的各次谐波统称为高次谐波（high order harmonic）。由于傅里叶级数的收敛性，谐波的次数越高，其幅值越小，所以次数很高的谐波一般可忽略。

利用三角变换可将式（4.62）化成下列形式：

$$u = U_0 + \sum_{k=1}^{\infty}(A_{km}\cos k\omega t + B_{km}\sin k\omega t) \tag{4.66}$$

式中，

$$A_{km} = U_{km}\sin\psi_k ; \quad B_{km} = U_{km}\cos\psi_k \tag{4.67}$$

将一非正弦周期信号展开成式（4.66）形式的傅里叶级数，关键在于求出傅里叶系数 $U_0$、$A_{km}$、$B_{km}$。可以证明，$U_0$、$A_{km}$、$B_{km}$ 可由下式确定：

$$U_0 = \frac{1}{T}\int_0^T u\mathrm{d}t$$

$$A_{km} = \frac{2}{T}\int_0^T u\cos k\omega t\mathrm{d}t \tag{4.68}$$

$$B_{km} = \frac{2}{T}\int_0^T u\sin k\omega t\mathrm{d}t$$

如图 4.44 所示的几种非正弦周期电压的傅里叶级数的展开式分别如下：

单相全波整流电压为

$$u = \frac{4U_m}{\pi}\left(\frac{1}{2} - \frac{1}{3}\cos 2\omega t - \frac{1}{15}\cos 4\omega t - \cdots - \frac{1}{k^2-1}\cos k\omega t - \cdots\right) \quad (k\text{为偶数})$$

锯齿波电压为

$$u = \frac{U_m}{2} - \frac{U_m}{\pi}\left(\sin\omega t + \frac{1}{2}\sin 2\omega t + \frac{1}{3}\sin 3\omega t + \cdots + \frac{1}{k}\sin k\omega t + \cdots\right)$$

三角波电压为

$$u = \frac{8U_m}{\pi^2}\left(\sin\omega t - \frac{1}{9}\sin 3\omega t + \frac{1}{25}\sin 5\omega t - \cdots + \frac{(-1)^{\frac{k-1}{2}}}{k^2}\sin k\omega t + \cdots\right) \quad (k\text{为奇数})$$

矩形波电压为

$$u = \frac{4U_m}{\pi}\left(\sin\omega t + \frac{1}{3}\sin 3\omega t + \frac{1}{5}\sin 5\omega t + \cdots + \frac{1}{k}\sin k\omega t + \cdots\right) \quad (k\text{为奇数})$$

在式（4.4）中给出了周期电流 $i$ 的有效值计算式，即

$$I = \sqrt{\frac{1}{T}\int_0^T i^2\mathrm{d}t}$$

将非正弦周期电流 $i$ 的表达式代入上式即可求出其有效值，经计算后得出

$$I = \sqrt{I_0^2 + I_1^2 + I_2^2 + \cdots} \tag{4.69}$$

式中，$I_0$ 就是直流分量，$I_1 = \frac{I_{1m}}{\sqrt{2}}, I_2 = \frac{I_{2m}}{\sqrt{2}},\cdots$ 为基波、二次谐波、……的有效值。可以看出，非正弦周期量的有效值等于它的直流分量的平方与各次谐波分量有效值的平方之和的平方根。

同理，非正弦周期电压 $u$ 的有效值为

$$U = \sqrt{U_0^2 + U_1^2 + U_2^2 + \cdots}$$

应用谐波分析法，分析、求解非正弦周期信号线性电路的步骤如下：

（1）将电路中给定的非正弦周期信号分解为傅里叶级数，可利用查表方法求得。傅里叶级数为无穷级数，高次谐波取到哪一项为止，要看所需精度而定。

（2）分别计算信号直流分量和若干不同频率谐波分量对电路单独作用时的响应。

由于各次谐波频率不同，计算感抗和容抗时应注意频率变化：

直流分量作用时，电路中的电容视为开路，电感视为短路；

基波作用时，感抗为 $X_{L1} = \omega L$，容抗为 $X_{C1} = \dfrac{1}{\omega C}$（$\omega$ 为基波频率）；

$k$ 次谐波作用时，$X_{Lk} = k\omega L = kX_{L1}$，$X_{Ck} = \dfrac{1}{k\omega C} = \dfrac{1}{k}X_{C1}$。

（3）利用叠加原理求出叠加后的总响应。叠加时应注意，不同频率的正弦谐波分量是不能用相量图或复数式相加减的，只能用瞬时值表达式或正弦波形图来进行。

**例 4.19**　电路如图 4.45（a）所示，输入电压是单相工频全波整流的电压波形，如图 4.45（b）所示。已知 $U_m = 220\sqrt{2}\text{V}$，$R = 200\Omega$，$C = 50\mu\text{F}$，求输出电压 $u_o$。

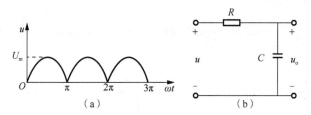

图 4.45　例 4.19 图

**解：**　$\omega = 2\pi f = 100\pi \text{ rad/s}$。

单相全波整流电压 $u$ 的傅里叶级数展开式为

$$u = \frac{2U_m}{\pi}\left[1 - \frac{2}{3}\cos 2\omega t - \frac{2}{15}\cos 4\omega t - \cdots\right]$$

$$= \frac{2 \times 220\sqrt{2}}{\pi}\left[1 - \frac{2}{3}\sin(200\pi t + 90^\circ) - \frac{2}{15}\sin(400\pi t + 90^\circ) - \cdots\right]$$

$$= 198 - 132\sin(200\pi t + 90^\circ) - 26.4\sin(400\pi t + 90^\circ) - \cdots$$

应用谐波分析法，为简便起见，只计算到二次谐波，即直流分量 $U_0 = 198\text{V}$，二次谐波 $u_2 = -132\sin(200\pi t + 90^\circ) = 132\sin(200\pi t - 90^\circ)\text{V}$，则

$U_0$ 单独作用时，电容视为开路，输出电压为

$$u_{o0} = U_0 = 198\text{V}$$

$u_2$ 单独作用时，$X_{C2} = \dfrac{1}{2\omega C} = \dfrac{1}{200\pi \times 50 \times 10^{-6}} = 32\Omega$，输出电压为

$$\dot{U}_{o2m} = \dot{U}_{2m} \cdot \frac{-jX_{C2}}{R - jX_{C2}}$$

$$= 132\angle -90^\circ \times \frac{32\angle -90^\circ}{200 - j32} = 20.85\angle -171^\circ\text{V}$$

根据叠加原理，可得

$$u_o = u_{o0} + u_{o2}$$
$$= 198 + 20.85\sin(200\pi t - 171°)\text{V}$$

# 习　题

4.1　已知正弦电流 $i = 5\sqrt{2}\sin(314t - 60°)\text{A}$，求最大值、有效值、角频率、周期、初相角及该正弦量的相量表达式，并画出波形图。

4.2　正弦交流电压和电流的相量图如图 4.46 所示，已知 $U = 220\text{V}$，$I_1 = 10\text{A}$，$I_2 = 10\text{A}$，$\omega = 314\text{rad/s}$。试分别用复数式、三角函数式及波形图表示。

4.3　已知 $u_1 = 8\sin(\omega t + 60°)\text{V}$，$u_2 = 6\sin(\omega t - 30°)\text{V}$，$i_1 = 10\sqrt{2}\sin(\omega t + 60°)\text{A}$，$i_2 = 10\sqrt{2}\sin(\omega t - 60°)\text{A}$，试用相量法计算：（1）$u = u_1 + u_2$；（2）$i = i_1 - i_2$；（3）$u_1$、$i_2$ 之间的相位差。

4.4　单一电容电路中，已知 $C = 4\mu\text{F}$，$f = 50\text{Hz}$。（1）当 $u_C = 220\sqrt{2}\sin\omega t$ V 时，求电容中电流 $i_C$；（2）当 $\dot{I}_C = 1\angle -30°$ A 时，计算电容两端电压 $\dot{U}_C$，并画相量图。

4.5　一线圈接到48V 直流电源时，电流为 8A。若将其改接于 120V、50Hz 的正弦交流电源上，电流为 12A，求此线圈的电阻和电感。

4.6　如图 4.47 所示电路可用来测定电感线圈的参数。若已知电源频率为 50Hz，电压表读数为 110V，电流表读数为 5A，功率表读数为 400W，试计算线圈的 $R$ 及 $L$。

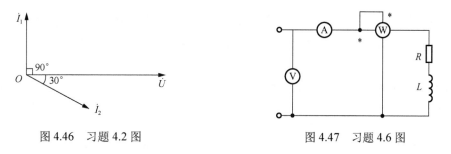

图 4.46　习题 4.2 图　　　　　　　图 4.47　习题 4.6 图

4.7　如图 4.48 所示电路，试画出各电压、电流相量图，并计算电路中各电压表、电流表的读数。

4.8　如图 4.49 所示电路，已知 $I_1 = 3\text{A}$，$I_2 = 4\text{A}$。（1）若 $Z_1 = R$，$Z_2 = -jX_C$，此时 $I = ?$（2）若 $Z_1 = R$，问 $Z_2$ 为何参数，才能使 $I$ 最大？此时 $I = ?$（3）若 $Z_1 = jX_L$，问 $Z_2$ 为何值时，$I$ 最小？此时 $I = ?$

4.9　已知一线圈的电阻为 6Ω，感抗为 8Ω，该线圈与电容器串联接到正弦交流电压源。如果外接电压源电压的有效值恰好等于线圈电压的有效值，求容抗。

4.10　如图 4.50 所示电路，已知 $R = X_L = X_C$，电流表 $A_1$ 的读数为 10A。画出相量图并求其他各电流表读数。

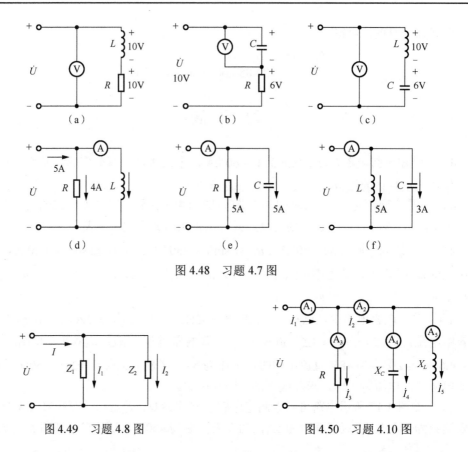

图 4.48　习题 4.7 图

图 4.49　习题 4.8 图　　　　　　　　　图 4.50　习题 4.10 图

4.11　如图 4.51 所示电路,日光灯和白炽灯并联接在 220V、50Hz 的电源上。日光灯是 220V、40W 的,功率因数为 0.5;白炽灯是 220V、100W 的,功率因数为 1,求 $i_1$、$i_2$、$i$ 并画出其相量图。

4.12　如图 4.52 所示电路,已知 $I_1 = 10\text{A}, I_2 = 10\sqrt{2}\text{A}, U = 200\text{V}, R_1 = 5\Omega, R_2 = X_L$。试求 $I$、$X_C$、$X_L$ 及 $R_2$。

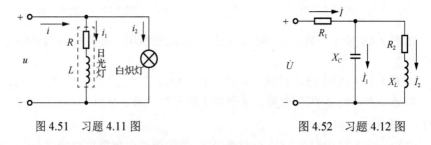

图 4.51　习题 4.11 图　　　　　　　　　图 4.52　习题 4.12 图

4.13　复杂交流电路如图 4.53 所示,应用戴维宁定理求电流 $\dot{I}$。

4.14　$RLC$ 串联电路如图 4.54 所示。已知 $u = 10\sqrt{2}\sin 2000\pi t \text{ V}$, $R = 5\Omega, L = 0.01\text{H}$。问电容 $C$ 为多少时电路发生谐振?谐振时各部分电压如何?

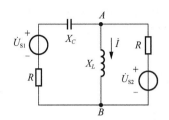

图 4.53 习题 4.13 图

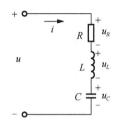

图 4.54 习题 4.14 图

4.15 一线圈的电阻为 3Ω，电感为 12.75mH，接入 120V、50Hz 的电源上。（1）求线圈中的电流和所消耗的功率；（2）并联接入一个电容器时，已知整个电路的功率因数恰好为 1，问接入的电容是多少微法？（3）再并联接入一个电阻，已测得总电流为 20A，问接入的电阻是多少欧？

4.16 将一日光灯接于 220V、50Hz 交流电源点燃后，已测得灯管两端的电压为 100V，电路中电流为 0.4A，镇流器消耗的功率为 4W。试求：（1）灯管的电阻和所消耗的功率；（2）镇流器的电阻和电感；（3）整个电路所消耗的功率及功率因数。

4.17 正弦交流电路如图 4.55 所示，已知 $U = 120\text{V}$，$R = 20\Omega$，$X_{L1} = 10\Omega$，$X_{C1} = 30\Omega$。当 S 断开时，$I = 6\text{A}$；当 S 合上时，$I = 0\text{A}$。求 $X_{L2}$ 及 $X_{C2}$。

4.18 正弦交流电路如图 4.56 所示，已知 $X_{C1} = 20\sqrt{3}\,\Omega$，$X_{C2} = 20\Omega$，$R = 10\Omega$，$X_L = 10\Omega$，电路消耗的有功功率为 $P = 500\text{W}$，试求：（1）电压 $\dot{U}$；（2）电流 $\dot{I}_1$、$\dot{I}_2$、$\dot{I}_3$；（3）画出全部电压、电流的相量图。

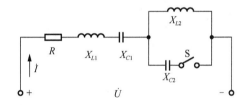

图 4.55 习题 4.17 图

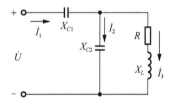

图 4.56 习题 4.18 图

4.19 工频正弦交流电路如图 4.57（a）所示，已知 $R = 10\Omega$，$L = 31.8\text{mH}$，$C = 318\mu\text{F}$，电压 $u$ 的波形图如图 4.57（b）所示。（1）求电流 $i_1$、$i_2$、$i$；（2）画出 $i_1$、$i_2$、$i$、$u$ 的相量图；（3）求电路的有功功率 $P$、无功功率 $Q$、视在功率 $S$ 和功率因数 $\cos\varphi$。

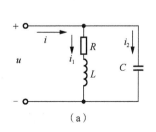

（a）

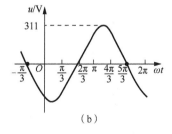

（b）

图 4.57 习题 4.19 图

4.20　如图 4.58 所示正弦交流电路，已知 $u_{AB} = 100\sqrt{2}\sin\omega t$ V, $R = 10\Omega$, $X_C = 10\Omega$, $X_L = 20\Omega$。（1）求 $i_1$、$i_2$、$i$ 和 $u$；（2）画出全部电压和电流的相量图。

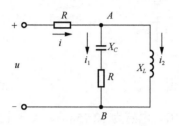

图 4.58　习题 4.20 图

4.21　求图 4.59 中各电压波形的平均值和有效值。

4.22　如图 4.60 所示电路，已知 $u = (60 + 100\sin\omega t + 30\sqrt{2}\sin 2\omega t)$V，$R = 30\Omega$，$X_L = 30\Omega$。试求：（1）电流 $i$；（2）电流的平均值和有效值。

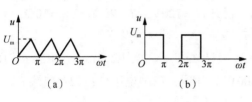

（a）　　　　　　（b）

图 4.59　习题 4.21 图

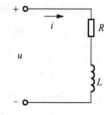

图 4.60　习题 4.22 图

# 第5章 三 相 电 路

现代电力系统中，电能的产生、传输和供电方式绝大多数采用三相制。因为三相制系统具有许多优点，例如，三相交流电易于获得；三相交流发电机比同功率的单相交流发电机体积小、成本低；在传输距离、电压、功率均相同的情况下，三相输电比单相输电节省材料，更经济；广泛应用于电力拖动的三相交流电动机结构简单、性能良好、可靠性高等，所以三相电路得以广泛应用。

本章主要介绍三相电路（three-phase circuit）的基本概念，针对三相负载的连接使用问题，着重讨论三相电路的分析与计算方法。

## 5.1　三相交流电源

### 5.1.1　对称三相电动势的产生

对称三相电动势的产生

三相交流电源是由三相交流发电机产生的。三相交流发电机的原理示意图如图 5.1 所示。三相交流发电机主要要由定子（stator）和转子（rotor）两部分组成。定子铁心的内圆周表面冲有槽，用以放置三相电枢绕组（armature winding）$U_1U_2$、$V_1V_2$、$W_1W_2$，其中，$U_1$、$V_1$、$W_1$ 称为绕组的首端或始端，$U_2$、$V_2$、$W_2$ 称为末端或终端。每相绕组（线圈）是同样的，并且空间对称装置，即每相绕组的首端之间或末端之间都彼此相隔120°。

发电机转子铁心上绕有励磁绕组（field winding），在绕组中通入直流电流时，便产生两个磁极的磁场。选择合适的极面形状和励磁绕组的安装位置，可使定子与转子之间气隙中的磁感应强度按正弦规律分布。

当转子（磁极）在原动机的拖动下以角速度 $\omega$ 匀速旋转时，每相定子电枢绕组依次被磁力线切割，在三相电枢绕组中感应出随时间按正弦规律变化的交流电动势，如图 5.2 所示，其中，$e_1$、$e_2$、$e_3$ 分别为绕组 $U_1U_2$、$V_1V_2$、$W_1W_2$ 中的感应电动势，参考方向均由绕组的末端指向首端。由于三相电枢绕组完全相同，只是在空间位置上彼此相隔120°，所以三相电枢绕组上得到的三个感应电动势频率相同、幅值相等、相位上彼此相差120°，这样的一组电动势称为对称三相电动势（balanced three-phase，EMF）。

对称三相电动势的三角函数式表示为

$$\begin{cases} e_1 = E_m \sin \omega t \\ e_2 = E_m \sin(\omega t - 120°) \\ e_3 = E_m \sin(\omega t - 240°) = E_m \sin(\omega t + 120°) \end{cases} \tag{5.1}$$

也可用相量式表示为

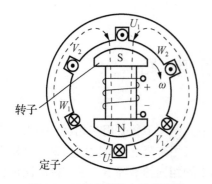

转子

定子

图 5.1　三相交流发电机原理图

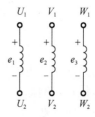

图 5.2　三相电枢绕组中的感应电动势

$$\begin{cases} \dot{E}_1 = E\angle 0° = E \\ \dot{E}_2 = E\angle -120° = E\left(-\dfrac{1}{2} - \text{j}\dfrac{\sqrt{3}}{2}\right) \\ \dot{E}_3 = E\angle 120° = E\left(-\dfrac{1}{2} + \text{j}\dfrac{\sqrt{3}}{2}\right) \end{cases} \qquad (5.2)$$

对称三相电动势的波形图和相量图如图 5.3 所示。

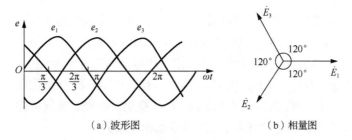

（a）波形图　　　　　　　　　（b）相量图

图 5.3　对称三相电动势的波形图和相量图

由对称三相电动势组成的三相交流电源，向负载提供三相正弦交流电能。

三相正弦交流电到达正向幅值的先后次序称为相序（phase sequence）。如图 5.3 所示的三相电动势的相序是 $e_1 - e_2 - e_3$，称为正序（positive phase sequence）或顺序。反之，若相序是 $e_3 - e_2 - e_1$，则称为负序（negative phase sequence）或逆序。在以后的分析中，如无特殊说明，三相电源的相序均指正序。

由式（5.1）、式（5.2）及图 5.3 很容易得出，任意瞬间对称三相电动势的瞬时值之和及相量之和都等于零，即

$$\begin{cases} e_1 + e_2 + e_3 = 0 \\ \dot{E}_1 + \dot{E}_2 + \dot{E}_3 = 0 \end{cases} \qquad (5.3)$$

这是一个非常重要的结论：对于三个频率相同、幅值相等、彼此间相位互差 120° 的正弦量（电动势或电压、电流），即对称的三相正弦量，它们的瞬时值之和或相量之和必为零。

### 5.1.2 电源三相绕组的连接

电源三相绕组的连接

三相交流发电机产生的三相电源相当于三个独立的正弦交流电源，但在实际应用中，三相发电机的三相电枢绕组要连接成一个整体后再对外供电。

如果把三相电枢绕组的末端 $U_2$、$V_2$、$W_2$ 接在一起，成为一个公共点 $N$，由绕组首端 $U_1$、$V_1$、$W_1$ 引出三根连接线，这种连接法称为星（丫）形联结，如图 5.4 所示。星形联结时，公共点 $N$ 称为中性点，从中性点引出的连接线称为中性线（neutral）。若中性点接地，公共线与大地直接相接时，如图 5.5 所示，则中性线又称为地线或零线。从绕组首端 $U_1$、$V_1$、$W_1$ 引出的三根线称为端线或相线（line），俗称火线，分别用 $L_1$、$L_2$、$L_3$ 来表示。这种具有中性线的三相供电线路称为三相四线制（three-phase four-wire system）。若不引出中性线，则称为三相三线制（three-phase three-wire system）。

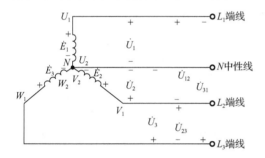

图 5.4 电源三相绕组的星形联结

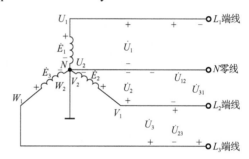

图 5.5 中性点接地的三相四线制电源

端线与中性线之间的电压（line-to-neutral voltage），也就是发电机每相绕组两端的电压 $\dot{U}_1$、$\dot{U}_2$、$\dot{U}_3$ 称为相电压（phase voltage），其有效值用 $U_1$、$U_2$、$U_3$ 或一般地用 $U_P$ 表示。相电压的参考方向规定为从端线到中性线的方向。任意两端线之间的电压（line-to-line voltage）$\dot{U}_{12}$、$\dot{U}_{23}$、$\dot{U}_{31}$ 称为线电压（line voltage），其有效值用 $U_{12}$、$U_{23}$、$U_{31}$ 或一般地用 $U_L$ 表示。线电压下标注明的顺序表示线电压的参考方向。如线电压 $U_{12}$，其参考方向是由 $L_1$ 线指向 $L_2$ 线。三个线电压的下标顺序习惯表示为 12、23、31。各电压的参考方向如图 5.4 所示。

若忽略内阻抗压降，则三相交流电源的相电压等于三相电动势。以相电压 $u_1$ 为参考相量，有

$$\begin{cases} u_1 = U_m \sin \omega t \\ u_2 = U_m \sin(\omega t - 120°) \\ u_3 = U_m \sin(\omega t - 240°) = U_m \sin(\omega t + 120°) \end{cases}$$

也可用相量式表示为

$$\begin{cases} \dot{U}_1 = U\angle 0° = U \\ \dot{U}_2 = U\angle -120° = U\left(-\dfrac{1}{2} - j\dfrac{\sqrt{3}}{2}\right) \\ \dot{U}_3 = U\angle 120° = U\left(-\dfrac{1}{2} + j\dfrac{\sqrt{3}}{2}\right) \end{cases}$$

因此，相电压也是对称的。

如图 5.4 所示，电源绕组星形联结，线电压与相电压之间的关系可根据基尔霍夫电压定律确定，即

$$\begin{cases} \dot{U}_{12} = \dot{U}_1 - \dot{U}_2 \\ \dot{U}_{23} = \dot{U}_2 - \dot{U}_3 \\ \dot{U}_{31} = \dot{U}_3 - \dot{U}_1 \end{cases} \tag{5.4}$$

则三个线电压相量分别为

$$\begin{cases} \dot{U}_{12} = \dot{U}_1 - \dot{U}_2 = U\left(1 + \dfrac{1}{2} + j\dfrac{\sqrt{3}}{2}\right) = \sqrt{3}U\angle 30° \\ \dot{U}_{23} = \dot{U}_2 - \dot{U}_3 = U\left(-\dfrac{1}{2} - j\dfrac{\sqrt{3}}{2} + \dfrac{1}{2} - j\dfrac{\sqrt{3}}{2}\right) = \sqrt{3}U\angle -90° \\ \dot{U}_{31} = \dot{U}_3 - \dot{U}_1 = U\left(-\dfrac{1}{2} + j\dfrac{\sqrt{3}}{2} - 1\right) = \sqrt{3}U\angle 150° \end{cases} \tag{5.5}$$

由式（5.5）可知，线电压也是对称的。表示线电压与相电压有效值大小的一般关系式为

$$U_{\mathrm{L}} = \sqrt{3}U_{\mathrm{P}} \tag{5.6}$$

式中，$U_{\mathrm{L}}$、$U_{\mathrm{P}}$ 分别为线电压、相电压的有效值，即星形联结时线电压有效值等于相电压有效值的 $\sqrt{3}$ 倍。

上述关系也可以由相量图来求出。先作出 $\dot{U}_1$、$\dot{U}_2$、$\dot{U}_3$ 相量，而后根据式（5.4）分别作出线电压 $\dot{U}_{12}$、$\dot{U}_{23}$、$\dot{U}_{31}$ 相量，如图 5.6 所示。

由图 5.6 所示相量图可得

$$\begin{cases} \dot{U}_{12} = \sqrt{3}\dot{U}_1 \angle 30° \\ \dot{U}_{23} = \sqrt{3}\dot{U}_2 \angle 30° \\ \dot{U}_{31} = \sqrt{3}\dot{U}_3 \angle 30° \end{cases} \tag{5.7}$$

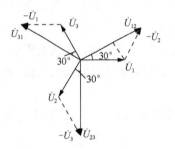

图 5.6　电源绕组星形联结时的电压相量图

由式（5.7）或相量图可见，三个线电压对称，并且在相位上分别超前于各自对应的相电压 30°，即 $\dot{U}_{12}$ 超前 $\dot{U}_1$ 30°，$\dot{U}_{23}$ 超前 $\dot{U}_2$ 30°，$\dot{U}_{31}$ 超前 $\dot{U}_3$ 30°。

发电机（或变压器）的电源三相绕组的连接方式通常采用星形联结，但不一定都引出中性线。

由上面分析可知，当发电机（或变压器）的绕组连接成星形并构成三相四线制供电

线路时，可以为负载提供两种电压：相电压和线电压。例如，通常低压配电系统中的相电压为 220V、线电压为 380V。若相电压为 380V，则线电压为 660V（660=$\sqrt{3}$×380）。在我国，相电压为 220V、线电压为 380V 的三相四线制供电线路用得最为普遍。

## 5.2 三相电路中负载的连接

负载有单相和三相之分，电灯、家用电器、单相电动机等只需单相电源供电即可工作，均为单相负载，而工业生产中的动力负载（如三相异步电动机）、三相电阻炉等由三相电源供电的均属于三相负载。

三相电路中的负载一般又可分为两类。一类是对称负载，其特征是各相负载完全相同，具有相同的参数，每相负载的复阻抗相等，即

$$Z_1 = Z_2 = Z_3 = |Z| \angle \varphi \tag{5.8}$$

其中，$R_1 = R_2 = R_3$，且 $X_1 = X_2 = X_3$（性质相同）。如三相异步电动机、三相电阻炉等均属于对称负载。

另一类是非对称负载，为了使三相电源供电均衡，通常将电灯、家用电器等单相负载大致平均分配到三相电源的三个相上，各相负载的复阻抗一般不相等。

三相电路中负载的连接方法有两种：星（Y）形联结和三角（△）形联结。负载如何连接，应视其额定电压而定。如果负载的额定电压不等于电源电压，则需用变压器获得所需额定电压。每相负载首末端之间的电压，称为负载的相电压，两相负载首端之间的电压，称为负载的线电压。

### 5.2.1 负载的星形联结

**1. 三相四线制**

负载的星形联结

如果把三个负载 $Z_1$、$Z_2$、$Z_3$ 的一端连在一起，成为一个公共点 $N'$，该点称为负载的中性点，将该点与三相电源的中性点 $N$ 连接，而各相负载的另一端分别连接在三相电源的端线 $L_1$、$L_2$、$L_3$ 上，如图 5.7（a）所示。这种连接方式就是负载星形联结的三相四线制电路。图 5.7（b）是负载星形联结三相四线制电路的另一种常见画法。

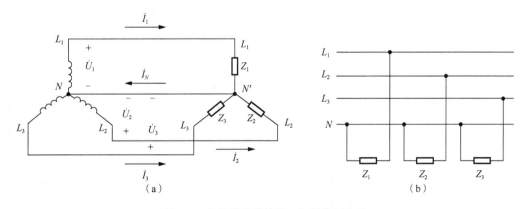

（a）　　　　　　　　　　　　　　　　　　（b）

图 5.7　负载星形联结的三相四线制电路

电 工 技 术

当忽略连接导线阻抗时，负载中性点的电位等于电源中点电位，负载的线电压就是电源的线电压，而每相负载的相电压也就等于电源的相电压。因此对于星形联结的负载，不论负载对称与否，负载上总能得到对称的相电压。

三相电路中，各端线中的电流称为线电流（line current），如图 5.7（a）所示电路中的 $\dot{I}_1$、$\dot{I}_2$、$\dot{I}_3$。线电流的正方向规定为从电源流向负载。各相负载中的电流称为相电流（phase current），相电流的正方向可根据相电压的极性定出，一般与相电压的正方向一致。流过中性线的电流称为中性线电流（neutral current），用 $\dot{I}_N$ 表示，并规定其正方向为从负载中性点到电源中性点。由图 5.7 可看出，负载星形联结时，相电流等于相应的线电流，一般用 $I_L$ 表示线电流，$I_P$ 表示相电流，则

$$I_L = I_P \tag{5.9}$$

在三相四线制电路中，计算每相负载中电流的方法与单相电路一样，即相电流为

$$\dot{I}_1 = \frac{\dot{U}_1}{Z_1}, \dot{I}_2 = \frac{\dot{U}_2}{Z_2}, \dot{I}_3 = \frac{\dot{U}_3}{Z_3} \tag{5.10}$$

各相电流的有效值分别为

$$I_1 = \frac{U_1}{|Z_1|}, I_2 = \frac{U_2}{|Z_2|}, I_3 = \frac{U_3}{|Z_3|} \tag{5.11}$$

各相负载的电压与电流之间的相位差分别为

$$\varphi_1 = \arctan\frac{X_1}{R_1}, \varphi_2 = \arctan\frac{X_2}{R_2}, \varphi_3 = \arctan\frac{X_3}{R_3} \tag{5.12}$$

中性线电流等于各相电流的相量和，即

$$\dot{I}_N = \dot{I}_1 + \dot{I}_2 + \dot{I}_3 \tag{5.13}$$

如果三相电路的负载为对称负载，由于电源电压对称，则由式（5.11）、式（5.12）可知：三个相电流的有效值相等，各相电压与电流之间相位差也相同，即

$$I_1 = I_2 = I_3$$

$$\varphi_1 = \varphi_2 = \varphi_3$$

故三个相电流也是对称的，其电压和电流相量图如图 5.8 所示（假设负载为电感性负载）。此时，中性线电流为零，即 $\dot{I}_N = \dot{I}_1 + \dot{I}_2 + \dot{I}_3 = 0$，中性线不再起作用，可以省去。

因此，从上述分析可知，计算对称负载的星形联结电路时，由于三相电源和负载的对称性，各相电压、电流都是对称的。只要计算出某一相的电压、电流，其他两相就可以根据对称关系直接写出。即对称三相电路的计算可归结为一相来计算。

一般情况下负载是不对称的，但由于有中性线，使负载的相电压与相应的电源相电压相等，因此负载的相电压仍然对称，但因负载不对称，所以相电流是不对称的，因此中性线电流也不再为零，可利用式（5.10）、式（5.13）分别计算各相电流和中性线电流。

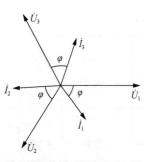

图 5.8 星形联结对称负载的
电压和电流相量图

**例 5.1**  在三相四线制电路中，已知电源线电压为 380V，对称三相负载星形联结，每相负载的电阻为 30Ω，感抗为 40Ω，求各相电流。

**解：**因负载对称，故只计算一相（如 $L_1$ 相）即可。

电源相电压为

$$U_P = \frac{U_L}{\sqrt{3}} = \frac{380}{\sqrt{3}} = 220\text{V}$$

设 $\dot{U}_1$ 为参考相量，即 $\dot{U}_1 = 220\angle 0°\text{V}$，则

$$\dot{I}_1 = \frac{\dot{U}_1}{Z_1} = \frac{220\angle 0°}{30 + \text{j}40} = 4.4\angle -53.1°\text{A}$$

利用对称性，可直接写出

$$\dot{I}_2 = 4.4\angle(-53.1° - 120°) = 4.4\angle -173.1°\text{A}$$
$$\dot{I}_3 = 4.4\angle(-53.1° + 120°) = 4.4\angle 66.9°\text{A}$$

相电压和相电流的相量图如图 5.8 所示。

**例 5.2**  三相四线制照明负载（纯电阻）电路如图 5.9 所示，已知电源相电压为 220V，各相负载 $R_1 = 50\Omega$，$R_2 = 100\Omega$，$R_3 = 200\Omega$，试计算各相电流和中性线电流。

**解：**电源电压对称，设 $\dot{U}_1$ 为参考相量，则

$$\dot{U}_1 = 220\angle 0°\text{V}, \dot{U}_2 = 220\angle -120°\text{V}, \dot{U}_3 = 220\angle 120°\text{V}$$

负载不对称，根据式（5.10）计算各相电流为

$$\dot{I}_1 = \frac{\dot{U}_1}{Z_1} = \frac{220\angle 0°}{50} = 4.4\angle 0°\text{A}$$

$$\dot{I}_2 = \frac{\dot{U}_2}{Z_2} = \frac{220\angle -120°}{100} = 2.2\angle -120°\text{A}$$

$$\dot{I}_3 = \frac{\dot{U}_3}{Z_3} = \frac{220\angle 120°}{200} = 1.1\angle 120°\text{A}$$

由式（5.13），可得中性线电流为

$$\dot{I}_N = \dot{I}_1 + \dot{I}_2 + \dot{I}_3 = 4.4\angle 0° + 2.2\angle -120° + 1.1\angle 120° = 2.9\angle -19.1°\text{A}$$

相电压和相电流的相量图如图 5.10 所示。

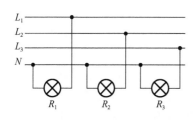

图 5.9  例 5.2 图

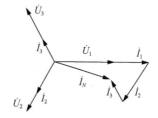

图 5.10  例 5.2 相量图

**2. 三相三线制**

三相四线制电源去掉中性线后便成为三相三线制电源供电，如图 5.11 所示。

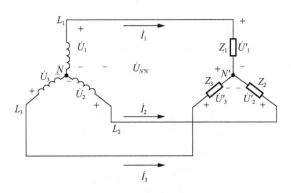

图 5.11　负载星形联结的三相三线制电路

如果三相电路的负载为对称负载，由前面分析已知，对称负载作三相四线制星形联结时，其中性线电流为零，中性线上实际没有电流通过，所以中性线可以除去，构成三相三线制连接方式。这时电源中点和负载中点电位仍相同，每相负载相电压仍等于电源相电压，因此，无论有无中性线都不影响对称三相负载正常工作。计算此类电路时，方法与三相四线制完全相同，即可归结为一相来计算，其他两相根据对称关系直接写出。

工农业生产中常用的三相异步电动机是对称三相负载，因此，三相三线制供电线路在动力用电中得到广泛应用。

如果三相电路的负载为不对称负载，则如图 5.11 所示电路实际上是一个复杂的交流电路，但它只有两个结点，因此可以采用结点电压法进行分析、计算。即先求出 $N'$ 点和 $N$ 点之间的电压：

$$\dot{U}_{N'N} = \frac{\dfrac{\dot{U}_1}{Z_1} + \dfrac{\dot{U}_2}{Z_2} + \dfrac{\dot{U}_3}{Z_3}}{\dfrac{1}{Z_1} + \dfrac{1}{Z_2} + \dfrac{1}{Z_3}} \tag{5.14}$$

然后，根据基尔霍夫电压定律求出负载各相电压：

$$\dot{U}_1' = \dot{U}_1 - \dot{U}_{N'N} , \dot{U}_2' = \dot{U}_2 - \dot{U}_{N'N} , \dot{U}_3' = \dot{U}_3 - \dot{U}_{N'N} \tag{5.15}$$

负载各相电流为

$$\dot{I}_1 = \frac{\dot{U}_1'}{Z_1} , \dot{I}_2 = \frac{\dot{U}_2'}{Z_2} , \dot{I}_3 = \frac{\dot{U}_3'}{Z_3} \tag{5.16}$$

因为负载不对称，所以即使电源电压是对称的，式（5.14）中 $N'$ 点和 $N$ 点之间的电压也不可能等于零。因此，在三相三线制电路中，当负载不对称时，电源中性点和负载中性点的电位不再相等，即 $N$ 点和 $N'$ 点之间将出现电位差，因而各相负载的相电压也不再保持对称关系。这势必引起有的负载两端的相电压高于负载额定电压，有的负载两端的相电压低于负载额定电压，致使负载不能正常工作甚至被损坏。下面以如图 5.12 所示的照明灯泡情况为例加以说明。

对于图 5.12 所示电路，若已知对称三相电源的线电压为 380V，各灯泡的额定电压为 220V，功率为 100W，则在图 5.12（a）中，因为是三相四线制，各灯泡两端的电压为电源相电压 220V，等于其额定电压，所以灯泡正常工作；在图 5.12（b）中，因为是三相三线制，且 $L_1$ 相负载短路，因此 $L_2$ 相、$L_3$ 相灯泡两端所加的电压为电源线电压 380V，超过了额定电压而可能损坏；在图 5.12（c）中，仍然是三相三线制，但 $L_1$ 相断路，因此 $L_2$ 相、$L_3$ 相灯泡串联接在电源的线电压上，此时每只灯泡的电压为 190V，低于额定电压而亮度变暗，也不能正常工作。

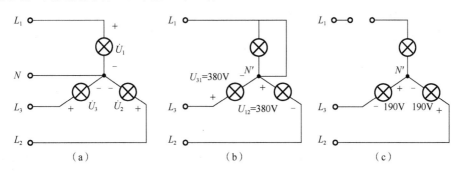

图 5.12　负载不同连接方式时的电压分配情况

由以上分析可看出，当三相负载不对称时，中性线绝对不能去掉，否则负载上的相电压会出现不对称现象。所以，中性线的作用就是保证星形联结的不对称负载的相电压对称。例如照明负载，必须采用三相四线制供电，为了保证不对称负载上的各相电压是对称的，实际应用中不允许中性线上接入开关和保险丝，以免断开。

**例 5.3**　如图 5.13 所示电路可用来测定电源相序，称为相序指示器电路。一个电容器和两个灯泡接成星形联结，电容容抗与灯泡电阻相等。设电容接在 $L_1$ 相，试证：灯光较亮的灯泡接的是正序的 $L_2$ 相。

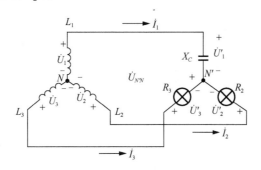

图 5.13　例 5.3 图

**证明：** 设电源相电压 $\dot{U}_1 = U_P \angle 0°$，$X_C = R_2 = R_3 = R$。

$N'$ 点和 $N$ 点之间的电压为

$$\dot{U}_{N'N} = \frac{\dfrac{\dot{U}_1}{-\mathrm{j}X_C} + \dfrac{\dot{U}_2}{R_2} + \dfrac{\dot{U}_3}{R_3}}{\dfrac{1}{-\mathrm{j}X_C} + \dfrac{1}{R_2} + \dfrac{1}{R_3}} = \frac{\dfrac{U_P \angle 0°}{-\mathrm{j}R} + \dfrac{U_P \angle -120°}{R} + \dfrac{U_P \angle 120°}{R}}{\dfrac{1}{-\mathrm{j}R} + \dfrac{1}{R} + \dfrac{1}{R}} = (-0.2 + \mathrm{j}0.6)U_P$$

各相负载的相电压为

$$\dot{U}_1' = \dot{U}_1 - \dot{U}_{N'N} = U_P - (-0.2 + j0.6)U_P = 1.34U_P\angle -26.6°$$

$$\dot{U}_2' = \dot{U}_2 - \dot{U}_{N'N} = U_P\left(-\frac{1}{2} - j\frac{\sqrt{3}}{2}\right) - (-0.2 + j0.6)U_P = 1.49U_P\angle -101.6°$$

$$\dot{U}_3' = \dot{U}_3 - \dot{U}_{N'N} = U_P\left(-\frac{1}{2} + j\frac{\sqrt{3}}{2}\right) - (-0.2 + j0.6)U_P = 0.4U_P\angle 138.4°$$

明显地，负载的相电压不再对称，因而各相电流不同，灯的亮度也不同。

负载各相电流的有效值分别为

$$I_1 = \frac{U_1'}{X_C} = \frac{1.34U_P}{R}, I_2 = \frac{U_2'}{R_2} = \frac{1.49U_P}{R}, I_3 = \frac{U_3'}{R_3} = \frac{0.4U_P}{R}$$

由于 $I_2 > I_3$，所以 $L_2$ 相灯较亮。

### 5.2.2　负载的三角形联结

负载依次连接在三相电源的两根端线之间，称为负载的三角形联结，如图 5.14 所示。

负载的三角形联结

因为每相负载接于电源的两根端线之间，所以各相负载的相电压就是电源的线电压。无论负载对称与否，负载的相电压 $\dot{U}_P'$ 总是对称的，即

$$\dot{U}_P' = U_L$$

而流过各相负载的相电流相量为 $\dot{I}_{12}$、$\dot{I}_{23}$、$\dot{I}_{31}$，规定相电流的正方向与相电压的极性一致，即 1 到 2、2 到 3、3 到 1，各端线中的线电流为 $\dot{I}_1$、$\dot{I}_2$、$\dot{I}_3$，其正方向仍规定为从电源到负载，如图 5.14 所示。

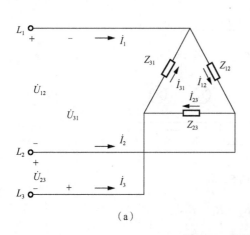

（a）

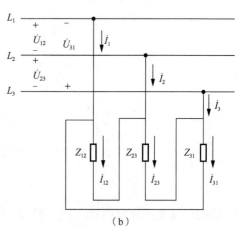

（b）

图 5.14　负载的三角形联结

计算负载相电流的方法与单相电路一样，即相电流为

$$\dot{I}_{12} = \frac{\dot{U}_{12}}{Z_{12}}, \dot{I}_{23} = \frac{\dot{U}_{23}}{Z_{23}}, \dot{I}_{31} = \frac{\dot{U}_{31}}{Z_{31}} \tag{5.17}$$

各相电流的有效值分别为

$$I_{12} = \frac{U_{12}}{|Z_{12}|}, I_{23} = \frac{U_{23}}{|Z_{23}|}, I_{31} = \frac{U_{31}}{|Z_{31}|} \tag{5.18}$$

各相负载的电压与电流之间的相位差分别为

$$\varphi_{12} = \arctan\frac{X_{12}}{R_{12}}, \varphi_{23} = \arctan\frac{X_{23}}{R_{23}}, \varphi_{31} = \arctan\frac{X_{31}}{R_{31}} \tag{5.19}$$

由图 5.14，根据基尔霍夫电流定律，可知电路中的线电流为

$$\begin{cases} \dot{I}_1 = \dot{I}_{12} - \dot{I}_{31} \\ \dot{I}_2 = \dot{I}_{23} - \dot{I}_{12} \\ \dot{I}_3 = \dot{I}_{31} - \dot{I}_{23} \end{cases} \tag{5.20}$$

如果三角形联结的负载为对称负载，由于电源电压对称，则由式（5.17）可知相电流必然是对称的。设负载为电感性负载，阻抗角为 $\varphi$，根据式（5.17）、式（5.20）可画出负载相电压（即电源线电压）、相电流、线电流的相量图，如图 5.15 所示。由相量图，可以得到

$$\begin{cases} I_1 = \sqrt{3}I_{12}, \dot{I}_1 \text{滞后} \dot{I}_{12} \, 30° \\ I_2 = \sqrt{3}I_{23}, \dot{I}_2 \text{滞后} \dot{I}_{23} \, 30° \\ I_3 = \sqrt{3}I_{31}, \dot{I}_3 \text{滞后} \dot{I}_{31} \, 30° \end{cases}$$

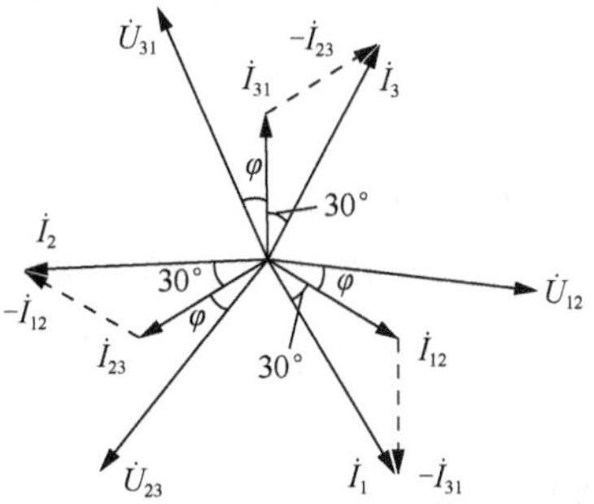

图 5.15 三角形联结对称负载的电压和电流相量图

因此，对称负载三角形联结时，线电流也是对称的，且线电流的有效值等于相电流的 $\sqrt{3}$ 倍，即

$$I_{\text{L}} = \sqrt{3}I_{\text{P}} \tag{5.21}$$

在相位上，线电流滞后于相应的相电流 $30°$，即 $\dot{I}_1$ 滞后 $\dot{I}_{12} \, 30°$、$\dot{I}_2$ 滞后 $\dot{I}_{23} \, 30°$、$\dot{I}_3$ 滞后 $\dot{I}_{31} \, 30°$。

计算对称负载三角形联结的三相电路时，可归结为一相来计算，其他两相根据对称关系直接推算出即可。

当不对称负载作三角形联结时，由于电源的线电压是对称的，所以负载相电压总是对称的，但此时相电流不再对称。需要根据式（5.17）分别计算每相电流，然后根据式（5.20）计算各线电流。很明显，负载不对称时，各线电流一般也不对称。

**例 5.4** 如图 5.16（a）所示电路，电源线电压 $u_{12} = 380\sqrt{2}\sin 314t$ V，对称三相负载 $Z_{12} = Z_{23} = Z_{31} = 80 + j60\,\Omega$。求：（1）各相电流及线电流，画出电压、电流相量图；（2）负载 $Z_{31}$ 断开时的各相电流及线电流，画出电压、电流相量图。

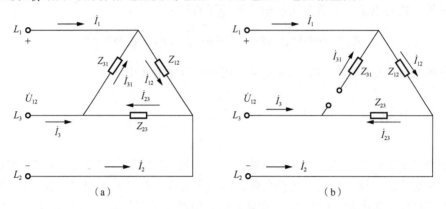

图 5.16　例 5.4 图

**解：**（1）如图 5.16（a）所示电路，由于负载对称，因此只需计算一相电流即可，其余各相电流、线电流可由对称性及相电流、线电流的关系直接推出。

相电流为

$$\dot{I}_{12} = \frac{\dot{U}_{12}}{Z_{12}} = \frac{380\angle 0°}{80 + j60} = \frac{380\angle 0°}{100\angle 36.9°} = 3.8\angle -36.9°\,\text{A}$$

由相电流对称性可得

$$\dot{I}_{23} = 3.8\angle(-36.9° - 120°) = 3.8\angle -156.9°\,\text{A}$$

$$\dot{I}_{31} = 3.8\angle(-36.9° + 120°) = 3.8\angle 83.1°\,\text{A}$$

由于对称负载三角形联结，故线电流 $I_L = \sqrt{3}I_P$，且相位上滞后相应的相电流 30°，则线电流为

$$\dot{I}_1 = \sqrt{3}\dot{I}_{12}\angle -30° = 3.8\sqrt{3}\angle(-36.9° - 30°) = 6.58\angle -66.9°\,\text{A}$$

由线电流对称性可得

$$\dot{I}_2 = 6.58\angle(-66.9° - 120°) = 6.58\angle 173.1°\,\text{A}$$

$$\dot{I}_3 = 6.58\angle(-66.9° + 120°) = 6.58\angle 53.1°\,\text{A}$$

电压、电流相量图如图 5.17（a）所示。

（2）负载 $Z_{31}$ 断开时，电路如图 5.16（b）所示，此时负载不对称。

负载 $Z_{31}$ 上电流为零，而负载 $Z_{12}$、负载 $Z_{23}$ 上电流没有改变，因此 $L_2$ 线中的电流也没有改变，即

$$\dot{I}_{12} = 3.8\angle -36.9°\,\text{A}，\dot{I}_{23} = 3.8\angle -156.9°\,\text{A}，\dot{I}_{31} = 0\,\text{A}，\dot{I}_2 = 6.58\angle 173.1°\,\text{A}$$

其他线电流为

$$\dot{I}_1 = \dot{I}_{12} = 3.8\angle -36.9°\,\text{A}$$

$$\dot{I}_3 = -\dot{I}_{23} = -3.8\angle -156.9° = 3.8\angle 23.1°\,\text{A}$$

电压、电流相量图如图 5.17（b）所示。

综上所述，三相负载既可以接成星形也可以接成三角形，究竟如何连接，应根据负载的额定电压和电源电压的数值而定，务必使每相负载所承受的电压等于其额定电压。

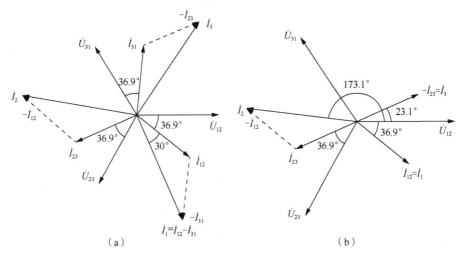

图 5.17 电压、电流相量图

## 5.3 三相电路的功率

在三相电路中，无论负载是否对称，无论采用何种连接方式，三相总有功功率、总无功功率分别等于各相的有功功率、无功功率之和，而需要注意的是，三相总视在功率在一般情况下不等于各相的视在功率之和。即

三相电路的功率

$$\begin{cases} P = P_{1\mathrm{P}} + P_{2\mathrm{P}} + P_{3\mathrm{P}} \\ Q = Q_{1\mathrm{P}} + Q_{2\mathrm{P}} + Q_{3\mathrm{P}} \\ S = \sqrt{P^2 + Q^2} \end{cases} \tag{5.22}$$

式中，各相的有功功率都是正值，而无功功率对电感性负载为正值，对电容性负载为负值。各相的有功功率、无功功率计算公式是

$$P_{\mathrm{P}} = U_{\mathrm{P}} I_{\mathrm{P}} \cos\varphi, Q_{\mathrm{P}} = U_{\mathrm{P}} I_{\mathrm{P}} \sin\varphi$$

式中，$U_{\mathrm{P}}$、$I_{\mathrm{P}}$ 分别是每相负载的相电压及每相负载中的相电流；$\varphi$ 是每相负载的阻抗角。

当三相负载对称时，各相负载的电压相等，电流相等，相电压与相电流的相位差也相同，故各相负载所吸收的功率必相等。因此，三相电路的功率等于三倍的单相功率，如三相总有功功率为

$$P = 3P_{\mathrm{P}} = 3U_{\mathrm{P}} I_{\mathrm{P}} \cos\varphi \tag{5.23}$$

当对称负载星形联结时，有

$$U_{\mathrm{P}} = \frac{U_{\mathrm{L}}}{\sqrt{3}}, I_{\mathrm{P}} = I_{\mathrm{L}}$$

当对称负载三角形联结时,有

$$U_P = U_L, I_P = \frac{I_L}{\sqrt{3}}$$

因此,不论对称负载是星形联结还是三角形联结,如将上述关系代入式(5.23),均有

$$P = \sqrt{3}U_L I_L \cos\varphi \qquad (5.24)$$

通常,三相电路中线电压和线电流的数值比较容易测量,所以多用式(5.24)计算三相功率。

同理可得,在负载对称情况下,三相电路的总无功功率和总视在功率分别为

$$Q = 3U_P I_P \sin\varphi = \sqrt{3}U_L I_L \sin\varphi \qquad (5.25)$$

$$S = 3U_P I_P = \sqrt{3}U_L I_L \qquad (5.26)$$

使用式(5.24)、式(5.25)和式(5.26)计算三相对称电路功率时,应注意式中的 $U_L$、$I_L$ 是线电压、线电流的有效值,而 $\varphi$ 是相电压与相电流的相位差。

**例 5.5**  对称三相负载接入线电压为 380V 的三相电源,每相负载的电阻 $R = 6\Omega$,感抗 $X_L = 8\Omega$。求负载在星形联结和三角形联结两种情况下,电路的有功功率。

**解:**三相电源线电压 $U_L$ 为 380V,则相电压 $U_P$ 为 220V。

每相负载阻抗模为

$$|Z| = \sqrt{R^2 + X_L^2} = \sqrt{6^2 + 8^2} = 10\Omega$$

负载的功率因数为

$$\cos\varphi = \frac{R}{|Z|} = \frac{6}{10} = 0.6$$

负载星形联结时,线电流为

$$I_L = I_P = \frac{U_P}{|Z|} = \frac{220}{10} = 22A$$

三相总有功功率为

$$P = \sqrt{3}U_L I_L \cos\varphi = \sqrt{3} \times 380 \times 22 \times 0.6 = 8.7kW$$

负载三角形联结时,负载相电压为电源线电压,即 $U_P' = U_L = 380V$。线电流为

$$I_{\triangle L} = \sqrt{3}I_{\triangle P} = \sqrt{3}\frac{U_P'}{|Z|} = \sqrt{3} \times \frac{380}{10} = 66A$$

三相总有功功率为

$$P_\triangle = \sqrt{3}U_L I_{\triangle L} \cos\varphi = \sqrt{3} \times 380 \times 66 \times 0.6 = 26kW$$

上述结果表明,当三相电源的线电压不变、负载阻抗不变的条件下,负载三角形联结时的相电压为星形联结时相电压的 $\sqrt{3}$ 倍,而三角形联结时所消耗的功率为星形联结时的 3 倍。所以,若本应连接成星形的负载误接成三角形,则负载会因功率和电流过大而被烧坏。

# 习　　题

5.1  如图 5.18 所示三相电路,已知电源线电压 $U_L=380V$,$R=X_L=X_C=22\Omega$。

（1）三相负载是否为对称负载？（2）求各相电流及中性线电流；（3）画出相量图；（4）如果中性线电流方向选得与图上相反，那么结果有何不同？用相量图说明。

5.2 如图 5.19 所示三相电路，已知电源线电压 $U_L$=380V，$R_1 = R_2 = R_3 = 22\Omega$，$X_C = 38\Omega$。（1）求各线电流；（2）画相量图。

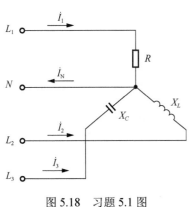

图 5.18 习题 5.1 图

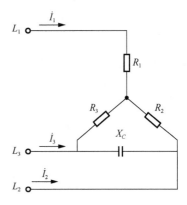

图 5.19 习题 5.2 图

5.3 如图 5.20 所示三相电路，已知 $R_1 = 20\Omega$，$R_2 = R_3 = 16\Omega$，$X_L = X_C = 12\Omega$。现接于线电压为 380V 的三相四线制电源上。（1）求各线电流、中性线电流、电路总的有功功率及无功功率；（2）若 $L_1$ 线断开，求各线电流及中性线电流；（3）若 $L_3$ 线断开，求各线电流及中性线电流；（4）若 $L_1$ 线及中性线均断开，求各线电流；（5）若中性线断开，求各线电流。

5.4 如图 5.21 所示三相电路，电路参数同习题 5.3，已知 $u_{12} = 380\sqrt{2}\sin(314t + 30°)$V。求：（1）各相电流及线电流；（2）电路总的有功功率、无功功率及视在功率。

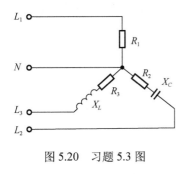

图 5.20 习题 5.3 图

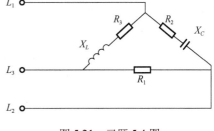

图 5.21 习题 5.4 图

5.5 如图 5.22 所示电路是对称负载三角形联结，三个电流表读数均为 38A。（1）求 $L_1$ 线断时，各表读数；（2）求 $L_1$、$L_2$ 线之间的负载断开时，各表读数；（3）若正常工作时测得三相总功率 $P$=21.66kW，电源线电压为 380V，求每相电阻及电抗值。

5.6 图 5.23 是对称三相负载，测得 $U = 380$V，$I = 22$A，又知三相总功率 $P = 7260$W。（1）求每相负载的电阻、电抗、阻抗模和功率因数；（2）如果 $L_1$ 相负载被短路，此时电流表的读数和三相总功率将变为多少？对负载有何影响？

5.7　如图 5.24 所示三相电路，已知 $u_{12} = 380\sqrt{2}\sin\omega t$ V，$R = X_L = X_C = 38\Omega$。（1）求线电流 $i_1$、$i_2$、$i_3$ 的瞬时值表达式；（2）画出各电压、电流的相量图。

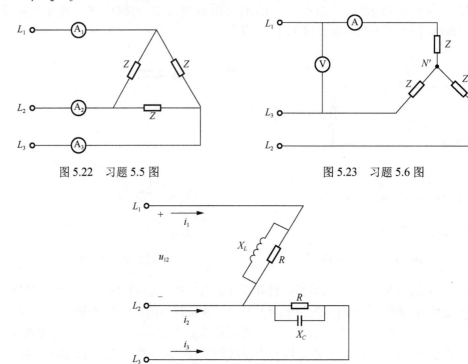

图 5.22　习题 5.5 图　　　　　　　　　　　图 5.23　习题 5.6 图

图 5.24　习题 5.7 图

5.8　如图 5.25 所示对称三相电路，已知 $\dot{U}_{12} = 380\angle0°\text{V}$，一组为纯电阻负载，$R=10\Omega$；另一组为电感性负载，其总有功功率为 $P_{2\text{组}} = 5.69\text{kW}$，$\cos\varphi_P = 0.866$。（1）求线电流 $\dot{I}_1$；（2）画出全部电压与电流的相量图。

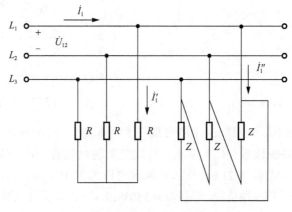

图 5.25　习题 5.8 图

5.9　若要在一个线电压为 380V 的三相四线制电源上同时接照明负载和动力负载，已知照明负载是白炽灯共 30 盏，每盏灯的额定电压为 220V，额定功率为 100W；动力负载有两种，一种动力负载是一台星形接法的电动机，其额定电压为 380V，输出机械功率为 7.5kW，效率（输出机械功率与输入电功率之比）为 0.833，功率因数为 0.855；另一种动力负载是三角形接法的三相电阻炉，额定电压为 380V，其功率为 6kW。（1）画出接线图；（2）分别算出三种负载从电源取用的电流；（3）算出电源供给的总有功功率、总无功功率及总视在功率；（4）求出电源供给的总电流；（5）画出全部电压、电流的相量图。

5.10　三相电路如图 5.26 所示，已知对称电源 $u_{12} = 380\sqrt{2}\sin\omega t\,\text{V}$，$R = 10\sqrt{3}\,\Omega$，$X_L = X_C = 10\Omega$。（1）求电流 $i_1$、$i_2$、$i_3$；（2）画出全部电量的相量图；（3）求电路的有功功率 $P$、无功功率 $Q$ 及视在功率 $S$。

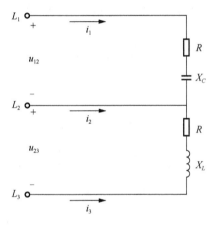

图 5.26　习题 5.10 图

# 第6章　磁路和变压器

在工农业生产和科学实验中常用的一些电工设备或检测装置，如变压器、电动机、电磁铁、磁电或电磁式仪表等，它们的工作基础都是电磁感应，是利用电与磁的相互作用来实现能量的传输和转换的。在这些电气设备中既有电流流经的电路，也有磁通穿过的磁路，二者之间存在联系，因此这类电气设备的工作原理依托电路和磁路的基本理论。

本章首先介绍磁路的基本概念和基本定律，并进行简单磁路的分析与计算，然后再分析变压器的工作原理和运行特性，最后简要介绍一些特殊变压器。

## 6.1　磁路及其基本定律

### 6.1.1　磁路的基本概念

所谓磁路（magnetic circuit），就是集中磁通的闭合路径。如图 6.1 所示，把产生磁场的电流线圈套在由铁磁材料（例如硅钢片）构成的铁心（iron core）上，铁心形成闭合回路（包含一些窄的气隙）。由于铁心具有高导磁性，能使磁场大大加强，且把绝大部分磁感应线集中到铁心内，这样的路径即为磁路。

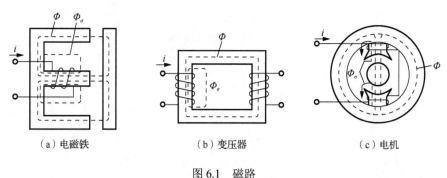

（a）电磁铁　　　　　　　（b）变压器　　　　　　　（c）电机

图 6.1　磁路

图 6.1 中，套在铁心柱外的是线圈（coil）。线圈是电路，铁心是磁路。线圈中通入电流就能激励出磁场，磁场中的磁感应线主要集中在铁心所构成的磁路内。磁路以外只有很少量的漏磁感应线。

### 6.1.2　磁路中的基本物理量

因为磁路也可以说是封闭在一定范围里的磁场，所以描述磁场的物理量也同样适用于磁路。

### 1. 磁感应强度

由物理学得知：表示磁场中某点磁场强弱和方向的物理量是磁感应强度（magnetic induction intensity），用符号 $B$ 表示。磁感应强度的方向与产生磁场的电流（称为励磁电流）的方向有关，可用右手螺旋定则来确定。

如果磁场内各点的磁感应强度大小相等、方向相同，则这样的磁场称为均匀磁场。

在国际单位制中，磁感应强度的单位为特斯拉（T）；在工程应用中，有时采用电磁单位制，则磁感应强度的单位为高斯（Gs）。两种单位制的对应单位之间的换算关系是

$$1T = 10^4 Gs$$

### 2. 磁通

在均匀磁场中，磁感应强度 $B$ 与垂直于磁场方向的面积 $S$ 的乘积，称为通过该面积的磁通（magnetic flux），用符号 $\Phi$ 表示，即

$$\Phi = BS \text{ 或 } B = \frac{\Phi}{S} \tag{6.1}$$

如果不是均匀磁场，为计算方便起见，通常磁感应强度 $B$ 取平均值。

在国际单位制中，当 $B$ 的单位为 T、$S$ 的单位为 $m^2$ 时，$\Phi$ 的单位是韦伯（Wb）。工程应用中，由于韦伯等单位太大，有时仍采用电磁单位制，即磁通的单位为麦克斯韦（Mx）。两种单位制的对应单位之间的换算关系是

$$1Wb = 10^8 Mx$$

由式（6.1）可见，磁感应强度在数值上可以看成是与磁场方向相垂直的单位面积所通过的磁通，因此磁感应强度又称为磁通密度（magnetic flux density），其单位 T 也可记作 $Wb/m^2$。

### 3. 磁导率

磁导率（magnetic permeability）是表征磁场介质磁性的物理量，用来衡量物质的导磁能力，用 $\mu$ 表示。磁导率的单位是亨/米（H/m）。

不同介质的磁导率相差很大。磁导率 $\mu$ 为常量的介质称为线性介质。铁磁物质的磁导率不是常量，属非线性介质；而一般非铁磁介质的磁导率在工程上可认为是常数，它近似等于真空的磁导率 $\mu_0$。由实验测出，真空磁导率的值为

$$\mu_0 = 4\pi \times 10^{-7} H/m$$

在说明介质的磁性能时，通常用磁导率 $\mu$ 与真空磁导率 $\mu_0$ 的比值，称为相对磁导率 $\mu_r$，即

$$\mu_r = \frac{\mu}{\mu_0} \tag{6.2}$$

### 4. 磁场强度

磁场强度（magnetic field intensity）是进行磁场计算时引入的一个物理量，用符号 $H$

表示，它与磁感应强度之间的关系为

$$H = \frac{B}{\mu} \text{ 或 } B = \mu H \tag{6.3}$$

通过磁场强度可以确定磁场与电流之间的关系，具体分析见后续的 6.1.3 小节。

在国际单位制中，磁场强度的单位为安/米（A/m）；在电磁单位制中，磁场强度的单位是奥斯特（Oe）。以上两种单位制的对应单位之间的换算关系是

$$1\text{A/m} = 4\pi \times 10^{-3}\text{Oe}$$

### 6.1.3　磁路的基本定律

安培环路定律是计算磁路的基本定律，根据它可以导出磁路的欧姆定律和基尔霍夫定律。

#### 1. 安培环路定律

在磁场中，磁场强度与产生磁场的电流之间的关系遵循安培环路定律（Ampère's circuital law），又称全电流定律，即沿磁路的任一闭合路径 $l$，磁场强度 $H$ 的线积分等于与该闭合路径交链的电流的代数和，其数学表达式为

$$\oint H\mathrm{d}l = \sum I \tag{6.4}$$

如果电流 $I$ 的正方向与闭合路径的绕行方向符合右手螺旋法则时，$I$ 前面取正号；否则，取负号。

对于图 6.2 所示的环形螺管线圈磁路，$N$ 匝线圈均匀密绕，线圈内磁介质性质均匀，则取磁感应线作为闭合路径，其方向作为路径的绕行方向时，安培环路定律变为

$$Hl = NI \tag{6.5}$$

式中，$l = 2\pi r$ 为磁路的平均长度。线圈匝数 $N$ 与电流 $I$ 的乘积称为磁动势（magnetomotive force），用 $F_{\mathrm{m}}$ 表示，即 $F_{\mathrm{m}} = NI$，磁通就是由它产生的，则磁场强度可表示为

$$H = \frac{NI}{l} = \frac{F_{\mathrm{m}}}{l} \tag{6.6}$$

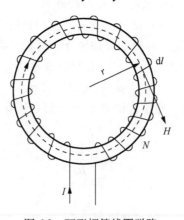

图 6.2　环形螺管线圈磁路

**2. 磁路欧姆定律**

对图 6.2 所示的均匀环形线圈磁路，由式（6.1）、式（6.3）、式（6.5）可推导出

$$NI = \Phi \frac{l}{\mu S} \tag{6.7}$$

令 $R_m = l/(\mu S)$，而 $F_m = NI$，则

$$\Phi = \frac{F_m}{R_m} \tag{6.8}$$

式（6.8）与电路欧姆定律的形式相同，因此称为磁路欧姆定律，其中，$F_m$ 为磁动势，而 $R_m$ 称为磁阻（reluctance），表示磁路的材料对磁通的阻碍作用。

由于一般电气设备的磁路都是由铁磁材料制成的，而铁磁材料的磁导率不是常数，所以磁阻 $R_m$ 是非线性的。因此磁路欧姆定律一般只适用于对磁路进行定性分析，而不能像电路欧姆定律那样进行定量计算。

**3. 磁路的基尔霍夫第一定律**

图 6.3 所示电磁铁结构是一个典型的有分支磁路。图中，中间的铁心截面积 $S_1$ 较大，通电流的线圈（又称励磁线圈）匝数为 $N$，套在中间铁心柱上。两边为磁分路，截面积为 $S_2$。上部铁心不能移动，称为静铁心或定铁心。下部为可移动的动铁心（又称衔铁），其截面积为 $S_3$，与静铁心之间的距离为 $\delta$。

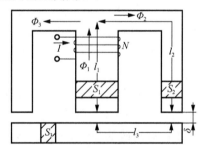

图 6.3　有分支磁路

忽略漏磁，根据磁通连续性原理，在磁路分支处应满足

$$\Phi_1 = \Phi_2 + \Phi_3$$

其一般化公式为

$$\sum \Phi = 0 \tag{6.9}$$

式（6.9）所表示的磁路中磁通的关系称为磁路的基尔霍夫第一定律，它表明在磁路任一分支处的磁通的代数和恒等于零。

**4. 磁路的基尔霍夫第二定律**

图 6.3 所示磁路的右边回路中，磁路由几段组成，每段的平均长度为 $l_1$、$l_2$、$l_3$ 和 $l_0$，其中 $l_0 = 2\delta$ 为气隙磁路平均长度。在工程计算时，常略去漏磁通不计，认为磁通全部在

铁心和气隙组成的磁路内闭合，各段磁通的值不变，截面积不变，故 $B$ 和 $H$ 也不变，它们分别为 $B_1$、$B_2$、$B_3$ 和 $B_0$；$H_1$、$H_2$、$H_3$ 和 $H_0$。对此回路应用安培环路定律，可得

$$H_1 l_1 + H_2 l_2 + H_3 l_3 + H_0 l_0 = NI$$

式中，$H_1 l_1, H_2 l_2, \cdots$ 也常称为磁路各段的磁压降，因此上式等号左边为磁路内各段磁压降之和，而等号右边则为磁动势。其一般表达式可写成

$$\sum Hl = \sum NI \tag{6.10}$$

式（6.10）就是磁路的基尔霍夫第二定律。它表明在闭合的磁回路内各磁压降的代数和等于磁动势的代数和。在式（6.10）中，顺着回路方向的磁压降取正号，反之取负号；与回路绕行方向成右手螺旋关系的磁动势取正号，反之取负号。

### 6.1.4　铁磁材料的磁性能

为产生较高的磁感应强度并使磁场主要集中在规定的路径内，需要用导磁性能较好的材料来制作磁路。铁、镍、钴及其合金以及铁氧体等材料的磁导率很高，导磁性能好，因此被称为铁磁材料，是电工设备中构成磁路的主要材料。

#### 1. 磁饱和性及磁化曲线

铁磁材料具有强磁化性，即把铁磁材料放在磁场强度为 $H$ 的磁场内时，铁磁材料会被磁化，铁磁物质内部产生了一个与外磁场同方向的很强的磁化（magnetization）磁场。铁磁材料的这一性能被广泛地应用于电工设备中，如电动机、变压器中的线圈都绕在用铁磁材料做成的铁心上，当线圈中通入不大的励磁电流时，铁心中就会产生具有足够大磁通和磁感应强度的磁场。

铁磁材料由于磁化所产生的磁化磁场不会随外磁场的增加而无限增强。当外磁场 $H$（或励磁电流）增大到一定值时，磁化磁场的磁感应强度 $B$ 达到饱和。

铁磁材料的 $B$、$H$ 之间关系没有准确的数学表达式，只能用 $B$-$H$ 曲线来描述，这条曲线称为磁化曲线（magnetization curve）。图 6.4 是用实验方法在铁磁材料反复磁化的情况下得到的曲线，称为基本磁化曲线，它表明了铁磁材料在磁化时有磁饱和现象。

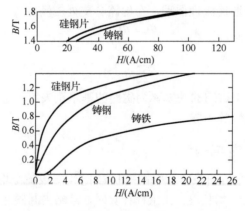

图 6.4　磁化曲线

铁磁材料的磁导率不是常数，$\mu$ 与 $H$ 的关系如图 6.5 所示。$\mu$ 的值开始很小；在 $B$-$H$ 曲线最陡处最大；当 $B$ 趋于饱和时 $\mu$ 又变小。

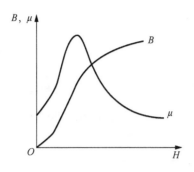

图 6.5　$\mu$-$H$ 曲线和 $B$-$H$ 曲线

2. **磁滞性及磁滞回线**

交流励磁时，磁感应强度 $B$ 总是滞后于磁场强度 $H$ 的变化，这种现象称为磁性材料的磁滞性（hysteresis），图 6.6 所示的曲线描述了这种特性，称为磁滞回线（hysteresis loop）。

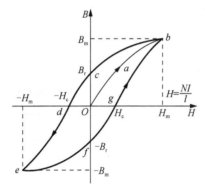

图 6.6　磁滞回线

实验证明，当铁磁材料中的 $B$ 和 $H$ 做周期性的往复变化时，$B$ 和 $H$ 的关系不是如图 6.4 所示的单值变化关系，而是如图 6.6 所示的多值变化关系。当磁场强度由 $H_m$ 减小到零时，磁感应强度并不减小到零，而是等于 $B_r$，$B_r$ 称为剩余磁感应强度，简称剩磁。若要去掉剩磁，使 $B=0$，就必须在相反方向上加外磁场，即施加反向磁场强度 $H_c$，$H_c$ 称为矫顽磁力。继续增加反向 $H$ 达到 $-H_m$ 时，$B$ 才等于 $-B_m$。如此往复变化，这种 $B$ 滞后于 $H$ 变化的现象即为磁滞现象，而 $B$-$H$ 曲线所围成的回线即为磁滞回线。

根据磁滞性的不同，铁磁材料可分为软磁材料和硬磁材料两类。软磁材料的磁滞回线较窄，剩磁和矫顽磁力都较小。如硅钢、铸钢及坡莫合金等都属于软磁材料，是制造电动机和变压器等电工设备铁心的好材料。硬磁材料的特点是磁滞回线较宽，剩磁和矫顽磁力都较大，需要较强的外磁场才能被磁化，但去掉外磁场后磁性不易消失。如碳钢、钴钢及铝镍钴合金等都属于硬磁性材料，适用于制造永久磁铁等永磁器件。

### 6.1.5 简单磁路的计算

1. 磁路与电路的对偶关系

磁路按励磁电流种类的不同，可分为直流磁路和交流磁路。磁路和电路的物理量及其基本定律有相似之处，可以用类比方法列出电路和磁路的对偶关系，如表 6.1 所示。

表 6.1 磁路与电路的对比

| 电路 | | 磁路 | |
| --- | --- | --- | --- |
| 电流 | $I$ | 磁通 | $\Phi$ |
| 电动势 | $E$ | 磁动势 | $F_{\mathrm{m}} = NI$ |
| 电导率 | $\sigma$ | 磁导率 | $\mu$ |
| 电阻 | $R = \dfrac{l}{\sigma S}$ | 磁阻 | $R_{\mathrm{m}} = \dfrac{l}{\mu S}$ |
| 电压降 | $U = IR$ | 磁压降 | $Hl = \Phi R_{\mathrm{m}}$ |
| 欧姆定律 | $I = \dfrac{E}{R}$ | 磁路欧姆定律 | $\Phi = \dfrac{F_{\mathrm{m}}}{R_{\mathrm{m}}}$ |
| 基尔霍夫第一定律 | $\sum I = 0$ | 磁路基尔霍夫第一定律 | $\sum \Phi = 0$ |
| 基尔霍夫第二定律 | $\sum IR = \sum E$ | 磁路基尔霍夫第二定律 | $\sum Hl = \sum NI$ |

应该指出，磁路虽然与电路具有对偶关系，但绝不意味着两者的物理本质相同。例如电路如果开路，虽有电动势也不会有电流，而在磁路中，即使存在着气隙，只要有磁动势必然有磁通。在电路中直流电流通过电阻时要消耗能量，而在磁路中，恒定磁通通过磁阻时并不消耗能量。

2. 简单磁路计算步骤

磁路的计算和电路计算有所不同。磁路欧姆定律一般不能直接用于定量计算。在进行磁路计算时，例如计算图 6.3 所示的简单磁路，可以应用磁路的基尔霍夫第二定律，即式（6.10），并配合 $B\text{-}H$ 磁化曲线，才能完成计算工作。

当磁路尺寸和磁化曲线已定时，若已知磁通 $\Phi$，需要求出磁动势 $F_{\mathrm{m}} = NI$，则可按下述步骤去进行：

（1）根据磁通 $\Phi$ 和截面积 $S$ 计算各段磁感应强度：
$$B_1 = \Phi / S_1, \, B_2 = \Phi / S_2, \, B_0 = \Phi / S_0$$

（2）根据 $B\text{-}H$ 磁化曲线，用 $B_1$ 和 $B_2$ 查出对应的磁场强度 $H_1$ 和 $H_2$；对于气隙或非铁磁材料磁路部分，可依公式 $H_0 = B_0 / \mu_0$，计算出 $H_0$；

（3）计算各段磁路的磁压降 $Hl$；

（4）应用公式 $\sum Hl = NI$ ，求出磁动势 $F_m = NI$ 和励磁电流 $I$ 。

如果这个磁路的计算问题是给定磁动势 $F_m = NI$ ，需要求出磁通 $\Phi$ ，则计算工作比较复杂。因为根据式（6.10），一个方程式解不出几个未知磁场强度 $H$ 。一般采用试探法，先假定一个磁通 $\Phi'$ （不要使 $B$ 过小或过饱和），依前面所述的步骤算出一个 $F'_m$ ；如 $F'_m < F_m$ ，则可根据情况再假定大些的磁通 $\Phi''$ ，再算出 $F''_m$ ；经过几次试探之后，便可以算出接近给定的 $F_m$ 。

**例 6.1** 图 6.7 所示磁路具有励磁线圈 1000 匝；上部静铁心由硅钢片叠成，截面积 $S_1 = 25\text{cm}^2$ ，平均长度 $l_1 = 40\text{cm}$ ；下部动铁心由铸钢制成，截面积 $S_2 = 22.7\text{cm}^2$ ，平均长度 $l_2 = 10\text{cm}$ ；气隙 $\delta_0 = 0.1\text{cm}$ ，考虑气隙磁场分布的边缘效应，取 $S_0 = 26\text{cm}^2$ 。要求在磁路中建立 $\Phi = 0.0025\text{Wb}$ 的磁通，求所需励磁电流。

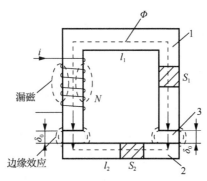

图 6.7 例 6.1 图

**解：** 此题磁路中各段磁通相同。

（1）由式（6.1），计算各段磁感应强度：

$$B_1 = \frac{\Phi}{S_1} = \frac{0.0025}{25 \times 10^{-4}} = 1\text{T}$$

$$B_2 = \frac{\Phi}{S_2} = \frac{0.0025}{22.7 \times 10^{-4}} = 1.1\text{T}$$

$$B_0 = \frac{\Phi}{S_0} = \frac{0.0025}{26 \times 10^{-4}} = 0.96\text{T}$$

（2）根据图 6.4 所示 $B$-$H$ 磁化曲线，查出各段磁场强度：

硅钢片： $B_1 = 1\text{T}$ ，查出 $H_1 = 3.5\text{A/cm}$ 。

铸钢： $B_2 = 1.1\text{T}$ ，查出 $H_2 = 10\text{A/cm}$ 。

根据式（6.3）直接计算气隙磁场为

$$H_0 = \frac{B_0}{\mu_0} = \frac{0.96}{4\pi \times 10^{-7}} = 7.6 \times 10^5 \text{A/m} = 7.6 \times 10^3 \text{A/cm}$$

（3）应用磁路的基尔霍夫第二定律计算磁动势：

$$F_m = NI = H_1 l_1 + H_2 l_2 + H_0 l_0$$
$$= 3.5 \times 40 + 10 \times 10 + 7.6 \times 10^3 \times 2 \times 0.1 = 1780\text{A}$$

需要注意的是，磁动势的单位虽然为"安（A）"，但它并不是线圈中的电流。

线圈中的励磁电流为

$$I = \frac{NI}{N} = \frac{1780}{1000} = 1.78\text{A}$$

## 6.2　铁心线圈电路

将线圈绕制在铁心上便构成了铁心线圈。根据线圈励磁电源的不同，铁心线圈分为直流铁心线圈和交流铁心线圈，它们的磁路分别为直流磁路和交流磁路。

### 6.2.1　直流铁心线圈电路

铁心线圈中通入直流电流，则磁路中产生的磁通是恒定的，因此在线圈和铁心中不会产生感应电动势。

直流铁心线圈电路的特点是：

（1）在一定外加电压 $U$ 的作用下，线圈中的电流 $I$ 只和线圈本身的电阻 $R$ 有关，与磁路的特性无关，即励磁电流 $I = U / R$。

（2）直流铁心线圈中，磁通 $\Phi$ 的大小不仅与线圈中的电流 $I$ 及磁动势 $NI$ 有关，还取决于磁路中的磁阻 $R_m$，即与磁路的导磁材料有关。

（3）直流铁心线圈的功率损耗只有 $I^2R$，由线圈中的电流和线圈的电阻决定。

直流电磁铁是典型的直流铁心线圈，由于磁路中磁通恒定，因而其静铁心和动铁心可以用整块的铸钢、软钢制成。计算电磁铁电磁吸力的公式为

$$F = \frac{10^7}{8\pi} B_0^2 S_0 \tag{6.11}$$

式中，$B_0$ 和 $S_0$ 分别是静铁心与动铁心之间气隙处的磁感应强度和截面积。直流电磁铁的线圈通电后，在动铁心吸合过程中，气隙逐渐减小，因而磁路中的磁阻不断减小。因为线圈电流不变，即磁动势不变，根据磁路的欧姆定律，铁心中的磁通和磁感应强度将会不断增大，因此，动铁心吸合过程中的电磁吸力是不断增强的。

### 6.2.2　交流铁心线圈电路

铁心线圈中通入交流励磁电流，这时在线圈和铁心中将产生感应电动势。交流铁心线圈中的电磁关系、电压和电流关系以及功率损耗等几个方面，都与直流铁心线圈不同。

#### 1. 电压、电流与磁通的关系

交流铁心线圈电路如图 6.8 所示。当铁心线圈外加交流电压 $u$，线圈中产生交流励磁电流 $i$ 时，磁动势 $Ni$ 就会在线圈中产生交变的磁通，其中通过铁心磁路而闭合的绝大部分磁通，称为主磁通（main flux）$\Phi$；只有很少的一部分是通过空气闭合的，称为漏磁通（leakage flux）$\Phi_\sigma$。

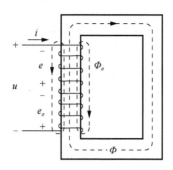

图 6.8　交流铁心线圈

根据电磁感应定律，交变磁通 $\Phi$ 和 $\Phi_\sigma$ 要在线圈中分别产生感应电动势，即主磁电动势 $e$ 和漏磁电动势 $e_\sigma$。图 6.8 中，设电动势 $e$ 和 $e_\sigma$ 的参考方向与磁通 $\Phi$ 和 $\Phi_\sigma$ 的参考方向符合右手螺旋法则，则有

$$e = -N\frac{\mathrm{d}\Phi}{\mathrm{d}t} \tag{6.12}$$

$$e_\sigma = -N\frac{\mathrm{d}\Phi_\sigma}{\mathrm{d}t} = -L_\sigma\frac{\mathrm{d}i}{\mathrm{d}t} \tag{6.13}$$

式中，$L_\sigma = \dfrac{N\Phi_\sigma}{i}$ 是一个常数，称为铁心线圈的漏磁电感。

根据基尔霍夫电压定律，可以得出铁心线圈中的电压和电流之间的关系为

$$u = ri + (-e) + (-e_\sigma) = ri + (-e) + L_\sigma\frac{\mathrm{d}i}{\mathrm{d}t} \tag{6.14}$$

式中，$r$ 为线圈的电阻。当所加电压 $u$ 是正弦量时，式（6.14）的相量形式为

$$\dot{U} = r\dot{I} + (-\dot{E}) + (-\dot{E}_\sigma) = r\dot{I} + (-\dot{E}) + \mathrm{j}\omega L_\sigma\dot{I} \tag{6.15}$$

由于主磁通 $\Phi$ 远大于漏磁通 $\Phi_\sigma$，因此线圈电阻上的压降 $ri$ 及漏磁电动势 $e_\sigma$ 与主磁电动势 $e$ 相比较都非常小，均可忽略不计，则式（6.14）可近似为

$$u \approx -e = N\frac{\mathrm{d}\Phi}{\mathrm{d}t}$$

用相量形式可表示为

$$\dot{U} \approx -\dot{E} \tag{6.16}$$

由此可以看出，当电源电压 $u$ 按正弦规律变化时，感应电动势 $e$ 和主磁通 $\Phi$ 也按正弦变化。

设主磁通 $\Phi = \Phi_\mathrm{m}\sin\omega t$，代入式（6.12）中，可得

$$e = -N\frac{\mathrm{d}\Phi}{\mathrm{d}t} = \omega N\Phi_\mathrm{m}\sin(\omega t - 90°)$$

因此，感应电动势 $e$ 的有效值为

$$E = \frac{\omega N\Phi_\mathrm{m}}{\sqrt{2}} = \frac{2\pi f N\Phi_\mathrm{m}}{\sqrt{2}} = 4.44 f N\Phi_\mathrm{m} \tag{6.17}$$

由式（6.16）可得

$$U \approx E = 4.44 f N\Phi_\mathrm{m} \tag{6.18}$$

式（6.18）反映了交流铁心线圈电路的基本电磁关系，是分析计算交流磁路的重要依据。

式（6.18）表明，当电源频率 $f$ 和线圈匝数 $N$ 一定时，铁心线圈中的主磁通的最大值 $\Phi_{\mathrm{m}}$ 是与电源电压有效值 $U$ 成正比的，即线圈中主磁通只取决于线圈的外加电压，与磁路的导磁材料和尺寸无关，这是直流与交流铁心线圈的重要区别。

交流铁心线圈中励磁电流 $i$ 的最大值与磁通最大值的对应关系可由安培环路定律求出：

$$\sum H_{\mathrm{m}} l = N I_{\mathrm{m}} \tag{6.19}$$

式中，$H_{\mathrm{m}} = B_{\mathrm{m}}/\mu$，其中 $B_{\mathrm{m}} = \Phi_{\mathrm{m}}/S$。

当电流 $i$ 按等效正弦量考虑时，其有效值可按下式计算：

$$I \approx \frac{I_{\mathrm{m}}}{\sqrt{2}} = \frac{\sum H_{\mathrm{m}} l}{\sqrt{2} N} \tag{6.20}$$

**例 6.2**  铁心尺寸和技术数据同例 6.1，线圈匝数改为 500 匝。当外接 220V，50Hz 的交流电源时，计算：（1）铁心中磁通的最大值 $\Phi_{\mathrm{m}}$；（2）线圈中电流的有效值 $I$。

**解**：（1）根据式（6.18）可得

$$\Phi_{\mathrm{m}} \approx \frac{U}{4.44 f N} = \frac{220}{4.44 \times 50 \times 500} = 19.8 \times 10^{-4} \mathrm{Wb}$$

（2）电流的计算方法类似于例 6.1。

首先，计算磁路各段磁感应强度：

$$B_{\mathrm{1m}} = \frac{\Phi_{\mathrm{m}}}{S_1} = \frac{19.8 \times 10^{-4}}{25 \times 10^{-4}} = 0.79\mathrm{T}$$

$$B_{\mathrm{2m}} = \frac{\Phi_{\mathrm{m}}}{S_2} = \frac{19.8 \times 10^{-4}}{22.7 \times 10^{-4}} = 0.87\mathrm{T}$$

$$B_{\mathrm{0m}} = \frac{\Phi_{\mathrm{m}}}{S_0} = \frac{19.8 \times 10^{-4}}{26 \times 10^{-4}} = 0.76\mathrm{T}$$

其次，根据图 6.4 所示 $B\text{-}H$ 磁化曲线，查出各段磁场强度如下。

硅钢片：$B_{\mathrm{1m}} = 0.79\mathrm{T}$，查出 $H_{\mathrm{1m}} = 1.1\mathrm{A/cm}$。

铸钢：$B_{\mathrm{2m}} = 0.87\mathrm{T}$，查出 $H_{\mathrm{2m}} = 5.5\mathrm{A/cm}$。

气隙的磁场强度根据式（6.3）直接计算：

$$H_{\mathrm{0m}} = \frac{B_{\mathrm{0m}}}{\mu_0} = \frac{0.76}{4\pi \times 10^{-7}} = 6.05 \times 10^5 \mathrm{A/m} = 6.05 \times 10^3 \mathrm{A/cm}$$

最后，根据式（6.20）计算线圈中电流的有效值：

$$I = \frac{\sum H_{\mathrm{m}} l}{\sqrt{2} N} = \frac{H_{\mathrm{1m}} l_1 + H_{\mathrm{2m}} l_2 + H_{\mathrm{0m}} l_0}{\sqrt{2} N}$$

$$= \frac{1.1 \times 40 + 5.5 \times 10 + 6.05 \times 10^3 \times 2 \times 0.1}{\sqrt{2} \times 500} = 1.85\mathrm{A}$$

### 2. 功率损耗

交流铁心线圈的功率损耗有两部分：一部分是线圈电阻 $r$ 通过电流发热产生的损耗，称为铜损（copper loss）$p_{Cu}$；另一部分是因为交流铁心线圈磁路中磁通是交变的，铁心的交变磁化所产生的能量损耗，称为铁心损耗（core loss），简称铁损 $p_{Fe}$。在忽略线圈电阻的条件下，交流铁心线圈中的功率损耗主要是铁损，铁损分磁滞损耗（hysteresis loss）$p_h$ 和涡流损耗（eddy-current loss）$p_e$ 两种。

由于磁滞现象的存在，使铁磁材料在交变往复磁化过程中产生的能量损耗，称为磁滞损耗 $p_h$。实验证明磁滞损耗正比于磁滞回线所包围的面积。所以在交流励磁时，为了减小磁滞损耗，应选择软磁材料做铁心。

另外，如图 6.9 所示，交变磁通在铁心中会产生感应电动势 $e_w$，在其作用下，铁心中会产生漩涡状的电流 $i_w$，称为涡流（eddy current）。涡流通过铁心电阻产生的功率损耗称为涡流损耗 $p_e$。在交流励磁时，为了减小涡流损耗，通常将铁心做成叠片状（片间绝缘），如图 6.9（b）所示。例如，工频情况下通常采用互相绝缘的厚度为 0.35mm 或 0.5mm 的硅钢片叠成铁心以减小涡流损耗。

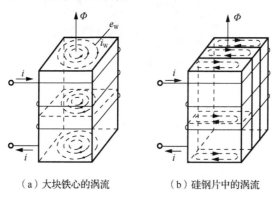

（a）大块铁心的涡流　　　　　　（b）硅钢片中的涡流

图 6.9　涡流的分布

## 6.3　变　压　器

变压器（transformer）是根据电磁感应原理制成的一种电气设备，具有变换电压、变换电流和变换阻抗的功能，在电工电子技术中获得广泛的应用。如在电力系统中传输电能时，如果输送电能是一定的，则用变压器升高电压可以减小输送电流，这样不仅能够减小输电线的截面积，节省材料，还可以降低输电线路上的功率损耗；在用电时，再用变压器降低电压以便适合电气设备额定电压的要求并保证人身安全。在电子线路中，变压器除作为电源变压器外，还可用来传递交流信号和实现阻抗变换。

变压器或电机中的线圈往往是由多个线圈元件串联、并联组成的，通常称为绕组（winding）。实际变压器的种类较多，按照铁心与绕组的相互配置形式，可分为壳式变压器和心式变压器；按使用电源相数，一般可分为单相变压器和三相变压器；按绝缘散热方式，可分为油浸式变压器、气体绝缘变压器和干式变压器等；如按用途分类，可分为电力变压器、自耦调压变压器和仪用互感器等。

### 6.3.1　变压器的基本结构

尽管变压器的种类较多，形状各异，但各类变压器的基本结构是相似的。图 6.10 是油浸式电力变压器的外形图。变压器的主体结构主要由铁心和绕组组成。

变压器的基本结构

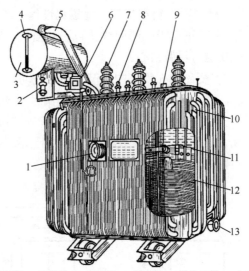

1-信号式温度计；2-吸湿器；3-储油柜；4-油位计；5-安全气道；6-气体继电器；
7-高压套管；8-低压套管；9-分接开关；10-油箱；11-铁心；12-线圈；13-放油阀门

图 6.10　油浸式电力变压器

铁心是构成变压器磁路的主体部分。图 6.11（a）为壳式变压器，其铁心把绕组包围在中间，小容量的变压器一般为这种结构；图 6.11（b）为心式变压器，其绕组套在铁心柱上，容量较大的变压器多为这种结构；图 6.11（c）所示的卷片式铁心由长条冷轧硅钢片卷成，经热处理后锯成两半使用，故使用很方便。

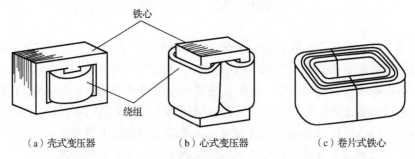

（a）壳式变压器　　　　　　（b）心式变压器　　　　　　（c）卷片式铁心

图 6.11　变压器的铁心结构

绕组是变压器电路的主体部分。与电源连接的绕组称为一次绕组（primary winding），也叫原绕组、初级绕组或原边；与负载相连的绕组称为二次绕组（secondary winding），也叫副绕组、次级绕组或副边。

铁心担负着变压器一、二次绕组的电磁耦合任务，而一次绕组由电源输入功率，二次绕组向负载输出功率。一次绕组与二次绕组及各绕组与铁心之间都要进行绝缘。另外，大容量变压器一般要配备散热装置。

### 6.3.2　变压器的工作原理

以单相变压器为例介绍其工作原理。如图 6.12 所示，一次绕组匝数为 $N_1$；二次绕组匝数为 $N_2$。

变压器的工作原理

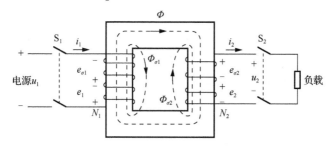

图 6.12　变压器工作原理

#### 1. 空载运行和电压变换

图 6.12 中，当开关 $S_1$ 闭合，一次绕组接通交流电源 $u_1$，而开关 $S_2$ 断开，二次绕组未接负载时，变压器就处于空载运行状态。空载运行时，一次绕组中电流 $i_1 = i_{10}$，称为空载电流（又称空载励磁电流），而二次绕组中电流 $i_2 = 0$。由一次绕组磁动势 $N_1 i_{10}$ 产生的磁通绝大部分经铁心而闭合，这部分磁通称为主磁通 $\Phi$。一、二次绕组同时与主磁通交链，且主磁通是交变的，则根据电磁感应原理，主磁通分别在一、二次绕组中产生频率相同的感应电动势 $e_1$ 和 $e_2$。此外，还有很小一部分磁通只穿过部分铁心经空气而闭合，它只与一次绕组交链，称为漏磁通 $\Phi_{\sigma 1}$。漏磁通只在一次绕组中产生漏磁电动势 $e_{\sigma 1}$。各物理量的参考方向如图 6.12 所示。

变压器空载运行时与交流铁心线圈电路情况相同，因此，当交流电源 $u_1$ 为正弦量时，主磁通 $\Phi$ 也按正弦规律变化，即 $\Phi = \Phi_m \sin \omega t$。若忽略一次绕组电阻压降和漏感压降，则根据交流铁心线圈电路分析结果可得

$$u_1 \approx -e_1 = N_1 \frac{\mathrm{d}\Phi}{\mathrm{d}t} = \sqrt{2} E_1 \sin(\omega t + 90°) \qquad (6.21)$$

$$\dot{U}_1 \approx -\dot{E}_1 \qquad (6.22)$$

$$U_1 \approx E_1 = 4.44 f N_1 \Phi_m \qquad (6.23)$$

式（6.23）表明，变压器在电源频率 $f$ 与一次绕组匝数 $N_1$ 固定时，铁心中主磁通的最大值 $\Phi_m$ 基本上取决于电源电压 $U_1$。

变压器空载时，二次绕组是开路的，其端电压 $u_2 = u_{20}$，则有

$$e_2 = -N_2 \frac{\mathrm{d}\Phi}{\mathrm{d}t} = \sqrt{2} E_2 \sin(\omega t - 90°) \qquad (6.24)$$

$$u_2 = u_{20} = e_2 = \sqrt{2}U_{20}\sin(\omega t - 90°) \tag{6.25}$$

式中,

$$U_{20} = E_2 = 4.44fN_2\Phi_m \tag{6.26}$$

由式(6.23)及式(6.26)可得出一、二次绕组的电压比(voltage ratio)为

$$\frac{U_1}{U_{20}} \approx \frac{E_1}{E_2} = \frac{N_1}{N_2} = k \tag{6.27}$$

由此可见,变压器可以通过改变一、二次绕组的匝数,实现电压变换。即当电源电压 $U_1$ 一定时,只要改变匝数比(turns ratio)$k$,就可以得到不同的输出电压 $U_2$,从而可以满足负载对电压数值的要求。

与交流铁心线圈一样,空载电流 $I_{10}$ 取决于它所产生的主磁通最大值 $\Phi_m$ 和磁路的具体条件。由于变压器磁路中气隙很小,在额定工作状态下,磁路尚未饱和,因此 $I_{10}$ 很小,约为一次绕组额定电流的 3%~8%。此时变压器的输入功率主要消耗于铁损,即

$$P_{10} = U_1 I_{10}\cos\varphi_{10} \approx p_{Fe} \tag{6.28}$$

**2. 负载运行和电流变换**

图 6.12 中,$S_1$、$S_2$ 同时闭合,二次绕组与负载接通,此时变压器就处于负载运行状态。负载运行时,一次绕组电流从 $i_{10}$ 增加为 $i_1$,其磁动势为 $N_1 i_1$;二次绕组电路在 $e_2$ 的作用下产生电流 $i_2$,其磁动势为 $N_2 i_2$。二次绕组输出功率增加,一次绕组的输入功率也相应增加。

根据图 6.12 变压器一、二次绕组中的电流 $i_1$ 和 $i_2$ 的正方向,一、二次绕组的磁动势是相加的关系,即负载运行时,变压器铁心中的主磁通 $\Phi$ 是由合成磁动势 $(N_1 i_1 + N_2 i_2)$ 产生的。而空载时主磁通只由 $N_1 i_{10}$ 产生。根据式(6.23)可知,无论变压器空载还是负载运行,只要电源电压 $U_1$、一次绕组匝数 $N_1$ 和频率 $f$ 一定时,$\Phi_m$ 近似为常值。因此变压器在空载及负载运行时的磁动势应近似相等,即

$$N_1 i_1 + N_2 i_2 = N_1 i_{10}$$

用相量形式可表示为

$$N_1 \dot{I}_1 + N_2 \dot{I}_2 = N_1 \dot{I}_{10} \tag{6.29}$$

如前所述,空载电流 $I_{10}$ 数值很小,则 $N_1 \dot{I}_{10}$ 可以忽略,即

$$N_1 \dot{I}_1 + N_2 \dot{I}_2 \approx 0$$

或

$$N_1 \dot{I}_1 \approx -N_2 \dot{I}_2 \tag{6.30}$$

这个关系称为磁动势平衡式。由此可以得出一、二次绕组的电流关系为

$$\frac{I_1}{I_2} \approx \frac{N_2}{N_1} = \frac{1}{k} \tag{6.31}$$

由此可见,变压器中的电流虽然由负载决定,但是一、二次绕组中电流的比值基本上不变,等于它们匝数比的倒数。

### 3. 阻抗变换

由上面的分析可以看到，虽然变压器一、二次侧电路之间只有磁的耦合而没有电的直接联系，但实际上一次绕组的电流会随着二次侧的负载阻抗模 $|Z_L|$ 的变化而变化。如果 $|Z_L|$ 减小，则二次电流 $I_2 = \dfrac{U_2}{|Z_L|}$ 增大，一次电流 $I_1 = I_2 \cdot \dfrac{1}{k}$ 也必随之增大。为了反映二次阻抗模 $|Z_L|$ 对一次电流 $I_1$ 的影响，可假设一次侧电路中存在一个等效的负载阻抗模 $|Z_L'|$，则可用图 6.13（b）的等效电路代替图 6.13（a）所示的变压器电路。

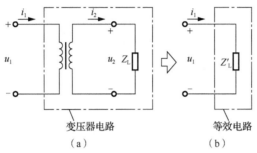

图 6.13　变压器的阻抗变换

阻抗变换（impedance transformation）关系式可利用式（6.27）的电压变换关系式及式（6.31）的电流变换关系式推出，即

$$|Z_L'| = \frac{U_1}{I_1} = \frac{U_2 \cdot k}{I_2 \cdot \dfrac{1}{k}} = k^2 \frac{U_2}{I_2} = k^2 |Z_L| \tag{6.32}$$

变压器的阻抗变换常用于电路中的负载和电源"匹配"，从而使负载从电源获得的功率最大。例如在图 6.14（a）中，若电源电压 $u_0$ 与电源内阻 $R_0$ 一定，则当负载电阻等于电源内阻时，即

$$R_L = R_0 \tag{6.33}$$

负载可获得最大功率。式（6.33）就是负载与电源匹配的条件。

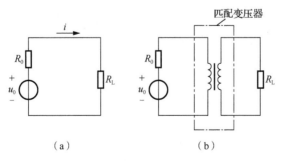

图 6.14　阻抗匹配

　　如果实际的负载电阻不能满足匹配条件,则可用变压器进行阻抗匹配,如图 6.14(b)所示。

　　**例 6.3**　电路如图 6.15 所示,已知交流信号源的电压有效值 $U_0 = 106\text{V}$ ,内阻 $R_0 = 5.6\text{k}\Omega$ ,负载是一个电阻 $R_L$ 为 3.5Ω、功率为 0.5W 的扬声器(喇叭)。(1)用变压器实现阻抗匹配,求变压器的变比应是多少?并求变压器一、二次电压、电流和扬声器消耗的功率;(2)选用变比 $k = 20$ 的变压器,再求一、二次电压、电流和扬声器消耗功率。

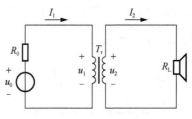

图 6.15　例 6.3 图

　　**解:**(1)阻抗匹配,即变压器一次侧的等效负载电阻 $R_L'$ 与信号源内阻 $R_0$ 相等。由式(6.32)可求出匹配变压器的变比为

$$k = \sqrt{\frac{R_L'}{R_L}} = \sqrt{\frac{R_0}{R_L}} = \sqrt{\frac{5.6 \times 10^3}{3.5}} = 40$$

变压器一、二次电流,电压分别为

$$I_1 = \frac{U_0}{R_0 + R_L'} = \frac{106}{5.6 + 5.6} = 9.46\text{mA}$$

$$I_2 = I_1 \cdot k = 9.46 \times 40 = 378.4\text{mA}$$

$$U_1 = I_1 \cdot R_L' = 9.46 \times 5.6 = 53\text{V}$$

$$U_2 = \frac{U_1}{k} = \frac{53}{40} = 1.325\text{V}$$

扬声器消耗的功率为

$$P = U_2 \cdot I_2 = 1.325 \times 378.4 \times 10^{-3} = 0.5\text{W}$$

　　(2)变压器变比 $k = 20$ 时,变压器一次侧的等效负载电阻为

$$R_L' = k^2 \cdot R_L = 20^2 \times 3.5 = 1400\Omega$$

此时变压器一、二次电流,电压分别为

$$I_1 = \frac{U_0}{R_0 + R_L'} = \frac{106}{5.6 + 1.4} = 15.14\text{mA}$$

$$I_2 = I_1 \cdot k = 15.14 \times 20 = 302.8\text{mA}$$

$$U_1 = I_1 \cdot R_L' = 15.14 \times 1.4 = 21.2\text{V}$$

$$U_2 = \frac{U_1}{k} = \frac{21.2}{20} = 1.06\text{V}$$

扬声器消耗的功率为

$$P = U_2 \cdot I_2 = 1.06 \times 302.8 \times 10^{-3} = 0.32\text{W}$$

**4. 变压器的外特性**

由于实际变压器的磁路磁阻和本身阻抗都不等于零，因此，当一次侧的输入电压有效值 $U_1$ 保持不变时，二次侧的输出电压有效值 $U_2$ 将随着二次电流 $I_2$ 的变化而变化。比如电流越大，变压器本身阻抗的压降越大，$U_2$ 就越小。当输入电压和负载的功率因数为常数时，输出电压 $U_2$ 随输出电流 $I_2$ 变化的曲线称为变压器的外特性，如图 6.16 所示。很明显，理想变压器的外特性是一条水平横线。

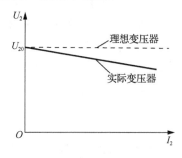

图 6.16　变压器的外特性

变压器输出电压 $U_2$ 变化的程度用电压变化率表示，定义为

$$\Delta U_2\% = \frac{U_{20} - U_2}{U_{20}} \times 100\% \tag{6.34}$$

## 6.3.3　变压器绕组的同名端及其联接

使用变压器时，绕组必须正确联接，否则不仅不能正常工作，有时还会损坏变压器。为此应了解绕组的同名端的概念，它是同一变压器绕组间相互联接、绕组与其他电气设备相互联接的基本依据。

所谓同名端，也称为同极性端，是指感应电动势极性相同的不同绕组的出线端；或者当电流从同名端同时流进（或同时流出）时，产生的磁通方向一致。同名端通常用"*"或"·"标记，如图 6.17 所示。

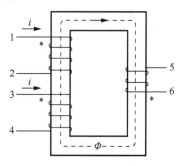

图 6.17　多绕组变压器的同名端

确定变压器绕组的同名端是为了能正确地进行绕组的联接。现举例说明如下。

在图 6.17 中，若一次绕组 1-2 和 3-4 的匝数相同，且额定电压都是 110V，当电源电压为 220V 时，应将 2 端与 3 端（异名端）相接，而 1 端与 4 端接电源，这样通过串联绕组，两组线圈的电压都是 110V，产生的磁通方向一致，它们共同作用，在铁心中产生额定工作磁通。

如果将 2 端与 4 端相接，而 1 端与 3 端接电源，那么任何瞬间两绕组中产生的磁通都将互相抵消，则磁路中没有交变磁通，所以线圈中将不会产生感应电动势，一次侧中的电流将很大（只取决于电源电压和线圈电阻），变压器绕组会迅速发热而烧毁。

若电源电压为 110V，则应将 1 端与 3 端（同名端）相接，2 端与 4 端相接，再将两个联接点接入电源，这样两绕组并联，每组线圈的电压仍为 110V，两绕组产生的磁通方向一致，它们共同作用，在铁心中产生额定工作磁通。

由上述例子可见，不论电源电压为 220V 还是 110V，只要正确联接绕组，都可保证磁路中的额定工作磁通，变压器得以正常工作。

### 6.3.4　三相变压器

电力系统中的变压器多为三相变压器。三相变压器有三相组式变压器和三相心式变压器两种。

三相组式变压器是用三台容量、变比等完全相同的单相变压器按三相联结方式组成。如图 6.18 所示，将三台单相变压器的一、二次绕组分别接成星（丫）形或三角（△）形而构成三相变压器。

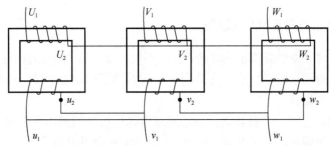

图 6.18　三相组式变压器（星形/三角形联结）

三相心式变压器的结构如图 6.19 所示。它的铁心是一个整体，有三个芯柱，每个芯柱上各套着一相一、二次绕组。它的三相一、二次绕组也可接成星形或三角形。

比较组式变压器和心式变压器，在相同额定容量下，心式变压器因具有成本低、效率高等优点而得以广泛使用。然而，组式变压器中的每一台单相变压器却比一台三相心式变压器体积小、重量轻，因此对一些超高电压、特大容量的三相变压器均采用组式变压器结构。

按国家标准的规定，用字母 Y 表示一次绕组无中性点引出的星形联结，YN 表示一次绕组有中性点引出的星形联结，D 表示一次绕组的三角形联结，相应的小写字母表示二次绕组的连接方式，而一、二次绕组的连接符号之间用逗号隔开，如 Y,d 联结。为表述清晰起见，下文中采用符号"／"表示一、二次绕组之间的隔开符号。

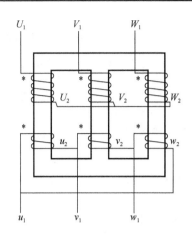

图 6.19 三相心式变压器（星形/三角形联结）

三相变压器有多种接法，如 Y／yn、Y／d、YN／d、Y／y、YN／y 等，其中以前三种应用最多。

三相变压器的工作原理与单相变压器相同。单相变压器中的电压和电流变换关系对于三相变压器都是适用的。但要注意变换关系中的电压和电流应为三相变压器的每相绕组的相值，即相电压和相电流；而三相变压器的铭牌数据均为线值，即线电压 $U_{\mathrm{N}}$ 和线电流 $I_{\mathrm{N}}$，计算时应进行必要的线、相值变换。

### 6.3.5 变压器的技术数据

为了合理、正确地使用变压器，制造厂家给出了一些反映变压器运行条件的技术数据，主要如下：

变压器的技术数据

（1）额定电压 $U_{1\mathrm{N}}$、$U_{2\mathrm{N}}$。$U_{1\mathrm{N}}$ 为正常运行时加到一次绕组上的最大电压有效值；$U_{2\mathrm{N}}$ 为一次绕组加额定电压时二次绕组的开路电压有效值。对于三相变压器，如没有特殊说明，额定电压均指线电压。

（2）额定电流 $I_{1\mathrm{N}}$、$I_{2\mathrm{N}}$。$I_{1\mathrm{N}}$、$I_{2\mathrm{N}}$ 分别为变压器连续运行时，一、二次绕组允许通过的最大电流有效值。三相变压器 $I_{1\mathrm{N}}$、$I_{2\mathrm{N}}$ 均指线电流。

对于单相变压器，$I_{1\mathrm{N}}$ 与 $I_{2\mathrm{N}}$ 的关系为 $\dfrac{I_{1\mathrm{N}}}{I_{2\mathrm{N}}}=\dfrac{1}{k}$。

对于三相变压器，$I_{1\mathrm{N}}$ 与 $I_{2\mathrm{N}}$ 的关系要视一、二次绕组联结形式而定。例如星形／星形联结时为 $\dfrac{I_{1\mathrm{N}}}{I_{2\mathrm{N}}}=\dfrac{1}{k}$；三角形/星形联结时为 $\dfrac{I_{1\mathrm{N}}/\sqrt{3}}{I_{2\mathrm{N}}}=\dfrac{1}{k}$。

（3）额定容量 $S_{\mathrm{N}}$。表示在额定电压、额定电流时变压器的工作能力，用视在功率表示。

对于单相变压器：

$$S_{\mathrm{N}}=U_{1\mathrm{N}}I_{1\mathrm{N}}=U_{2\mathrm{N}}I_{2\mathrm{N}} \tag{6.35}$$

但在额定电压、额定电流条件下，变压器输出的有功功率 $P_2$ 则取决于负载的功率因数 $\cos\varphi$，即

$$P_2 = U_{2N}I_{2N}\cos\varphi = \frac{U_{1N}}{k}(k \cdot I_{1N})\cos\varphi = U_{1N}I_{1N}\cos\varphi = S_N\cos\varphi \qquad (6.36)$$

只有在 $\cos\varphi = 1$ 时，变压器输出的有功功率才等于变压器的额定容量。

对于三相变压器：

$$S_N = \sqrt{3}U_{1N}I_{1N} = \sqrt{3}U_{2N}I_{2N} \qquad (6.37)$$

除了上述额定数据外，变压器的铭牌上还标有相数、效率、温升、短路电压、使用条件和冷却方式等技术数据。

**例 6.4** 三相变压器如图 6.20 所示，一、二次绕组为三角形／星形联结。已知一次线电压 $U_{1L} = 6600\text{V}$，$N_1 = 15000$ 匝，$N_2 = 500$ 匝，若二次侧与三角形联结的三相对称负载相连，负载阻抗模 $|Z| = 38\Omega$，求一次线电流 $I_{1L}$。

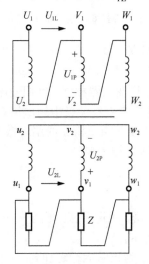

图 6.20 例 6.4 图

**解：** 因为变压器的一、二次相电压之比就是匝数比，即

$$\frac{U_{1P}}{U_{2P}} = \frac{N_1}{N_2} = \frac{15000}{500} = 30 = k$$

所以变压器二次相电压为

$$U_{2P} = \frac{U_{1P}}{k} = \frac{U_{1L}}{k} = \frac{6600}{30} = 220\text{V}$$

变压器二次绕组星形联结，则二次线电压为

$$U_{2L} = \sqrt{3}U_{2P} = \sqrt{3} \times 220 = 380\text{V}$$

三相对称负载三角形联结，因此负载中电流为

$$I_P = \frac{U_{2L}}{|Z|} = \frac{380}{38} = 10\text{A}$$

二次绕组的线电流（也是绕组的相电流）为

$$I_{2L} = I_{2P} = \sqrt{3}I_P = 10\sqrt{3}\text{A}$$

由变压器的电流变换关系，可得一次绕组的相电流为

$$I_{1P} = \frac{I_{2P}}{k} = \frac{10\sqrt{3}}{30} = \frac{\sqrt{3}}{3}A$$

变压器一次绕组三角形联结，因此，一次线电流为

$$I_{1L} = \sqrt{3}I_{1P} = \sqrt{3} \times \frac{\sqrt{3}}{3} = 1A$$

### 6.3.6　特殊变压器

**1. 自耦变压器**

特殊变压器

自耦变压器（auto-transformer）原理电路如图 6.21 所示。它的特点是一、二次侧共用一个绕组，依靠绕组自身的耦合完成变压功能。

自耦变压器的工作原理与普通变压器工作原理相同，其一、二次侧的电压变换和电流变换关系依旧为

$$\frac{U_1}{U_2} = \frac{N_1}{N_2} = k , \frac{I_1}{I_2} = \frac{N_2}{N_1} = \frac{1}{k}$$

自耦变压器大多作为调压变压器使用。当移动二次侧触点来改变二次侧匝数 $N_2$ 时，就可以改变输出电压 $U_2$。如实验室中常用的自耦调压器，一次电压为 220V，二次电压可以在 0~250V 范围内调节。

与普通变压器相比，自耦变压器用料少，尺寸小，效率高。但它的一、二次侧之间有电的联系，不适用于要求一、二次侧之间有电气隔离的设备。

**2. 电压互感器**

电压互感器及后面将要介绍的电流互感器都是仪用互感器，是测量用的变压器。

用电压表直接测量高压电路中的电压，既不安全，也不合理，因此经常用电压互感器来扩大测量仪表的电压测量范围，即用一定变比的降压变压器将电压降低，再用电压表进行测量。这种测量用的降压变压器就是电压互感器，其原理和测量接线图如图 6.22 所示。

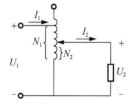

图 6.21　自耦变压器原理图

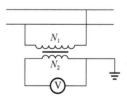

图 6.22　电压互感器

电压互感器一次绕组匝数 $N_1$ 多，它并联于待测的高压线路中；二次绕组匝数 $N_2$ 少，并联接入电压表或其他仪表的电压线圈。若一、二次绕组匝数比为 $k$，则根据变压器电压变换关系，有

$$U_1 = U_2 k \tag{6.38}$$

这样就可以通过测量 $U_2$ 而计算出被测电压 $U_1$。有些与电压互感器配套使用的电压

表已按放大 $k$ 倍的数值刻度，可直接读出 $U_1$ 的数值。

与普通变压器相比，电压互感器是专门设计用于测量高电压的特殊用途变压器，其原绕组额定电压很高，对绝缘强度要求高。

电压互感器起到降压和隔离高压的两种作用。由于涉及高压，为确保安全，并且防止静电荷积累而影响仪表读数，电压互感器的铁心、金属外壳及二次绕组的一端必须可靠接地。电压互感器运行时二次侧不允许短路，以免电流过大烧坏互感器。

### 3. 电流互感器

测量高压线路中的电流，或测量低压线路中的大电流时，通常用电流互感器将高压线路隔开，并将大电流变小，以便测量。其原理和接线方式如图 6.23 所示。

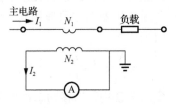

图 6.23　电流互感器

电流互感器一次绕组匝数 $N_1$ 很少（一匝或几匝），导线粗，串联于待测电路中，二次绕组匝数 $N_2$ 多，导线细，串联接入电流表或其他仪表的电流线圈。若一、二次绕组匝数比为 $k$，则根据变压器电流变换原理，可得

$$I_1 = \frac{I_2}{k} \tag{6.39}$$

这样就可以通过测量 $I_2$ 而计算出一次电路中的电流 $I_1$。有些与电流互感器配套使用的电流表可在表盘上直接指示出 $I_1$ 的数值。

在使用电流互感器时，二次侧绝对不允许开路。由于电流表内阻很小，电流互感器的二次绕组电路接近于短路状态，而一次绕组与负载串联，其中电流 $I_1$ 的大小完全由负载决定。电流互感器正常工作时，由于磁动势 $N_2 I_2$ 产生的去磁作用，互感器铁心中磁通很小，因此一、二次绕组电压都很小。如果二次侧开路（如在拆除仪表时未先将二次绕组短接），则二次绕组的电流 $I_2 = 0$，磁动势 $N_2 I_2 = 0$，不能对一次绕组的磁动势起去磁作用，但是一次绕组的电流 $I_1$ 不变，在磁动势 $N_1 I_1$ 作用下，互感器铁心中磁通大大增加，则在二次绕组上感应出非常高的电压；同时铁心损耗也大增，铁心急剧发热。这样会给人身和设备带来危险。

此外，同电压互感器一样，为了使用安全起见，电流互感器的铁心及二次绕组的一端应该接地。

## 习　　题

6.1　由硅钢片做成的磁路如图 6.24 所示。已知磁路平均长度 $l=100\text{cm}$，气隙

$\delta = 0.05\text{cm}$，横截面积 $S = 21\text{cm}^2$，线圈匝数 $N = 600$，要求磁路中磁通 $\Phi = 0.0019\text{Wb}$。
（1）求所需励磁电流；（2）若磁路无气隙，磁通保持不变，求所需励磁电流；（3）若磁路无气隙，外加电压、线圈匝数、电阻都不变，求磁感应强度。

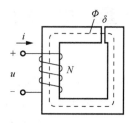

图 6.24 习题 6.1 图

6.2 有一交流铁心线圈，接在 $f = 50\text{Hz}$ 的正弦电源上，在铁心中得到的磁通最大值 $\Phi_{\text{m}} = 0.0023\text{Wb}$。若在此铁心上再绕一个匝数为 200 的线圈，求此线圈开路时其两端的电压。

6.3 有一单相照明变压器，容量为 $S_{\text{N}} = 10\text{kV·A}$，额定电压为 $U_{1\text{N}} / U_{2\text{N}} = 3300 / 220\text{V}$。
（1）求一次、二次绕组的额定电流；（2）如果要变压器在额定情况下运行，问在二次侧最多可接多少只 60W、220V 的白炽灯？

6.4 一台收音机的输出变压器，一次绕组的匝数为 230，二次绕组的匝数为 80，原来配接 $8\Omega$ 的扬声器，现要改用 $4\Omega$ 的扬声器，则二次绕组的匝数应改为多少？

6.5 一台容量为 $50\text{kV·A}$、额定电压为 $6000/230\text{V}$ 的变压器，在满载情况下向 $\cos\varphi = 0.85$ 的感性负载供电时，测得二次电压为 220V，求此时变压器输出的有功功率。

6.6 某三相变压器一次绕组每相匝数 $N_1 = 2080$ 匝，二次绕组每相匝数 $N_2 = 80$ 匝，如一次绕组端所加线电压 $U_{1\text{N}} = 6000\text{V}$，试求在（1）Y / y 和（2）Y / d 两种接法时二次绕组端的线电压和相电压。

6.7 在图 6.25 所示的多绕组变压器中，试根据各绕组绕向标出同极性端。

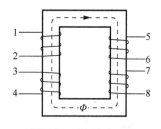

图 6.25 习题 6.7 图

6.8 有一自耦变压器，接于 220V 交流电源的一次绕组 1000 匝，带有负载 $Z = 4 + \text{j}3\Omega$ 的二次绕组 500 匝。试求：（1）二次电压；（2）输出电流；（3）输出的有功功率。

# 第7章 电 动 机

实现能量转换的电机称为动力电机,其中将机械能转换为电能的称为发电机(generator),将电能转换为机械能的称为电动机(motor),理论上电机既可作发电机运行,也可作电动机运行。用于信号转换的电机称为控制电机。

按照电机所耗用电能的种类,可分为交流电机和直流电机两大类,而交流电机按工作原理又可分为同步(synchronous)电机和异步(asynchronous)电机两种,每种又有三相(three-phase)和单相(single-phase)之分。

本章主要介绍三相异步电动机及直流电动机的基本结构、工作原理、运行特性、铭牌数据及使用方法等,并简要介绍几种常用的控制电机。

## 7.1 三相异步电动机的基本结构和工作原理

异步电动机是利用电磁现象进行能量传递和转换的一种电气设备,具有结构简单、坚固耐用、工作可靠、价格便宜、维护方便等一系列优点,被广泛应用于拖动各种类型的生产机械设备。据统计,异步电动机的总容量约占电网总动力负载的85%左右。但异步电动机存在不能经济地实现较宽范围的平滑调速且功率因数较低等一些缺点。

异步电动机的电磁关系与变压器相类似。变压器的某些规律和分析方法,在讨论异步电动机时也同样适用。

### 7.1.1 基本结构

异步电动机主要由定子(stator)和转子(rotor)两个基本部分所组成。图 7.1 为三相笼型异步电动机的结构。

基本结构

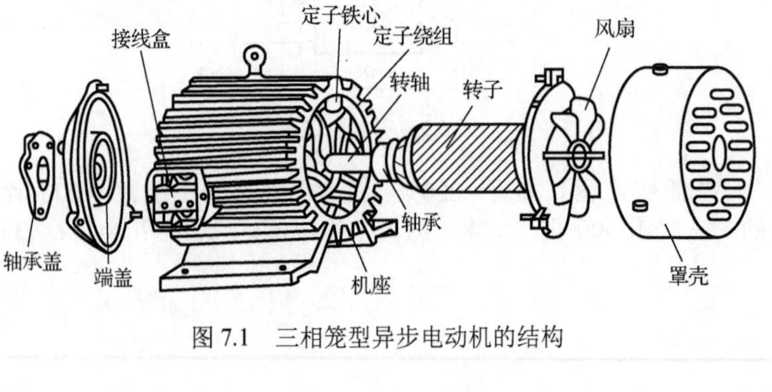

图 7.1 三相笼型异步电动机的结构

## 1. 定子

定子是异步电动机的固定静止部分，由机座和装在机座内的定子铁心和定子绕组所组成。机座用铸铁或铸钢制成。定子铁心是电动机磁路的组成部分，由互相绝缘的硅钢片叠成一个圆筒，圆筒的内圆周表面有均匀分布的槽，用来放置定子绕组。未装绕组的异步电动机的定子如图 7.2 所示。

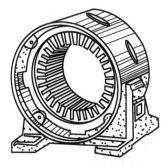 

（a）定子铁心装在机座上　　　　　　（b）叠成定子铁心的硅钢片

图 7.2　未装绕组的异步电动机的定子

三相异步电动机的对称三相定子绕组一般采用高强度漆包线绕成，对称分布在定子铁心的圆周上，可连接成星形或三角形。

异步电动机定子的作用是从电网吸收电能，并产生旋转磁场。

## 2. 转子

转子是异步电动机的旋转部分，由转子铁心、转子绕组和转轴等部件组成。转子铁心是圆柱状，也由硅钢片叠成，其外圆周表面冲有均匀分布的槽，槽内放置转子绕组，转轴固定在铁心中央。

异步电动机转子的作用是产生感应电流而受力转动，并输出机械转矩。

根据转子绕组构造上的不同，三相异步电动机分为笼型（squirrel-cage）异步电动机和绕线转子（wound-rotor）异步电动机两种。

笼型转子绕组是在转子铁心的每个槽中压进一根铜条（也称为导条），在铁心两端的槽口处，用两个导电的铜环（称为端环）分别把所有槽里的铜条短接成一个回路，如图 7.3（a）所示。为了减小电动机的损耗，笼型转子可以采用斜槽结构。

目前中小型笼型异步电动机常采用铸铝转子，如图 7.3（b）所示，即在转子铁心外表面的槽中浇入铝液，并同时在端环上铸出多片风叶作为散热用的风扇，这样转子绕组及风扇铸成一体。

绕线转子异步电动机的转子绕组与定子绕组相似，也是用绝缘导线绕成的对称的三相绕组，被嵌放在转子铁心槽中，连接成星形。星形联结的转子绕组的三个出线端，分别接到转轴端部的三个彼此绝缘的铜环上，通过集电环与电刷构成滑动接触，把转子绕组的三个出线端引到机座上的接线盒内，如图 7.4 所示，转子绕组还可通过电刷引出与外电阻相连接，以改善电动机的起动和调速性能（详见 7.5 节）。

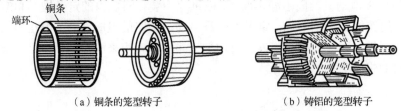

（a）铜条的笼型转子　　　　　　　　（b）铸铝的笼型转子

图 7.3　笼型转子

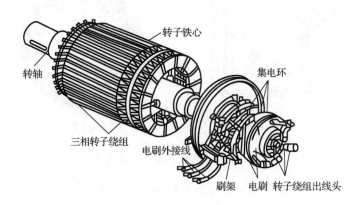

图 7.4　绕线转子

笼型和绕线转子异步电动机的外形如图 7.5 所示。笼型异步电动机的结构简单，坚固耐用，在生产中用得最广泛。绕线转子异步电动机的结构比笼型复杂，价格也较高，适用于要求具有较大起动转矩以及有一定调速范围的场合。

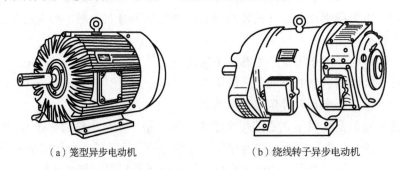

（a）笼型异步电动机　　　　　　　　（b）绕线转子异步电动机

图 7.5　异步电动机的外形

### 7.1.2　旋转磁场

异步电动机是利用磁场与载流导体相互作用产生电磁力的原理而制成的。

旋转磁场

**1. 旋转磁场的产生**

异步电动机的磁场是由对称三相交流电流通入静止的对称三相定子绕组而产生的

空间旋转磁场（rotating magnetic field）。

为了便于分析，把在定子圆周上空间位置对称分布的三相绕组用相同的三个在空间彼此相隔 120° 的单匝线圈来代替，如图 7.6 所示，其中 $U_1$、$V_1$、$W_1$ 是首端，$U_2$、$V_2$、$W_2$ 是末端，末端接在一起形成星形联结，首端分别接到三相电源上。

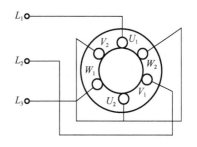

图 7.6　简化的三相定子绕组分布示意图

如图 7.7 所示，定子对称三相绕组中通入以下对称三相电流：

$$i_1 = I_m \sin \omega t$$
$$i_2 = I_m \sin(\omega t - 120°)$$
$$i_3 = I_m \sin(\omega t + 120°)$$

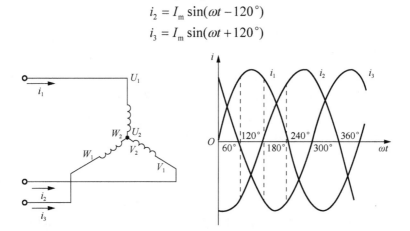

图 7.7　定子对称三相绕组中通入对称三相电流

设电流正方向从绕组的首端流入，末端流出，流入、流出纸面分别用符号 ⊗ 和 ⊙ 表示（图 7.8）。电流在正半周时，实际方向与正方向一致；在负半周时，实际方向与正方向相反。根据上述设定，下面分析在不同瞬间三相电流所产生的磁场情况。

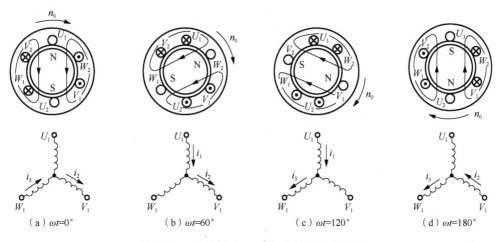

（a）$\omega t = 0°$　　　（b）$\omega t = 60°$　　　（c）$\omega t = 120°$　　　（d）$\omega t = 180°$

图 7.8　一对磁极（$p = 1$）旋转磁场的产生

当 $\omega t = 0°$ 时，$i_1$ 为 0，绕组 $U_1U_2$ 中没有电流；$i_2$ 为负，其实际方向与正方向相反，即从绕组的末端 $V_2$ 流入，从首端 $V_1$ 流出；$i_3$ 为正，其实际方向与正方向相同，即从绕组的首端 $W_1$ 流入，从末端 $W_2$ 流出，定子三相绕组中的电流实际方向如图 7.8（a）所示。根据右手螺旋定则，将每相电流所产生的磁场相加，便得到三相电流的合成磁场。对定子铁心内表面而言，上方相当于 N 极，下方相当于 S 极，即两个磁极，也称为一对磁极。合成磁场磁极轴线的方向是自上而下。

当 $\omega t = 60°$ 时，$i_3$ 为 0，绕组 $W_1W_2$ 中没有电流；$i_2$ 为负，电流从绕组末端 $V_2$ 流入，从首端 $V_1$ 流出；$i_1$ 为正，电流从绕组首端 $U_1$ 流入，从末端 $U_2$ 流出。定子三相绕组中电流的实际方向和三相电流所产生的合成磁场的方向如图 7.8（b）所示。可见，此时合成磁场的磁极轴线在空间沿顺时针方向旋转了 60°。

同理可得在 $\omega t = 120°$ 和 $\omega t = 180°$ 时三相电流所产生的合成磁场的方向，如图 7.8（c）和（d）所示。可见，当三相电流的相位从 0° 变化到 180° 时，合成磁场的方向在空间就旋转了 180°。

综上所述，当对称的三相定子绕组中通入对称的三相电流时，将在电动机中产生旋转磁场。当旋转磁场为一对磁极时，电流完成一个周期的变化，它们所产生的合成磁场在空间也旋转了一周。因此，三相电流随着时间周期变化，由其所产生的合成磁场也就在空间不停地旋转。这样，就得到了异步电动机工作所需要的旋转磁场。

### 2. 旋转磁场的极对数

旋转磁场的磁极对数又称为异步电动机的极对数（number of pole pairs），用 $p$ 表示。旋转磁场的磁极数与三相定子绕组的安排有关。在图 7.8 的情况下，每相绕组只有一个线圈，各绕组的首端之间相差 120° 空间角，则产生的旋转磁场具有一对磁极，即极对数 $p=1$。

如果将三相定子绕组如图 7.9 所示那样安排，即每相绕组由两个线圈串联，绕组的首端之间相差 60° 空间角，则产生的旋转磁场具有两对磁极，即 $p=2$，如图 7.10 所示。

同理，如果要产生 $p$ 对磁极的旋转磁场，则每相绕组必须有均匀安排在空间的串联的 $p$ 个线圈，绕组的首端之间相差 $120°/p$ 的空间角。

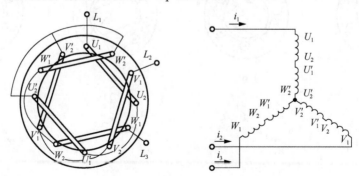

图 7.9 产生两对磁极旋转磁场的定子绕组

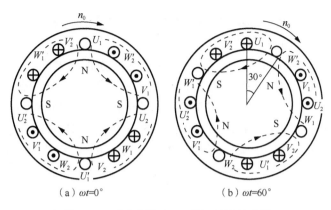

（a）$\omega t=0°$　　　（b）$\omega t=60°$

图 7.10　两对磁极（$p=2$）的旋转磁场

**3. 旋转磁场的转速**

旋转磁场的转速决定于磁场的磁极数和电源的电流频率。在旋转磁场具有一对磁极（$p=1$）的情况下，由图 7.8 可知，电流每交变一个周期，旋转磁场在空间就旋转了一周。若电流的频率为 $f_1$，即电流每秒变化 $f_1$ 周，则旋转磁场的转速为每秒 $f_1$ 转。若以 $n_0$ 表示旋转磁场的每分钟转速（r/min），则 $n_0=60f_1$。

在旋转磁场具有两对磁极（$p=2$）的情况下，由图 7.10 可知，当电流从 $\omega t=0°$ 到 $\omega t=60°$ 时，磁场在空间仅旋转了 $30°$。因此，电流每交变一个周期，磁场在空间只旋转半周，旋转磁场的转速 $n_0=60f_1/2$（r/min）。

由此推广，具有 $p$ 对磁极的旋转磁场的转速可表示为

$$n_0=\frac{60f_1}{p} \tag{7.1}$$

式中，$n_0$ 为旋转磁场的转速，也称为异步电动机的同步转速（synchronous speed），单位为 r/min；$f_1$ 为定子电流频率，单位为 Hz；$p$ 为旋转磁场的极对数。

在我国，工频 $f_1=50$Hz，由式（7.1）可得出对应于不同极对数 $p$ 时旋转磁场的转速，如表 7.1 所示。

表 7.1　不同极对数时的同步转速

| $p$ | $n_0$ /（r/min） |
| --- | --- |
| 1 | 3000 |
| 2 | 1500 |
| 3 | 1000 |
| 4 | 750 |
| 5 | 600 |
| 6 | 500 |

**4. 旋转磁场的旋转方向**

旋转磁场的旋转方向取决于通入三相定子绕组中三相电流的相序。由图 7.8 可以看

出，当通入三相定子绕组 $U_1U_2$、$V_1V_2$、$W_1W_2$ 中的电流相序为 $i_1 \rightarrow i_2 \rightarrow i_3$ 时，旋转磁场的旋转方向是顺时针方向。

如果将三相定子绕组接到电源的三根导线中的任意两根对调，以改变通入三相定子绕组中电流的相序，例如，使绕组 $U_1U_2$、$V_1V_2$、$W_1W_2$ 中通入的电流分别为 $i_1$、$i_3$、$i_2$ 时，利用同样的分析方法可以得出，此时旋转磁场的旋转方向是逆时针方向。

因此，可以得出结论：旋转磁场的旋转方向与通入三相定子绕组中三相电流的相序一致，即电流正序时，旋转磁场顺时针旋转；电流负序时，旋转磁场逆时针旋转。

### 7.1.3　转动原理

转动原理

当对称三相定子绕组（空间位置互差 120°）中通入对称三相电流（相位上互差 120°）后，异步电动机中产生了随电流的交变而在空间不断旋转着的磁场，这个旋转磁场切割转子导体（铜或铝），便在其中感应出电动势和电流，转子电流同旋转磁场相互作用而产生的电磁转矩使电动机转动起来。由于转子电流是电磁感应产生的，所以异步电动机又称感应电动机（induction motor）。

图 7.11 是异步电动机的转动原理示意图，其中 $U_1U_2$、$V_1V_2$、$W_1W_2$ 为异步电动机的对称三相定子绕组。设旋转磁场以转速 $n_0$ 顺时针方向旋转，则转子绕组与磁场之间产生相对运动，即相当于磁场不动，而转子绕组以逆时针方向切割磁力线，此时在转子绕组中产生了感应电动势和电流，其方向可以用右手定则确定，如图 7.11 所示。转子绕组中的电流和旋转磁场相互作用，便产生电磁力 $F$，其方向可以用左手定则来确定。由电磁力 $F$ 产生的电磁转矩，驱动异步电动机的转子沿着旋转磁场的方向而转动起来，这就是异步电动机的转动原理。

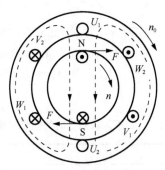

图 7.11　异步电动机的转动原理示意图

### 7.1.4　异步电动机的转向和转速

异步电动机转子的转动方向和旋转磁场的旋转方向一致。因此，若要改变异步电动机的转向，必须改变通入三相定子绕组中三相电流的相序，如图 7.12 所示，即将异步电动机同电源相连的三根导线中任意两根的一端对调位置，则旋转磁场反向，异步电动机也就反向旋转了。

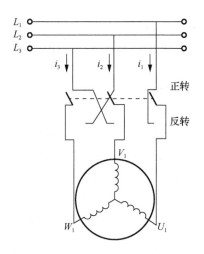

图 7.12　异步电动机的正转和反转

异步电动机转子的转速 $n$ 与旋转磁场的转速 $n_0$ 有关，式（7.1）给出了 $p$ 对磁极的旋转磁场的转速。转子的转速总是小于旋转磁场的转速。如果二者相等，它们之间就没有相对运动，转子绕组中就不会产生感应电动势和电流，也就不会产生电磁转矩使其转动。因此，转子的转速异于旋转磁场的转速是保证转子旋转的必要条件，这就是异步电动机名称的由来。

通常，用转差率 $s$ 来表示转子的转速 $n$ 与旋转磁场的转速 $n_0$ 之间相差的程度，即

$$s = \frac{n_0 - n}{n_0} \tag{7.2}$$

转差率（slip）可以用小数或百分数表示。转差率 $s$ 是异步电动机的一个重要参数，在分析异步电动机运行特性时经常要用到这个重要的物理量。

式（7.2）也可写为

$$n = n_0(1 - s) \tag{7.3}$$

在异步电动机开始起动瞬间，转子转速 $n = 0$，转差率 $s = 1$，此时转差率最大；异步电动机空载运行时，转子转速最高，转差率最小；转子转速 $n = n_0$ 时，转差率 $s = 0$；当异步电动机额定负载运行时，转子转速比空载时要低，通常异步电动机在额定负载时的转差率约为 1%～7%。

**例 7.1**　一台异步电动机，额定转速 $n_N = 1440 \text{r/min}$，电源频率 $f_1 = 50 \text{Hz}$。试求此电动机的极对数和额定转差率。

**解：** 由于异步电动机的额定转速 $n_N$ 略小于旋转磁场转速 $n_0$，因此由表 7.1 可判断出同步转速为 $n_0 = 1500 \text{r/min}$，由式（7.1）可得极对数为

$$p = \frac{60 f_1}{n_0} = \frac{60 \times 50}{1500} = 2$$

由式（7.2）可计算额定转差率为

$$s_N = \frac{n_0 - n_N}{n_0} = \frac{1500 - 1440}{1500} = 0.04$$

## 7.2　三相异步电动机的电路分析

异步电动机中的电磁关系与变压器相似，定子绕组相当于变压器的一次绕组接电源；转子绕组（一般是短接的）相当于变压器的二次绕组，其中的电动势和电流都是靠电磁感应产生的。当定子绕组中通入三相电流时，便有旋转磁场产生（实际上旋转磁场是由定子电流和转子电流的合成磁动势共同产生的，它基本上等于空载时的磁动势），在定子绕组和转子绕组中分别产生感应电动势 $e_1$ 和 $e_2$，从而对定子和转子电路产生作用。此外，定子电流和转子电流产生的漏磁通将分别在定子绕组和转子绕组中感应出漏磁电动势 $e_{\sigma 1}$ 和 $e_{\sigma 2}$。因此，异步电动机的每相电路如图 7.13 所示。

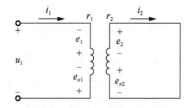

图 7.13　异步电动机的每相电路

### 7.2.1　定子电路

在异步电动机中，只要适当地安排定子绕组，就可以使旋转磁场的磁感应强度沿定子与转子之间的气隙接近于按正弦规律分布。因此，当磁场旋转时，切割定子每相绕组的磁通也是随时间按正弦规律变化的，即 $\Phi = \Phi_{\mathrm{m}} \sin \omega t$。

定子电路

与变压器一次绕组的分析情况一样，定子每相电路的电压方程为

$$u_1 = r_1 i_1 + (-e_1) + (-e_{\sigma 1}) = r_1 i_1 + (-e_1) + L_{\sigma 1} \frac{\mathrm{d} i_1}{\mathrm{d} t} \qquad (7.4)$$

如用相量表示，则为

$$\dot{U}_1 = r_1 \dot{I}_1 + (-\dot{E}_1) + (-\dot{E}_{\sigma 1}) = r_1 \dot{I}_1 + (-\dot{E}_1) + \mathrm{j} X_1 \dot{I}_1 \qquad (7.5)$$

式中，$r_1$、$L_{\sigma 1}$ 和 $X_1 = 2\pi f_1 L_{\sigma 1}$ 分别为定子每相绕组的电阻、漏磁电感和漏磁感抗。

若忽略 $r_1$ 和 $X_1$ 上的电压，也可以得出

$$\dot{U}_1 \approx -\dot{E}_1 \qquad (7.6)$$

$$U_1 \approx E_1 = 4.44 f_1 N_1 k_1 \Phi \qquad (7.7)$$

式中，$f_1$ 为 $e_1$ 的频率；$N_1$ 为定子每相绕组串联的线圈匝数；$k_1$ 为与定子绕组的结构有关的绕组系数，其值小于且接近于 1；$\Phi$ 为旋转磁场的每极主磁通，数值上等于通过每相绕组的磁通最大值 $\Phi_{\mathrm{m}}$。

因为旋转磁场与定子绕组间的相对速度为 $n_0$，因此

$$f_1 = \frac{p n_0}{60} \qquad (7.8)$$

即等于式（7.1）所示的定子电源的频率。

与变压器中感应电动势的公式相比较，可见在式（7.7）中多了一个系数 $k_1$。这是因为异步电动机的定子绕组线圈是圆周分布，任一瞬间，与不同的线圈交链的磁通并不相等，因此每相绕组中产生的感应电动势（等于各线圈中感应电动势的相量和）比变压器那种集中绕组中的感应电动势要小，系数 $k_1$ 就是考虑了这个因素。

### 7.2.2 转子电路

转子电路

异步电动机转子电路总是闭合的，其负载形式与变压器不同。转子每相电路的电压方程为

$$e_2 = r_2 i_2 + (-e_{\sigma 2}) = r_2 i_2 + L_{\sigma 2} \frac{\mathrm{d}i_2}{\mathrm{d}t} \tag{7.9}$$

如用相量表示，则为

$$\dot{E}_2 = r_2 \dot{I}_2 + (-\dot{E}_{\sigma 1}) = r_2 \dot{I}_2 + \mathrm{j}X_2 \dot{I}_2 \tag{7.10}$$

式中，$r_2$、$L_{\sigma 2}$ 和 $X_2 = 2\pi f_2 L_{\sigma 2}$ 分别为转子每相绕组的电阻、漏磁电感和漏磁感抗。

#### 1. 转子频率

由于旋转磁场与转子绕组间的相对转速是 $n_0 - n$，所以转子电路中感应电动势及转子电流的频率为

$$f_2 = \frac{p(n_0 - n)}{60} = \frac{n_0 - n}{n_0} \cdot \frac{pn_0}{60} = sf_1 \tag{7.11}$$

可见转子频率 $f_2$ 与转差率 $s$ 成正比，即与转子转速 $n$ 有关。$f_2$ 随 $s$ 变化的关系如图 7.14 所示。

#### 2. 转子电动势

旋转磁场在转子每相绕组中产生的感应电动势 $e_2$ 的有效值为

$$E_2 = 4.44 f_2 N_2 k_2 \Phi = s(4.44 f_1 N_2 k_2 \Phi) = sE_{20} \tag{7.12}$$

式中，$f_2$ 为 $e_2$ 的频率；$N_2$ 为转子每组绕组的匝数；$k_2$ 为由转子绕组的结构决定的绕组系数；$\Phi$ 为旋转磁场的每极主磁通，$E_{20} = 4.44 f_1 N_2 k_2 \Phi$ 为电动机刚起动瞬间（$n = 0$，$s = 1$）的转子感应电动势。

可见，转子电动势 $E_2$ 与转差率 $s$ 有关，$E_2$ 随 $s$ 变化的关系如图 7.14 所示。

#### 3. 转子感抗

转子绕组的漏磁感抗 $X_2$ 与转子频率 $f_2$ 有关，即

$$X_2 = 2\pi f_2 L_{\sigma 2} = s(2\pi f_1 L_{\sigma 2}) = sX_{20} \tag{7.13}$$

式中，$X_{20} = 2\pi f_1 L_{\sigma 2}$ 为电动机刚起动瞬间（$n = 0$，$s = 1$）的转子漏磁感抗。

可见，转子漏磁感抗 $X_2$ 与转差率 $s$ 有关，$X_2$ 随 $s$ 变化的关系如图 7.14 所示。

#### 4. 转子电流

转子每相电路的电流可由式（7.10）得出，即

$$I_2 = \frac{E_2}{\sqrt{r_2^2 + X_2^2}} = \frac{sE_{20}}{\sqrt{r_2^2 + (sX_{20})^2}} \tag{7.14}$$

可见，转子电流 $I_2$ 也与转差率 $s$ 有关。当 $s=0$ 时， $I_2=0$ ；当 $s$ 很小时， $r_2 \gg sX_{20}$ ， $I_2 \approx \frac{sE_{20}}{r_2}$ ，即 $I_2$ 与 $s$ 近似成正比；当 $s$ 增大，即转速 $n$ 降低时， $I_2$ 也增大；当 $s$ 接近 1 时， $sX_{20} \gg r_2, I_2 \approx \frac{E_{20}}{X_{20}}$ ，即 $I_2$ 为一常数。 $I_2$ 随 $s$ 变化的关系如图 7.14 所示。

5. 转子电路的功率因数

由于转子电路有漏磁感抗 $X_2$ ，因此 $\dot{I}_2$ 比 $\dot{E}_2$ 滞后 $\varphi_2$ 角。转子电路的功率因数为

$$\cos\varphi_2 = \frac{r_2}{\sqrt{r_2^2 + X_2^2}} = \frac{r_2}{\sqrt{r_2^2 + (sX_{20})^2}} \tag{7.15}$$

可见， $\cos\varphi_2$ 也与转差率 $s$ 有关，当 $s$ 增大时， $X_2$ 增大，则 $\varphi_2$ 随之增大，即 $\cos\varphi_2$ 减小。当 $s$ 很小时， $r_2 \gg sX_{20}, \cos\varphi_2 \approx 1$ ；当 $s$ 接近 1 时， $sX_{20} \gg r_2, \cos\varphi_2 \approx \frac{r_2}{X_{20}}$ 。 $\cos\varphi_2$ 随 $s$ 变化的关系如图 7.14 所示。

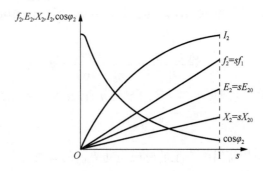

图 7.14 $f_2$ 、 $E_2$ 、 $X_2$ 、 $I_2$ 和 $\cos\varphi_2$ 与 $s$ 的关系曲线

由上述分析可知，异步电动机转子电路中的各个物理量，如频率、电动势、漏磁感抗、电流及功率因数等都与转差率有关，亦即与转速有关，在学习异步电动机时，必须注意这一特点。

**例 7.2** 若已知一台绕线转子异步电动机的额定转速 $n_N = 953 \text{r/min}$ ，星形联结的转子绕组开路时的线电压 $E_{20L} = 200\text{V}$ ，电源频率 $f_1 = 50\text{Hz}$ ，其他技术数据如下： $r_2 = 0.132\Omega, X_{20} = 0.27\Omega$ 。试求：（1）电动机刚起动时，转子每相绕组的电流 $I_{20}$ 及功率因数 $\cos\varphi_{20}$ ；（2）电动机在额定转速时，转子每相绕组的频率 $f_{2N}$ 、电动势 $E_{2N}$ 、漏磁感抗 $X_{2N}$ 、电流 $I_{2N}$ 及功率因数 $\cos\varphi_{2N}$ 。

**解：**（1）星形联结的转子绕组开路时的相电压为

$$E_{20P} = \frac{E_{20L}}{\sqrt{3}} = \frac{200}{\sqrt{3}} = 115.47\text{V}$$

则电动机刚起动时，转子每相绕组的电流及功率因数分别为

$$I_{20} = \frac{E_{20P}}{\sqrt{r_2^2 + X_{20}^2}} = \frac{115.47}{\sqrt{0.132^2 + 0.27^2}} = 384.2A$$

$$\cos\varphi_{20} = \frac{r_2}{\sqrt{r_2^2 + X_{20}^2}} = \frac{0.132}{\sqrt{0.132^2 + 0.27^2}} = 0.44$$

（2）由额定转速 $n_N = 953r/\min$，可判断出同步转速为 $n_0 = 1000r/\min$，则可计算出额定转差率为

$$s_N = \frac{n_0 - n_N}{n_0} = \frac{1000 - 953}{1000} = 0.047$$

因此，电动机在额定转速时，转子每相绕组中的各个物理量分别为

$$f_{2N} = s_N f_1 = 0.047 \times 50 = 2.35Hz$$

$$E_{2N} = s_N E_{20P} = 0.047 \times 115.47 = 5.43V$$

$$X_{2N} = s_N X_{20} = 0.047 \times 0.27 = 0.013\Omega$$

$$I_{2N} = \frac{E_{2N}}{\sqrt{r_2^2 + X_{2N}^2}} = \frac{5.43}{\sqrt{0.132^2 + 0.013^2}} = 40.9A$$

$$\cos\varphi_{2N} = \frac{r_2}{\sqrt{r_2^2 + X_{2N}^2}} = \frac{0.132}{\sqrt{0.132^2 + 0.013^2}} = 0.99$$

## 7.3　三相异步电动机的电磁转矩和机械特性

### 7.3.1　电磁转矩

异步电动机的电磁转矩（torque）是由转子电流 $I_2$ 与旋转磁场的每极磁通 $\Phi$ 相互作用而产生的。因为异步电动机转子电路中，转子电流 $\dot{I}_2$ 与转子电动势 $\dot{E}_2$ 之间存在相位差 $\varphi_2$，于是转子电流可分解为有功分量 $I_2\cos\varphi_2$ 和无功分量 $I_2\sin\varphi_2$ 两部分。因为电磁转矩是衡量电动机做功能力的一个量，而只有转子电流的有功分量 $I_2\cos\varphi_2$ 与旋转磁场相互作用才能产生电磁转矩，因此异步电动机的电磁转矩 $T$ 可表示为

$$T = k_T \Phi I_2 \cos\varphi_2 \tag{7.16}$$

式中，$k_T$ 为与电动机结构有关的常数。

将式（7.14）和式（7.15）代入式（7.16），并代入 $E_{20}$ 表达式，可得

$$T = k_T \Phi \frac{sE_{20}}{\sqrt{r_2^2 + (sX_{20})^2}} \cdot \frac{r_2}{\sqrt{r_2^2 + (sX_{20})^2}} = k_T \Phi \frac{s(4.44 f_1 N_2 k_2 \Phi) r_2}{r_2^2 + (sX_{20})^2} \tag{7.17}$$

再由式（7.7）可知，$\Phi$ 正比于 $U_1$。因此，对式（7.17）合并整理常数，可得

$$T = K \frac{s r_2 U_1^2}{r_2^2 + (sX_{20})^2} \tag{7.18}$$

式中，$K$ 是一常数。

式（7.18）更为明确地表明了电动机电磁转矩与电源电压、转差率等外部条件及电路参数 $r_2$、$X_{20}$ 之间的关系。可以看出，电磁转矩 $T$ 是转差率 $s$ 的函数；在某一个 $s$ 值

下，电磁转矩 $T$ 又与定子每相电压 $U_1$ 的平方成正比。

### 7.3.2 机械特性

电动机工作时，负载的改变将使电动机产生的电磁转矩随之改变，电动机的转速也要随之发生变化。将电动机的转速与电磁转矩的变化关系 $n = f(T)$ 称为电动机的机械特性（torque-speed characteristic）。机械特性是电动机最主要的特性，不同的生产机械要求不同特性的电动机拖动。

在式（7.18）中，当电动机定子外加电源电压 $U_1$ 一定，且 $r_2$ 和 $X_{20}$ 都是常数时，电磁转矩 $T$ 只随转差率 $s$ 变化，电磁转矩特性曲线 $T = f(s)$ 如图 7.15 所示。在 $0 < s < s_m$ 时，由于 $s$ 很小，$r_2 \gg sX_{20}$，略去 $sX_{20}$ 不计，可近似认为 $T$ 与 $s$ 成正比，即电磁转矩随转差率的增加而增加；在 $s_m < s < 1$ 时，由于 $s$ 较大，$sX_{20} \gg r_2$，略去 $r_2$ 不计，可近似认为 $T$ 与 $s$ 成反比，即电磁转矩随转差率的增加而减小。$s_m$ 称为临界转差率。

转矩特性曲线 $T = f(s)$ 只是间接地表示了电磁转矩与转速之间的关系，现将 $s$ 坐标轴换成 $n$ 坐标轴，把 $T$ 坐标轴平行右移到 $s = 1$（$n = 0$）处，再按顺时针方向旋转 90°，即可得到如图 7.16 所示的机械特性 $n = f(T)$ 曲线。

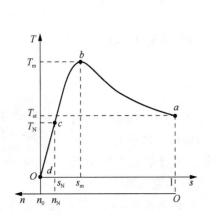

图 7.15 三相异步电动机的转矩特性曲线

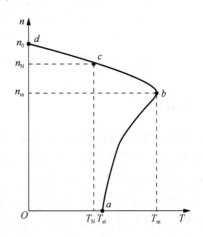

图 7.16 三相异步电动机的机械特性曲线

机械特性是异步电动机的重要特性，为了能够正确使用电动机，必须掌握这一特性的几个主要特征点：理想空载点 $d$、额定工作点 $c$、临界工作点 $b$ 和起动工作点 $a$。

1. 理想空载点与硬特性

图 7.16 所示异步电动机机械特性曲线上的 $d$ 点（$T = 0$，$n = n_0$），是只有在电动机空载和不存在电动机损耗，即反转矩为零的理想情况下，才能得到的运行点。但实际运行时，由于存在风阻、摩擦等损耗，实际转速要低于同步转速，故称 $d$ 点为理想空载点。

在机械特性曲线上的 $d$-$b$ 段，当电动机的负载转矩从理想空载增加到额定转矩 $T_N$ 时，转速相应地从 $n_0$ 下降到额定转速 $n_N$，此时相应的转差率约为 1%～7%。显然 $n_N$ 仅略低于 $n_0$。电动机转速随着转矩的增加而稍微下降的这种特性，称为硬特性。

2. 额定工作点及额定转矩 $T_N$

电动机的额定转矩（rated torque）$T_N$ 是电动机带额定负载时输出的电磁转矩。图 7.16 中机械特性曲线上的 $c$ 点（$T = T_N$，$n = n_N$）就是电动机的额定工作状态。

由于电动机电磁转矩必须与轴上的负载转矩相等才能稳定运行，如果忽略电动机本身的风阻、摩擦损耗，可以近似地认为电磁转矩等于输出转矩，可用下式计算：

$$T \approx T_2 = \frac{P_2}{\frac{2\pi n}{60}} = 9550\frac{P_2}{n} \tag{7.19}$$

式中，转矩的单位是 $N \cdot m$；$P_2$ 是电动机轴上输出的机械功率（kW）；$n$ 是电动机的转速（r/min）。

将电动机铭牌上的额定输出功率 $P_N$ 和额定转速 $n_N$ 代入式（7.19），即可得到电动机的额定转矩：

$$T_N = 9550\frac{P_N}{n_N} \tag{7.20}$$

额定状态说明了电动机的长期运行能力。若 $T > T_N$，则电流和功率都会超过额定值，电动机处于过载状态。电动机不允许长时间工作在过载的状态下，因为长期过载运行，电动机的温度会超过允许值，这将降低电动机的使用寿命，甚至会很快烧坏。因此，电动机长期运行时的工作范围应在机械特性曲线上的 $d$-$c$ 段。

3. 临界工作点及最大转矩 $T_m$

最大转矩 $T_m$ 表示电动机可能产生的最大电磁转矩，如图 7.16 机械特性曲线上的 $b$ 点（$T = T_m$，$n = n_m$）。从曲线中可以看出，$a$-$b$ 段与 $b$-$d$ 段的变化趋势是完全不同的，$b$ 点是一个临界点。因此，$b$ 点对应的最大转矩 $T_m$ 又称临界转矩（breakover torque）；$b$ 点对应的转差率 $s_m$ 即临界转差率。

根据式（7.18），由 $\frac{dT}{ds} = 0$，即可求出 $s_m$ 及其对应的 $T_m$，即

$$s_m = \frac{r_2}{X_{20}} \tag{7.21}$$

$$T_m = K\frac{U_1^2}{2X_{20}} \tag{7.22}$$

可见，$s_m$ 与转子电阻 $r_2$ 成正比，与电源电压 $U_1$ 无关；而 $T_m$ 与 $U_1$ 的平方成正比，与 $r_2$ 无关。

临界状态说明了电动机的短时过载能力。在电动机的发热不超过允许温升时，允许电动机短时间内过载运行，但是负载转矩不得超过最大转矩 $T_m$，否则电动机的转速将越来越低，直至停止转动，此时电流可升高到额定电流的若干倍，会使电动机过热，甚至烧毁，这种现象称为"闷车"或"堵转"。因此异步电动机运行时一旦出现堵转应立即切断电源，并卸掉过重的负载。

最大转矩与额定转矩的比值 $\lambda$ 称为过载系数，用以描述电动机允许的短时过载运行能力，即

$$\lambda = \frac{T_m}{T_N} \tag{7.23}$$

过载系数 $\lambda$ 是异步电动机的一个重要指标，一般三相异步电动机的过载系数为 1.8～2.3。

4. 起动工作点及起动转矩 $T_{st}$

起动转矩（starting torque）$T_{st}$ 是电动机接通电源瞬间，转子尚未转动时的电磁转矩，如图 7.16 机械特性曲线上 $a$ 点（$T = T_{st}$，$n = 0$）。

电动机刚起动的瞬间，$s = 1$，将其代入式（7.18），可得起动转矩：

$$T_{st} = K \frac{r_2 U_1^2}{r_2^2 + X_{20}^2} \tag{7.24}$$

可见，起动转矩 $T_{st}$ 不仅与转子电阻 $r_2$ 有关，而且也与电源电压 $U_1$ 的平方成正比。

起动状态说明了电动机的直接起动能力。只有当电动机的起动转矩大于静止时其轴上的负载转矩时，电动机才能起动，沿着机械特性曲线很快进入稳定运行状态；如果起动转矩小于负载转矩，则电动机不能起动，此时与堵转的情况相同。

起动转矩与额定转矩的比值 $T_{st} / T_N$ 用来表示电动机的起动能力。一般 $T_{st} / T_N = 1.1～2.0$，对于特殊用途的电动机，如起重、冶金设备用的电动机，这个比值可达到 2.5～3.1。

5. 电源电压和转子电阻对机械特性的影响

式（7.21）、式（7.22）和式（7.24）说明了转子电阻 $r_2$ 和电源电压 $U_1$ 对三相异步电动机机械特性的影响。

当转子电阻 $r_2$ 为常数时，电动机的最大转矩 $T_m$ 和起动转矩 $T_{st}$ 都与定子电路外加电源电压 $U_1$ 的平方成正比，而临界转差率 $s_m$ 则与 $U_1$ 无关。即

$$\frac{T_m}{T_m'} = \frac{U_{1N}^2}{U_1^2} \ ; \quad \frac{T_{st}}{T_{st}'} = \frac{U_{1N}^2}{U_1^2} \tag{7.25}$$

式中，$T_m$、$T_{st}$ 分别是额定电压 $U_{1N}$ 下的最大转矩和起动转矩；$T_m'$、$T_{st}'$ 分别是电源电压为 $U_1$ 时的最大转矩和起动转矩。

因此，当 $U_1$ 减小时，$T_m$、$T_{st}$ 都减小，而 $n_m$（与 $s_m$ 对应）不变，机械特性曲线向左移动。电源电压 $U_1$ 对机械特性 $n = f(T)$ 曲线的影响如图 7.17 所示。

电源电压的下降，直接影响电动机的起动性能和过载能力。通常在电动机的运行过程中，规定电网电压允许在 ±5% 范围内波动。

同理可知：当电源电压 $U_1$ 一定时，临界转差率 $s_m$ 与转子电阻 $r_2$ 成正比，最大转矩 $T_m$ 与 $r_2$ 无关，而起动转矩 $T_{st}$ 与 $r_2$ 有关。

因此，当 $r_2$ 越大时，$s_m$ 也越大，$n_m$ 越小，$n = f(T)$ 曲线越软，即对应同一负载转矩时的转速越低。而 $T_m$ 不变，$T_{st}$ 也有所增大，机械特性曲线向下移动。转子电阻 $r_2$ 对

机械特性 $n = f(T)$ 曲线的影响如图 7.18 所示，其中 $R_2$、$R_2'$ 是转子电路的外接电阻。

对于绕线转子异步电动机，适当增加转子电路的外接电阻，就可以提高起动转矩 $T_{st}$。

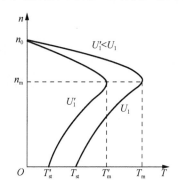
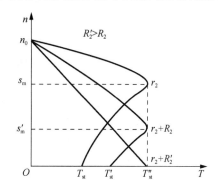

图 7.17　不同 $U_1$ 的机械特性曲线（$r_2$ 为常数）　　图 7.18　不同 $r_2$ 的机械特性曲线（$U_1$ 为常数）

### 7.3.3　电动机的自适应负载能力

电动机产生的电磁转矩根据负载的变化而自动调整，以适应负载的需要，这种特性称为自适应负载能力。下面分析在电动机的起动过程及负载变动时，电磁转矩自动适应负载的情况。

设电动机轴上的负载转矩为 $T_{21}$。当电动机接通电源后，只要起动转矩 $T_{st}$ 大于 $T_{21}$，电动机转子便开始旋转。由图 7.19 可见，电动机的转速 $n$ 沿着机械特性曲线的 $a$ 点开始上升。在 $a$-$b$ 段，随着转速 $n$ 的增高，电动机产生的电磁转矩 $T$ 增大，促使转速快速上升。当电动机的工作点达到曲线的 $b$ 点时，电动机产生最大转矩 $T_m$，此时随着转速的继续上升，转矩开始减小。但是只要电磁转矩 $T$ 仍大于负载转矩 $T_{21}$，转速就仍然继续上升，直到加速至 $M_1$ 点时，$T$ 与 $T_{21}$ 相

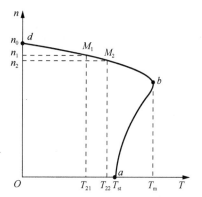

图 7.19　电动机的电磁转矩自适应负载变动

等，转速不再升高，电动机以恒定转速 $n_1$ 稳定运行在 $M_1$ 点。

对于转速为 $n_1$、稳定运行的电动机，如果由于某种原因，负载改变了，例如负载转矩增大到 $T_{22}$，由于瞬间 $T_{22}$ 大于此时的电磁转矩 $T$，电动机将沿 $d$-$b$ 段减速。但随着转速 $n$ 的下降，转差率 $s$ 增加，转子电流 $I_2$ 增大，电磁转矩随之增加，直到 $T$ 与 $T_{22}$ 相等时为止。此时电动机重新以新的转速 $n_2$ 稳定运行在 $M_2$ 点。

电动机负载转矩增大时，定子电流也要随着转子电流的增加而增大，输送给电动机的电功率也要随之增加。

上述分析的电动机负载变化后，通过转速的改变使转子电流和电磁转矩随之改变的过程是自动进行的，并不需要人为控制。

# 7.4 三相异步电动机的铭牌数据

三相异步电动机的
铭牌数据

电动机的外壳上都贴有铭牌，铭牌上记载着这台电动机的主要技术数据（各种额定值）。要正确使用电动机，必须了解铭牌数据的意义。

以 Y132M-4 型电动机为例，图 7.20 是其铭牌数据。此外，在电动机的数据手册上还有功率因数、效率、起动电流与额定电流的比值、起动转矩与额定转矩的比值、过载系数等。

| 三相异步电动机 | | |
|---|---|---|
| 型号 Y132M-4 | 功率 7.5kW | 频率 50Hz |
| 电压 380V | 电流 15.4A | 接法 三角形 |
| 转速 1440r/min | 绝缘等级 B | 工作方式 连续 |
| 标准 ×× | 编号 ×× | |
| 出厂年月 ×× | 生产厂家 ×× | |

图 7.20 电动机的铭牌示例

## 7.4.1 型号

电动机的型号是表示电动机的类型、用途和技术特征的代号。为了适应不同用途和不同工作环境的需要，电动机制成不同的系列，每种系列用一种型号表示。

电动机的型号一般由产品代号、规格代号、环境代号组成。

产品代号：Y-异步电动机，YR-绕线转子，YB-防爆型，YQ-高起动转矩型，YH-高转差率型，等等。

规格代号：L-长机座，M-中机座，S-短机座。

环境代号表示在特殊环境中使用的电动机，如 W-户外专用，F-化工防腐专用，TH-湿热带专用，等等。无特殊环境要求的铭牌中不写。

电动机型号的各种代号可查阅有关电机产品手册。

图 7.20 所示铭牌中型号 Y132M-4 的含义是：异步电动机，机座中心高度为 132mm，机座长度为中机座，磁极数为 4。

## 7.4.2 接法

铭牌上的接法是指电动机在额定运行时定子三相绕组的联结方式。

一般笼型电动机的接线盒中有六根引出线，分别标有 $U_1$、$V_1$、$W_1$、$U_2$、$V_2$、$W_2$，其中，$U_1$、$V_1$、$W_1$ 分别是定子三相绕组的首端，而 $U_2$、$V_2$、$W_2$ 是相对应绕组的末端。根据电网电压和电动机额定电压的要求，这六个引出线端在接电源之前，相互间必须正确连接。

如图 7.21 所示，定子绕组的连接方法有星（Y）形联结和三角（△）形联结两种。通常，三相异步电动机功率在 3kW 以下的接成星形；4kW 以上的运行时均采用三角形接法。

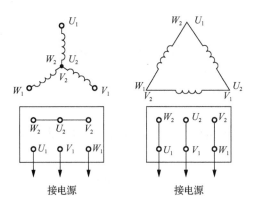

图 7.21　定子绕组的星形联结和三角形联结

### 7.4.3　额定值

**1. 额定电压 $U_N$**

额定电压是指电动机在额定运行时，定子绕组在指定接法下应加的线电压值。

额定电压是由定子每相绕组所能承受的电压大小而确定的。一般规定，电动机运行时的电压波动不超过额定电压值的 ±5%。电压过低，将引起电动机转速下降，定子电流增大，电动机的过载能力小，若带动额定负载，电流就会超过额定值，长期运行将导致电动机过热；电压过高，磁路中的磁通增大，将引起励磁电流的急剧增大，这样不仅使铁损增加，铁心发热，而且也会造成定子绕组严重过热。

**2. 额定电流 $I_N$**

额定电流是指电动机在额定状态运行时，定子绕组在指定接法下所允许的线电流值。

额定电流是由定子绕组所用导线的截面积大小以及所采用的材料所确定的。电动机运行时的电流若超过额定电流值，将使电动机绕组过热，绝缘材料的寿命缩短，严重过热将导致电动机烧坏。

当电动机空载时，转子转速接近于旋转磁场转速，定子电流 $I_1$ 很小，称为空载电流。空载电流主要是建立旋转磁场的励磁电流，当输出的机械功率 $P_2$ 增大时，转子电流和定子电流都随之增加，如图 7.22 中 $I_1 = f(P_2)$ 曲线所示。

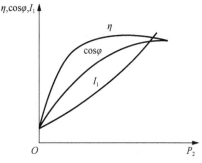

图 7.22　异步电动机运行特性

**3. 额定功率 $P_N$**

额定功率是指电动机在标准环境温度下，按规定的工作方式，在额定状态下运行时，电动机轴上输出的机械功率。

电动机轴上输出的机械功率与从电源输入的功率不相等。对电源来说，电动机为三

相对称负载。电动机额定运行时，由电源输入的功率为

$$P_{1N} = \sqrt{3} U_N I_N \cos\varphi_N \qquad (7.26)$$

式中，$\cos\varphi_N$ 是定子的功率因数。

4. 效率 $\eta_N$

效率是指电动机在额定运行状态下，轴上输出的机械功率 $P_N$ 与定子从电源输入的电功率 $P_{1N}$ 的比值，即

$$\eta_N = \frac{P_N}{P_{1N}} \times 100\% \qquad (7.27)$$

一般笼型异步电动机在额定运行时的效率约为 75%～92%。电动机运行时，效率 $\eta$ 和输出功率 $P_2$ 的关系曲线如图 7.22 所示，当电动机输出功率较小，例如轻载或空载时效率很低，因此使用电动机时要避免"大马拉小车"的情况。

5. 功率因数 $\cos\varphi_N$

功率因数是指电动机在额定运行状态下，定子相电压与相电流的相位差的余弦。

异步电动机空载运行时的定子空载电流主要是感性励磁电流，此时定子电路的功率因数很小，约为 0.2～0.3。随着负载的增加，输出功率增加，$\cos\varphi$ 迅速升高，额定运行时，功率因数约为 0.7～0.9。因此，为了提高电路的功率因数，要尽量避免电动机轻载或空载运行。$\cos\varphi = f(P_2)$ 曲线如图 7.22 所示。

6. 额定转速 $n_N$

额定转速是指电动机在额定电压下，输出额定功率时的转速。

电动机在额定工作状态下，转差率 $s_N$ 很小，额定转速 $n_N$ 与旋转磁场同步转速 $n_0$ 相差很小。通常电动机的转速不低于 500r/min。因为当功率一定时，电动机的转速越低，其尺寸越大，价格越贵，而且效率也较低。因此选用高速电动机，再另配减速器来使用，较为经济。

7. 频率 $f_1$

频率是指电动机定子绕组外加的电源频率。

### 7.4.4 绝缘等级及工作方式

绝缘等级是按电动机绕组所用的绝缘材料在使用时允许的最高温度而划分的不同等级。绝缘等级不同，使用时允许的绕组温度上限就不同。

电动机的绝缘等级及其最高允许温度如表 7.2 所示。

工作方式是对电动机在铭牌规定的技术条件下持续运行时间的限制，以保证电动机的温度不超过允许值。电动机的工作方式包括连续工作、短时工作、断续周期工作、连续周期工作等。

表 7.2  绝缘等级和温度上限

| 绝缘等级 | 最高允许温度/℃ |
|---|---|
| A | 105 |
| E | 120 |
| B | 130 |
| F | 155 |
| H | 180 |

**例 7.3**  一台异步电动机的技术数据为 $P_N = 10\text{kW}$，$U_N = 380\text{V}$，△接，$n_N = 1450\text{r/min}$，$\eta_N = 87.5\%$，$\cos\varphi_N = 0.87$，起动转矩与额定转矩之比为 1.4，最大转矩与额定转矩之比为 2.0。试求：（1）额定电流；（2）额定转矩、起动转矩、最大转矩；（3）粗略描绘出额定电压下的机械特性曲线。

**解：**（1）由式（7.26）和式（7.27），可得额定电流为

$$I_N = \frac{P_N}{\sqrt{3}U_N\cos\varphi_N\eta_N} = \frac{10\times1000}{\sqrt{3}\times380\times0.87\times0.875} = 19.96\text{A} \approx 20\text{A}$$

（2）额定转矩、起动转矩、最大转矩分别为

$$T_N = 9550\frac{P_N}{n_N} = 9550\times\frac{10}{1450} = 65.9\text{N}\cdot\text{m}$$

$$T_{st} = 1.4T_N = 1.4\times65.9 = 92.26\text{N}\cdot\text{m}$$

$$T_m = 2T_N = 2\times65.9 = 131.8\text{N}\cdot\text{m}$$

（3）描绘机械特性曲线。

直线段：理想空载点（$T = 0$，$n = n_0 = 1500\text{r/min}$）；

额定工作点（$T = T_N = 65.9\text{N}\cdot\text{m}$，$n = n_N = 1450\text{r/min}$）；

临界工作点（$T = T_m = 131.8\text{N}\cdot\text{m}$）。

曲线段：起动工作点（$T = T_{st} = 92.26\text{N}\cdot\text{m}$，$n = 0$）。

根据上述数据，可大致描出额定电压下的机械特性曲线，如图 7.23 所示。

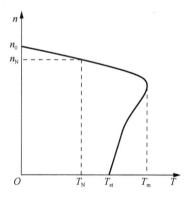

图 7.23  例 7.3 图

# 7.5 三相异步电动机的使用

## 7.5.1 起动

起动

电动机的起动就是将电动机接通电源后，转速由零不断上升直至达到某一稳定转速的过程。电动机的起动性能主要是指起动电流和起动转矩两方面。

在电动机接通电源起动的瞬间，即转子尚未转动时，转子绕组中感应产生的电动势和电流都达到最大值。与变压器道理一样，此时定子电流（即起动电流）也达到最大值，一般笼型电动机的起动电流是其额定电流的 5～7 倍。但因起动过程时间很短（1～3s），而且随着转速的上升，电流会迅速减小，来不及使电动机本身过热，故对于容量不大且不频繁起动的电动机自身影响并不大。然而，过大的起动电流在输电线上造成的电压降很大，因而将直接影响接在同一电网线路上其他负载的正常工作。例如，引起灯光的闪烁，或引起其他运行中的电动机转速下降，甚至可能使其最大转矩降到小于负载转矩，致使电动机停转等。

另外，因为电动机刚起动时的转子漏磁感抗 $X_{20}$ 很大，转子功率因数很低，所以，由式（7.16）可知，电动机的起动转矩并不大。起动转矩太小，就不能带负载起动，或者使起动时间拖长。

由于电动机的起动电流过大，而起动转矩较小，因而其起动性能较差，有时与生产实际的要求不适应。为此常常采取一些措施既要把起动电流限制在一定数值内，又要保证电动机有适当的起动转矩。通常要根据电网及电动机容量的大小、负载轻重等具体情况，采用不同的电动机起动方法。

### 1. 笼型异步电动机的直接起动

笼型异步电动机的直接起动亦称为全压起动。它是将电动机的定子绕组直接接入电网，加上额定电压，直接起动电动机。

直接起动的优点是所需起动设备简单，操作方便，起动过程短，所需成本低。但是电动机的起动电流大，对电动机及电网有一定冲击。

一台异步电动机是否允许直接起动要视具体情况而定，一般根据以下几种情况确定。

（1）容量在 7.5kW 以下的电动机一般可以采用直接起动。

（2）允许直接起动的电动机在起动瞬间造成的电网电压降不大于电源电压正常值的 10%，对于不经常起动的电动机可放宽到 15%。

（3）如果用户有独立的专用变压器供电，则频繁起动的电动机，其容量小于变压器容量的 20%时，允许直接起动；如电动机容量小于变压器容量的 30%时，允许不频繁的直接起动。

**2. 笼型异步电动机的降压起动**

降压起动主要用于大、中型笼型异步电动机的起动。所谓降压起动，是借助起动设备将电源电压适当降低后加在定子绕组上进行起动，以减小起动电流。起动后，待电动机接近稳定运行状态时，再使电压恢复到额定值，转入正常运行。

降压起动时，电动机的转子电动势、电流及定子电流均减小，避免了电网电压的显著下降。但由于起动转矩与电源电压的平方成正比，因此降压起动时的起动转矩将大大减小。所以降压起动只适用于空载或轻载情况下起动。

（1）星形-三角形（Y-△）换接降压起动。

星形-三角形换接降压起动原理图如图 7.24 所示。如果电动机在正常运行时，定子绕组的接线方式为三角（△）形，则在起动时，可以把定子绕组接成星（Y）形，使每相绕组的电压降低为 $U_N / \sqrt{3}$，待转速接近额定值时，再把定子绕组改接成三角形，使电动机全压运行。

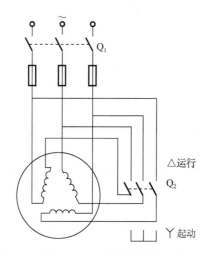

图 7.24　星形-三角形换接降压起动原理图

设电源的线电压为 $U_L$，起动瞬间电动机定子每相绕组等效阻抗为 $|Z_{st}|$，星形联结降压起动的线电流为 $I_{YL}$，三角形联结直接起动的线电流为 $I_{\triangle L}$，则有

$$I_{YL} = \frac{U_L}{\sqrt{3}\,|Z_{st}|}, I_{\triangle L} = \sqrt{3}\,\frac{U_L}{|Z_{st}|} \tag{7.28}$$

比较定子绕组不同接法下的电流，可得

$$\frac{I_{YL}}{I_{\triangle L}} = \frac{1}{3} \tag{7.29}$$

由于起动转矩和定子相电压的平方成正比，所以星形-三角形降压起动时的起动转矩 $T_{Yst}$ 与直接起动时的起动转矩 $T_{\triangle st}$ 之比为

$$\frac{T_{Yst}}{T_{\triangle st}} = \frac{U_{YP}^2}{U_{\triangle P}^2} = \frac{(U_L / \sqrt{3})^2}{U_L^2} = \frac{1}{3} \tag{7.30}$$

可见，采用星形–三角形换接降压起动方法，起动电流为直接起动时的 1/3，起动转矩也降低为直接起动时的 1/3。

星形–三角形换接降压起动的最大优点是起动设备比较简单，价格低，因而获得较广泛的应用。缺点是只有正常运行时定子绕组作三角形联结的异步电动机才可采用这种降压起动方法，而且降压比固定，有时不能满足起动要求。

（2）自耦变压器降压起动。

自耦变压器降压起动原理图如图 7.25 所示。电动机起动时，自耦变压器 ZB 的高压边投入电网，低压边接电动机，利用自耦变压器来降低加在定子绕组上的起动电压。待电动机起动后，再使电动机与自耦变压器脱离，从而在全压下正常运行。

若设自耦变压器的变比为 $k$，一次电压为 $U_1$，则二次电压 $U_2 = U_1/k$，二次电流 $I_2$（即通过电动机定子绕组的线电流）也按正比减小。根据变压器一、二次电流关系 $I_1 = I_2/k$，可知一次电流（即电源供给电动机的起动电流）比直接流过电动机定子绕组的电流要小，即此时电源供给电动机的起动电流为直接起动时起动电流的 $1/k^2$ 倍。

自耦变压器降压起动的优点是可以按允许的起动电流和所需的起动转矩来选择自耦变压器的不同抽头实现降压起动，而且不论电动机的定子绕组采用星形还是三角形接法都可以使用。缺点是设备体积大，成本很高。

（3）定子电路串电阻（或电抗器）降压起动。

定子电路串电阻（或电抗器）降压起动原理图如图 7.26 所示。在电动机起动时，把起动电阻 $R_{st}$（或电抗器）串接在电动机定子绕组与电源之间，通过电阻（或电抗器）的分压作用，来降低定子绕组上的起动电压，因此限制了起动电流。待起动后转速接近稳定值时，再将电阻（或电抗器）短接，使电动机在额定电压下正常运行。

采用这种降压起动方法时，电阻上有热能损耗，如果用电抗器则体积较大、成本较高，因此该方法很少采用。

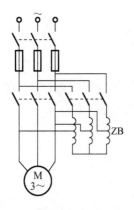

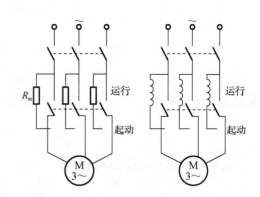

图 7.25　自耦变压器降压起动原理图　　　图 7.26　定子电路串电阻（或电抗器）降压起动原理图

（4）软起动器起动。

软起动器是一种集电动机软起动、软停车、轻载节能和多种保护功能于一体的电动机控制装置。应用软起动器，可以在电动机起动过程中，通过自动调节电动机的电压，实现无冲击且平滑的起动，并且可根据电动机负载的特性来调节起动过程中的限流值、起动时间等参数。软起动器通常有限压起动和限流起动两类起动方式。

限压起动方式：在电动机起动时，软起动器的输出电压由初始电压逐渐增加，电动机逐渐加速，直到电压提升到额定电压，电动机工作在额定电压的机械特性上，实现平滑启动。电动机的起动电流也可根据需要调节。

限流起动方式：在电动机起动的初始阶段，软起动器的输出电流从零增加到预先所设定的值，然后在保证输出电流不超过设定值的情况下，电压逐渐升高到额定电压，直至起动完毕。起动过程中，电流上升变化的速率可以根据电动机负载调整设定。电流上升速率大，则起动转矩大，起动时间短。

### 3. 绕线转子异步电动机的起动

绕线转子异步电动机的起动主要采用转子回路串联外接电阻的方法，如图 7.27 所示。

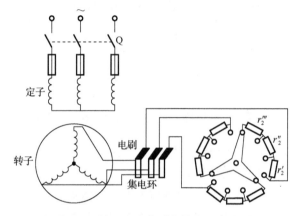

图 7.27　转子回路串联外接电阻线路图

起动过程分析如下：

将起动变阻器的电阻增大到适当值，合上开关 Q，电动机起动，转速沿机械特性变化过程如图 7.28 所示。随着电动机转速的升高，逐级将外接电阻 $r_2'''$、$r_2''$、$r_2'$ 切除，直到转速接近额定值时，外接电阻全部切除，使转子电路短接。

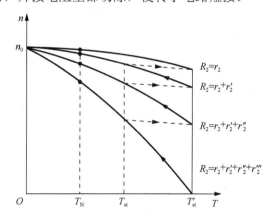

图 7.28　转子回路串联外接电阻的机械特性曲线

转子回路外接电阻起动，既减小起动电流，同时又能提高起动转矩，所以绕线转子异步电动机用于要求中、大容量，或要求起动转矩较大的场合，例如拖动提升机、起重机等。

**例 7.4**　有一台笼型异步电动机的技术数据如下：$P_N = 45\text{kW}$，$U_N = 380\text{V}$，△接，$n_N = 1480\text{r/min}$，$\eta_N = 92.3\%$，$\cos\varphi_N = 0.88$，$T_{st}/T_N = 1.9$，$T_m/T_N = 2.2$，$I_{st}/I_N = 7.0$。（1）求额定转差率 $s_N$、额定电流 $I_N$、额定转矩 $T_N$、起动转矩 $T_{st}$ 和最大转矩 $T_m$；（2）负载转矩为电动机的额定转矩时，电源电压为 $U_N$ 和 $0.9U_N$ 两种情况下，电动机能否起动；（3）若采用星形-三角形换接降压起动，求起动电流 $I_{Yst}$、起动转矩 $T_{Yst}$。

**解：**（1）
$$s_N = \frac{n_0 - n_N}{n_0} = \frac{1500 - 1480}{1500} = 0.013$$

$$I_N = \frac{P_N}{\sqrt{3}U_N\eta_N\cos\varphi_N} = \frac{45 \times 10^3}{\sqrt{3} \times 380 \times 0.923 \times 0.88} = 84.2\text{A}$$

$$T_N = 9550\frac{P_N}{n_N} = 9550 \times \frac{45}{1480} = 290.4\text{N} \cdot \text{m}$$

$$T_{st} = \frac{T_{st}}{T_N}T_N = 1.9T_N = 1.9 \times 290.4 = 551.8\text{N} \cdot \text{m}$$

$$T_m = \frac{T_m}{T_N}T_N = 2.2T_N = 2.2 \times 290.4 = 638.9\text{N} \cdot \text{m}$$

（2）电源电压为 $U_N$ 时，起动转矩 $T_{st}$ 大于负载转矩 $T_2 = T_N$，所以能起动。

电源电压为 $0.9U_N$ 时的起动转矩为
$$T'_{st} = (0.9)^2T_{st} = 0.81 \times 551.8 = 446.9\text{N} \cdot \text{m}$$

由于此时的起动转矩仍大于负载转矩，因此电动机亦能起动。

（3）三角形接法时的起动电流为
$$I_{st} = \frac{I_{st}}{I_N}I_N = 7.0T_N = 7.0 \times 84.2 = 589.4\text{A}$$

星形接法时的起动电流为
$$I_{Yst} = \frac{I_{st}}{3} = \frac{589.4}{3} = 196.5\text{A}$$

星形接法时的起动转矩为
$$T_{Yst} = \frac{T_{st}}{3} = \frac{551.8}{3} = 183.9\text{N} \cdot \text{m}$$

### 7.5.2　调速

调速（speed regulation）是指在保持电动机负载转矩一定的情况下改变电动机的转速。采用电气调速方法，可以大大简化机械变速机构。

调速

根据式（7.1）及式（7.3）可得
$$n = n_0(1 - s) = \frac{60f_1}{p}(1 - s)$$

由此可知,要调节异步电动机的转速,可采用改变极对数 $p$、转差率 $s$ 以及电源频率 $f_1$ 来实现。

### 1. 变极调速

变极调速一般只在笼型异步电动机中采用,称为多速异步电动机。这种调速方法是采用改变定子绕组的连接方法来改变电动机的极对数 $p$,达到调速目的。

如图 7.29(a)磁极数为四极,图 7.29(b)磁极数为二极。这种调速方法,只能使电动机的转速成倍地变化,即有级调速。例如,笼型电动机换接成二极或四极,对应的同步转速为 3000r/min 或 1500r/min,其机械特性曲线如图 7.30 所示。

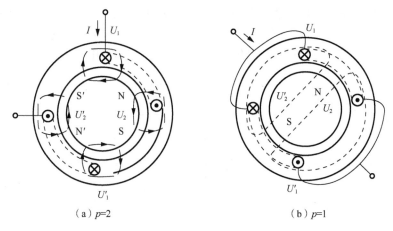

（a）$p=2$ 　　　　　　　　　　（b）$p=1$

图 7.29　定子绕组的改接方法

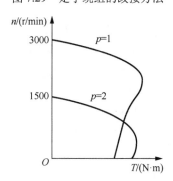

图 7.30　变极调速的机械特性曲线

变极调速方法接线简单、控制方便、价格较低,并且具有较硬的机械特性。但由于是有级调速,级差较大,不能获得平滑的调速性能。变极调速在机床上用得较多。

### 2. 改变转差率调速

对绕线转子异步电动机,可以通过调节串接在转子电路中的调速电阻来改变转差率 $s$,达到调速目的,如图 7.27 所示。当接入的电阻不同时,对于同一负载转矩,可以得到不同的转速。调速的平滑性取决于所接入电阻的分段级数,串入的附加电阻级数越多,调速级数也越多，但一般不超过五级。

改变转差率调速方法的优点是设备简单，控制方便。缺点是调速电阻能量损耗较大，机械特性软。这种调速方法常用在起重设备中。

### 3. 变频调速

变频调速是改变电动机定子电源的频率，从而改变其同步转速的调速方法。当连续改变电源频率时，异步电动机的转速可以平滑地调节。这种调速方法可以实现异步电动机的无级调速。

变频调速系统主要设备是提供变频电源的变频器，变频器可分成交流-直流-交流变频器和交流-交流变频器两大类，目前国内大都使用交-直-交变频器。变频调速装置的原理框图如图 7.31 所示，整流器先将电网的频率为 50Hz 的交流电变换为电压可调的直流电，再由逆变器变换为频率可调的三相交流电，供给异步电动机。

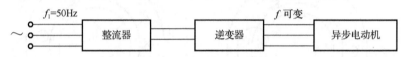

图 7.31　变频调速装置的原理框图

变频调速应用范围较广，优点是调速范围大、特性硬、精度高，而且调速过程中没有附加损耗，效率高。缺点是技术复杂、造价高、维护检修困难。变频调速适用于要求精度高、调速性能较好的场合。

### 7.5.3　制动

由于电动机转动部分有惯性，因此在断开电源后，电动机将继续转动一定时间后才能停止。在实际生产中，常要求电动机能够迅速而准确地停止转动，有时还要求限制电动机的速度，例如在起重机下放重物或电气机车下坡时，都必须对电动机进行制动。

制动

对电动机进行制动的方法包括机械制动和电气制动两种。机械制动常采用电磁制动器通过摩擦来实现制动。电气制动是使电动机本身进入制动状态，即要求电动机产生的转矩与转动方向相反，这时的转矩叫作制动转矩。

常用的电气制动方法有三种：反接制动，能耗制动和再生发电制动。

### 1. 反接制动

电动机的反接制动如图 7.32 所示。当图 7.32（a）中的转换开关由正转扳到反转位置时，电动机的旋转磁场立即反向，电动机由于机械惯性原因，仍按原方向顺时针转动，由图 7.32（b）可见，此时所产生的电磁转矩与转子惯性转动方向相反，因而，对电动机起制动作用，速度很快下降。当电动机转速接近零时，必须及时将转换开关断开，使电动机脱离电源，否则电机将反向起动。

在反接制动时，旋转磁场与转子的相对速度很大，因此，转子电流和定子电流都很大。为限制电流过大，必须在笼型异步电动机的定子电路或绕线转子异步电动机的转子电路串接限流电阻。

反接制动的特点是设备简单，制动效果较好，但能量损耗较大。多用于快速停车。

2. 能耗制动

电动机的能耗制动如图 7.33 所示。在断开电动机三相交流电源的同时，向定子绕组加入直流电源，此时直流电流流入定子的两相绕组，于是在定子内产生一个恒定磁场。转子由于惯性仍继续沿原方向旋转，切割定子磁场产生感应电动势和电流，载流导体在磁场中受电磁力作用。感应电流方向可按右手定则确定，再根据左手定则确定感应电流与恒定磁场间相互作用所产生的电磁转矩的方向。可见，电磁转矩与转子转动的方向相反，因而起到制动作用。电动机停转后再切断直流电源。

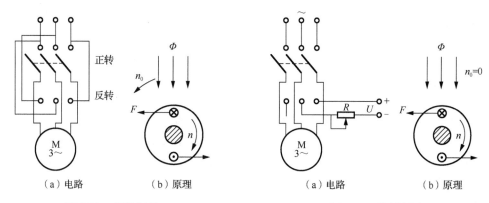

图 7.32 反接制动　　　　　　　　图 7.33 能耗制动

这种制动方法是将转子的动能变换成电能消耗在电阻上，故称能耗制动。制动转矩的大小决定于定子直流电流的大小和转子电流的大小。因此，对笼型异步电动机可通过改变直流电压 $U$ 或通过变阻器 $R$ 调节定子直流电流来控制制动转矩的大小；对绕线转子异步电动机可通过调节定子的直流电流或转子的附加电阻控制制动转矩的大小。

在能耗制动过程中，由于转子的速度迅速降低，制动转矩随之减小，当电动机停止时，制动转矩减为零。能耗制动的优点是制动平稳，停车准确，消耗能量小，其缺点是需要配备直流电源。

3. 再生发电制动

再生发电制动又称回馈制动、发电反馈制动，其原理如图 7.34 所示。

电动机在电动状态下运行时，由于某种原因，使电动机的转速超过了旋转磁场的转速，则转子导体切割旋转磁场的方向与电动运行状态时相反，转子导体感应电动势和电流改变了方向，产生了与转子转向相反的制动转矩。此时电动机变成发电机向电网回馈电能。

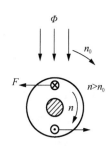

图 7.34 再生发电制动

例如：起重机下放重物、电力机车下坡运行时可运用再生制动。

另外，变极调速时，例如：双速电动机从高速调到低速的过程中，由于极对数的加倍，旋转磁场转速立即减半，但是，电动机转子的速度由于惯性只能逐渐下降，因而也出现 $n > n_0$ 的再生发电制动状态。

## 7.6　直流电动机的基本结构和工作原理

直流电动机具有调速性能好、起动转矩较大等优点。在一些要求调速范围宽、速度平滑和快速正反转的生产机械上，例如：可逆轧钢机、龙门刨床、矿井提升机、电力机车等，大都采用直流电动机拖动。但直流电动机也存在制造工艺复杂、成本高、维护量大、容量较小等缺点。

### 7.6.1　基本结构

直流电动机的基本结构如图 7.35 所示，也可分为定子和转子两大部分。

#### 1. 定子

定子部分主要包括主磁极、换向磁极、机座、端盖和电刷装置等部件。

主磁极由铁心和励磁绕组组成，如图 7.36 所示，作用是产生主磁场。铁心一般由低碳钢板叠压而成并固定在机座上。励磁绕组通入直流电流后，便产生主磁场，主磁极总是成对存在，磁场方向由励磁电流方向决定。

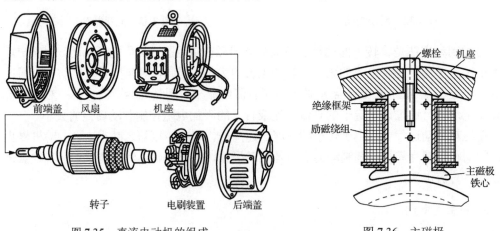

图 7.35　直流电动机的组成　　　　　　　　图 7.36　主磁极

换向磁极结构与主磁极相似，由铁心和换向绕组组成，作用是产生附加磁场，以改善电动机的换向条件，消除或减弱电动机运行时在换向器上产生的火花。换向磁极装在两个主磁极之间，并用螺钉与机座固定。

机座用铸钢或厚钢板焊成，具有良好的导磁性能和机械强度，起保护和支撑作用，同时还是电动机磁路的一部分，如图 7.37 所示。小功率直流电动机的机座也可用无缝钢管加工而成。由主磁极、机座组成的主磁场，如图 7.38 所示。

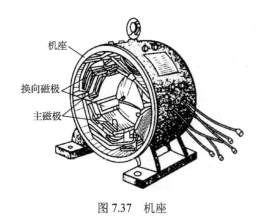

图 7.37 机座

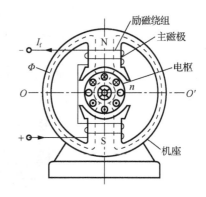

图 7.38 直流电动机的主磁场

在机座的两边各有一个端盖，端盖的中心处装有轴承，用来支持转子的转轴，端盖上还固定有电刷架。电刷装置通过电刷与换向器表面之间的滑动接触，把电枢绕组中的电流引入或引出。

2. 转子

转子是能量转换的重要部分，由电枢、换向器、转轴和风扇等部件组成，如图 7.39 所示。

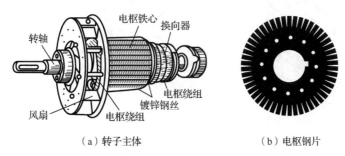

（a）转子主体　　　　　　　（b）电枢钢片

图 7.39 直流电机的转子

电枢（armature）由电枢铁心和电枢绕组构成，并固定在转轴上。电枢铁心由相互绝缘的硅钢片叠压而成，表面冲有均匀分布的槽，如图 7.39（b）所示，其作用是提供磁路。电枢绕组由线圈按一定方式排列，嵌放在电枢铁心的槽内，并与换向器相连，其作用是产生感应电动势和电磁转矩。

换向器又称为整流子，由许多相互用云母片绝缘的铜制换向片叠成环状，其结构如图 7.40 所示。换向片的引线按一定规律同电枢绕组各线圈相连。换向器表面用弹簧压放着固定的电刷，电刷引线接到直流电源上。换向器与电枢同轴且紧固在一起（两者相对静止），当电枢转动时，换向器和静止的电刷之间保持良好的滑动接触，使转动的电枢绕组通过电刷得以同外部直流电源较好地连接起来。换向器的作用是把外界供给的直流电流转变为绕组中的交变电流以使电动机旋转。

转轴一般用合金钢锻压加工而成，其作用是用来传递转矩。

风扇是用来降低电动机在运行中的温升。

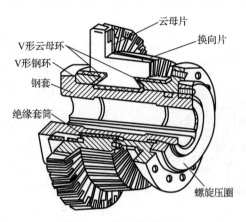

图 7.40　换向器的结构

### 7.6.2　转动原理

直流电动机也是依据载流导体在磁场中受电磁力的作用而旋转的原理制造的。为了讨论问题方便，把复杂的直流电动机结构简化为图 7.41 所示的电机模型。

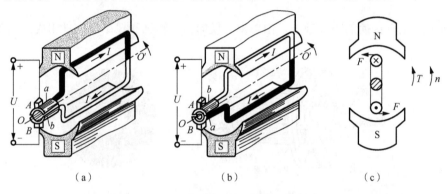

图 7.41　直流电动机的转动原理

电动机模型中，只有一对主磁极和一个线圈的电枢绕组，线圈的两端分别连接在两个互相绝缘的换向片 $a$ 和 $b$ 上，而电刷 $A$ 和 $B$ 压在换向片上。电刷 $A$、$B$ 固定不动，并分别与外加直流电源的正负极相接，构成闭合电路。

在图 7.41（a）中，直流电流从电刷 $A$ 和换向片 $a$ 流入线圈，通过换向片 $b$ 和电刷 $B$ 流出。磁极下的通电线圈导体（称为有效边）在磁场作用下产生电磁力及电磁力矩，根据左手法则，电磁力的方向如图 7.41（c）所示，在电磁转矩的作用下，电枢逆时针方向转动起来。

当线圈转到平衡位置时，两电刷恰好接触两换向片间的绝缘部分，线圈由于惯性继续转动，转过平衡位置后，线圈中电流立即改变方向，即电流从电刷 $A$ 和换向片 $b$ 流入线圈，通过换向片 $a$ 和电刷 $B$ 流出，如图 7.41（b）所示，此时可知电枢仍逆时针方向转动。当线圈又转过平衡位置后，换向片又自动改变电流方向。借助于电刷和换向片的作用，电枢可以逆时针方向连续转动。

由此可见，当线圈转动之后，线圈的两个有效边要经常改变位置。但由于电刷静止不动，而换向片随线圈同步转动，因此不管是哪一边，只要转到 N 极区时，其中电流方向总是从电源正极流入；转到 S 极区时，其中电流方向总是流向电源负极，保证了电磁转矩的方向始终不变，电枢按某一方向持续转动。这就是直流电动机的转动原理。

### 7.6.3 电磁转矩和电枢电动势

1. 电磁转矩

直流电动机工作时，主磁极的励磁绕组中通入电流，建立磁场。与此同时，电枢绕组中有电流通过，通电的电枢导体与磁场相互作用产生电磁力，并形成电磁转矩，如图 7.42 所示。

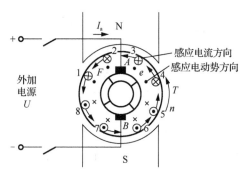

图 7.42　直流电动机的电磁转矩和电枢电动势

由所有电枢导体受力而产生的电磁转矩 $T$ 的大小，与电枢电流 $I_a$ 和每个磁极磁通 $\Phi$ 的乘积成正比，即

$$T = C_T \Phi I_a \tag{7.31}$$

式中，$C_T$ 是与电机结构相关的常数。

在主磁极励磁电流恒定的情况下，磁通 $\Phi$ 为常数，由式（7.31）可见，电磁转矩 $T$ 与电枢电流 $I_a$ 成正比。

电磁转矩驱动电动机等速旋转时，必须满足转矩平衡关系，即

$$T = T_0 + T_2 \tag{7.32}$$

式中，$T_0$ 为电动机空载转矩，即轴上摩擦、风阻及铁心损耗相对应的力矩；$T_2$ 为负载转矩。

如果忽略空载转矩 $T_0$，电枢电流 $I_a$ 近似地与负载转矩成正比，并且仍然可以得到与异步电动机相同的转矩公式，即

$$T = 9550 \frac{P_2}{n} \tag{7.33}$$

式中，$P_2$ 是电动机轴上输出的机械功率（kW）；$n$ 为电枢旋转速度（r/min）。

2. 电枢绕组中的电动势

当直流电动机的电枢在磁场中旋转时，电枢绕组导体切割磁力线，在电枢绕组中就

会产生感应电动势，其方向由右手定则确定。在图 7.42 中，转到 N 极区下的电枢导体中，感应电动势的方向离开纸面，用"·"表示；转到 S 极区下的电枢导体中，感应电动势的方向进入纸面，用"×"表示。

直流电动机运行时，电枢电流 $I_a$ 的方向与感应电动势方向相反，即感应电动势总是阻碍电枢电流的变化，因此感应电动势又称反电动势。如果电动机转速增加，或磁通 $\Phi$ 变大，感应电动势也增加。感应电动势与磁通 $\Phi$ 和转速 $n$ 的乘积成正比，即

$$E = C_e \Phi n \qquad (7.34)$$

式中，$C_e$ 是与电机结构相关的常数。

### 7.6.4 电枢电压平衡方程式

直流电动机的电路原理图如图 7.43 所示。

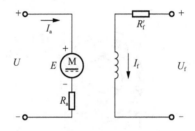

图 7.43 直流电动机的电路原理图

图 7.43 中，$U$ 为电枢绕组所接电源的电压，$R_a$ 为电枢绕组的电阻，$I_a$ 为电枢电流，$E$ 为电枢绕组的反电动势，$U_f$ 为励磁电源电压，$R'_f$ 为励磁绕组电阻，$I_f$ 为励磁绕组中的电流，即励磁电流。

根据基尔霍夫电压定律及欧姆定律，可写出电枢电路中电压平衡方程式：

$$U = E + I_a R_a \qquad (7.35)$$

则电枢电流为

$$I_a = \frac{U - E}{R_a} \qquad (7.36)$$

## 7.7 直流电动机的工作特性及使用

### 7.7.1 励磁方式

直流电动机中主磁极的磁通是由励磁电流产生的。根据励磁绕组供电方式的不同，直流电动机通常分为他励、并励、串励和复励电动机，如图 7.44 所示。

#### 1. 他励电动机

他励电动机（separately excited motor）的励磁绕组和电枢绕组分别由两个独立电源供电，励磁绕组与电枢绕组无联接关系，如图 7.44（a）所示。这样，励磁电流的调节

与电枢电压、电枢电流的调节都可以单独进行而互不影响。

### 2. 并励电动机

并励电动机（shunt motor）的励磁绕组和电枢绕组并联，共用一个直流电源，如图 7.44（b）所示。励磁绕组两端的电压就是电枢绕组两端的电压。励磁绕组用细导线绕成，其匝数很多，因此具有较大的电阻，使得通过它的励磁电流较小。励磁电流一般仅为电枢电流的 1%（大型电机）～5%（小型电机）。利用与励磁绕组相串联的可变电阻 $R$ 改变励磁电流，可改变磁通 $\Phi$ 的大小。

### 3. 串励电动机

串励电动机（series excited motor）的励磁绕组与电枢绕组串联后，再接于直流电源，如图 7.44（c）所示。由于励磁电流等于电枢电流，所以磁极的磁通 $\Phi$ 随电枢电流 $I_a$ 的改变有显著的变化。为了使励磁绕组中不致引起大的损耗和电压降，励磁绕组的电阻越小越好，因此励磁绕组通常用较粗的导线绕成，但匝数较少。

### 4. 复励电动机

复励电动机（compound motor）的励磁绕组有两个，一个与电枢绕组并联，称为并励绕组，另一个与电枢绕组串联，称为串励绕组，如图 7.44（d）所示。两个绕组都装在主磁极上，所以电机中的磁通 $\Phi$ 是由这两个励磁绕组共同作用而产生的。若串励绕组产生的磁动势与并励绕组产生的磁动势方向相同称为积复励。若两个磁动势方向相反，则称为差复励。

并励直流电动机除励磁方法不同于他励直流电动机外，从性能上讲与他励直流电动机相同。

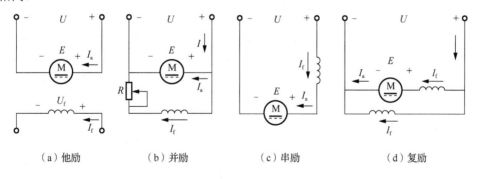

| （a）他励 | （b）并励 | （c）串励 | （d）复励 |

图 7.44 直流电动机的励磁方式

## 7.7.2 他励（并励）直流电动机的机械特性

直流电动机的机械特性也是指转速和电磁转矩之间的关系，即 $n = f(T)$。

他励电动机与并励电动机的机械特性一样，只是内部联接不同。图 7.43 也是他励电动机电路原理图，因此，由式（7.34）及式（7.35）可以得到电动机的转速为

$$n = \frac{U - I_a R_a}{C_e \Phi} \tag{7.37}$$

将式（7.31）中得到的电枢电流 $I_a$ 代入式（7.37），可得他励电动机的机械特性方程为

$$n = \frac{U}{C_e \Phi} - \frac{R_a}{C_e C_T \Phi^2} T = n_0 - \Delta n \tag{7.38}$$

由式（7.38）可以看出，当电动机的电磁转矩 $T$ 为零时，电机的转速 $n = \dfrac{U}{C_e \Phi} = n_0$，$n_0$ 与电源电压 $U$ 成正比，与磁通 $\Phi$ 成反比。实际上 $T$ 不可能等于零，即便是轴上机械负载转矩为零，轴上仍然有空载转矩 $T_0$，所以 $n_0$ 称为理想空载转速。

式（7.38）中的 $\Delta n = \dfrac{R_a}{C_e C_T \Phi^2} T$ 说明电动机随负载增加而转速下降，称为转速降。当磁通 $\Phi$ 和电枢电阻 $R_a$ 不变时，$\Delta n$ 与转矩 $T$ 呈线性关系，即 $T$ 增加时，$\Delta n$ 也增加，转速 $n$ 下降。

当电源电压 $U$ 和励磁电流 $I_f$ 为常数时，可以画出电机转速和电磁转矩之间的特性曲线，如图 7.45 所示，即他励电动机的机械特性曲线是一条稍微向下倾斜的直线。

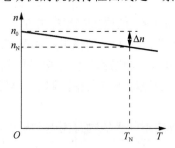

图 7.45　他励电动机的机械特性曲线

从图 7.45 中可以看出，由于电枢电路的电阻很小，故机械特性的直线向下倾斜的斜率很小，电机转速 $n$ 随着电磁转矩 $T$ 的增加而略有下降。这样的机械特性称为硬特性。因此他励直流电动机常用于转速不受负载影响又便于在大范围内调速的生产机械，如大型车床、龙门刨床等。

直流电动机也具有自动适应负载的能力，即当负载转矩发生变化时，电动机的转速、反电动势、电流以及电磁转矩都将改变，以适应负载的变化。

例如，负载转矩增加时，在开始的瞬间，出现了转矩不平衡，电动机的电磁转矩小于负载转矩，转速开始下降。因磁通 $\Phi$ 保持不变，故转速下降引起反电动势 $E = C_e \Phi n$ 减小，电枢电流 $I_a = \dfrac{U - E}{R_a}$ 随之增加，因而电磁转矩 $T = C_T \Phi I_a$ 增大，此过程一直进行到电磁转矩与负载转矩重新平衡时才结束，电机转速不再继续下降，电枢电流也不再继续增加，电动机将在新的较低转速下稳定运行。

**例 7.5**　一台他励直流电动机，技术数据为：额定功率 $P_N = 7.5\text{kW}$，额定电压

$U_N = 220V$ ，额定电枢电流 $I_{aN} = 40A$ ，额定转速 $n_N = 1500r/min$ ，电枢绕组电阻 $R_a = 0.46\Omega$ 。求：（1）电动机额定运行时的电枢反电动势；（2）在额定励磁和额定转矩下，若将电枢电压减小到 180V，电动机的转速变为多少？

**解：**（1）由式（7.35）电枢电压平衡方程式，可得

$$E = U_N - I_{aN}R_a = 220 - 0.46 \times 40 = 201.6V$$

（2）在额定励磁和额定转矩下，$\Phi$ 不变，由式（7.34）可知

$$\frac{E'}{E} = \frac{n'}{n}$$

由于电枢电压减小到 180V 时，电枢反电动势为

$$E' = U' - I_{aN}R_a = 180 - 0.46 \times 40 = 161.6V$$

所以，电动机的转速为

$$n' = n_N \frac{E'}{E} = 1500 \times \frac{161.6}{201.6} = 1202r/min$$

### 7.7.3　他励直流电动机的起动

电动机的起动是指电动机接通电源后，从静止状态到稳定运转状态的运行过程。在直流电动机起动瞬间，由于转子转速 $n = 0$ ，所以反电动势 $E$ 也等于零。此时电动机的电枢起动电流为

$$I_{st} = \frac{U - E}{R_a} = \frac{U}{R_a} \tag{7.39}$$

由于电枢电阻 $R_a$ 很小，故 $I_{st}$ 很大，通常达到额定电流 $I_N$ 的 10～20 倍，而电磁转矩正比于电枢电流，故此时会产生非常大的起动转矩。如此大的起动电流会在换向器和电刷之间产生强烈的电火花而烧坏换向器，起动转矩太大还会对传动机构造成强烈的机械冲击，这些都是不允许的，因此必须采取一定措施减小起动电流。一般应限制起动电流不超过额定电流的 1.5～2.5 倍。

要降低起动电流，可采取增大电枢电路的电阻 $R_a$ 和降低电枢端电压 $U$ 两种方法。

#### 1. 电枢串电阻限流起动

在电枢回路中串联一可调的起动电阻 $R_{st}$ ，保证在起动瞬间，将起动电流 $I_{st}$ 限制在所需范围内，随着电机转速的升高，逐段切除起动电阻，起动结束后，一般将起动电阻全部切除。这种方法的起动电流是

$$I_{st} = \frac{U}{R_a + R_{st}} \tag{7.40}$$

#### 2. 降压起动

由于他励电动机的电枢回路由独立直流电源供电，故可以用一个可调压的直流电源专供电枢电路，随着电机转速的升高，逐渐提高电枢电压，最后增加到额定值。

应当注意，无论采用哪一种起动方法，在起动过程中都必须保证有足够的主磁场，

即要有足够大的励磁电流。

**例 7.6** 一台他励直流电动机，额定电压 $U_N = 220V$，额定电枢电流 $I_N = 207.5A$，电枢电阻 $R_a = 0.067\Omega$。试求：（1）如果电动机电枢电路不串接电阻而直接起动，则起动电流为额定电流的几倍？（2）若将起动电流限制为额定值的 1.5 倍，则应串入多大的起动电阻？

**解：**（1）由式（7.39），可得直接起动时的起动电流为

$$I_{st} = \frac{U_N}{R_a} = \frac{220}{0.067} = 3283.58A$$

起动电流与额定电流的比值为

$$\frac{I_{st}}{I_N} = \frac{3283.58}{207.5} = 15.8$$

（2）若起动电流限制为额定值的 1.5 倍，即

$$I_{st} = 1.5I_N = 1.5 \times 207.5 = 311.25A$$

则由式（7.40），可得应串入的起动电阻为

$$R_{st} = \frac{U_N}{I_{st}} - R_a = \frac{220}{311.25} - 0.067 = 0.64\Omega$$

### 7.7.4　他励直流电动机的调速

直流电动机的调速是指用人为的方法改变它的机械特性，使之在一定的负载下获得不同的转速。生产机械的速度调节可以用机械方法取得（即采用变速器等装置），但结构复杂，在现代电力拖动中多采用电气调速方法。

根据式（7.38）他励电动机的机械特性方程，可以看出，改变电枢电路的电阻 $R_a$、改变电枢电压 $U$ 或改变磁极磁通 $\Phi$ 都可改变直流电动机的机械特性，从而改变其转速。

#### 1. 电枢回路串电阻调速

由机械特性方程可知，当电枢回路串入可变的调速电阻 $R$ 之后，理想空载转速 $n_0$ 不变，但转速降 $\Delta n = \frac{R_a + R}{C_e C_T \Phi^2} T$ 增加了，因此机械特性变软。在负载转矩不变的条件下，转速下降。

图 7.46 是电枢回路串入不同电阻时的机械特性。这种调速方法只能降速调速，且在轻载时得不到低速。另外由于电枢电流较大，在调速电阻上的功率损耗很大，白白消耗电能，这是很不利的。因此这种调速方法只适用于调速范围不大、调速时间不长的小功率直流电动机。

#### 2. 改变电枢电压调速

由于他励电动机电枢回路用独立电源供电，因而利用可调直流电源改变电枢电压可进行调速。由式（7.38）可知，当电枢电压 $U$ 由额定值向下调时，理想空载转速 $n_0 = \frac{U}{C_e \Phi}$

下降，转速降 $\Delta n$ 不变，故机械特性向下移，硬度不变。如图 7.47 所示，他励直流电动机对应不同电枢电压的机械特性为一组互相平行的直线。

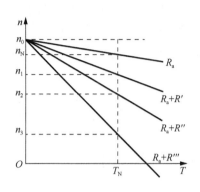

图 7.46 电枢回路串电阻调速

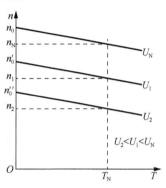

图 7.47 改变电枢电压调速

调速的过程为：保持磁通 $\Phi$ 不变，降低电枢电压 $U$，由于惯性作用电动机转速 $n$ 不能立即变化，反电动势 $E$ 瞬间亦不变，而电枢电流 $I_a$ 下降，电磁转矩 $T$ 下降，如果阻转矩 $T_C$（$T_C = T_0 + T_2$）未变，则 $T < T_C$，转速 $n$ 下降，因此反电动势 $E$ 下降，电枢电流 $I_a$ 及电磁转矩 $T$ 又回升，直到 $T = T_C$，电动机在新的转速 $n$ 下稳定运行。显然，此时转速 $n$ 较原来的降低了。

需要说明的是，由于电动机最高工作电压不能大于额定电压，故这种调速方法只能在低于电动机额定转速范围内使用。电压降低后，并不改变机械特性的硬度，即负载变化时转速波动很小，可以得到稳定的低速。另外这种方法调速范围较宽，可达 10：1。例如额定转速为 1000r/ min 时，最低稳定速度可达 100r/ min 。

由以上分析可以看出，改变电枢电压调速时，磁通不变，若在一定的额定电枢电流下调速，电动机转矩也是一定的，换句话说，这种调速方法能实现恒转矩调速。起重设备多使用这种调速方法。

### 3. 改变励磁磁通调速

改变磁通调速也就是改变励磁电流调速。由于励磁电流不能超过额定电流，所以改变励磁电流只能是减小，即只能进行弱磁调速。可在励磁电路中串联可变电阻（或减小励磁电路的电压），使电动机的磁通 $\Phi$ 小于原来的额定值。由式（7.38）可知，当电枢电压和电枢回路电阻维持不变而减弱磁通 $\Phi$ 时，理想空载转速 $n_0$ 和转速降 $\Delta n$ 都增加，因此 $\Phi$ 降低后的机械特性变软，如图 7.48 所示。

调速的过程为：减弱磁通 $\Phi$ 时，由于惯性作用电动机转速 $n$ 不能立即变化，反电动势 $E$ 减小，电枢电流 $I_a$ 增加。而 $I_a$ 增加的影响超过 $\Phi$ 减弱的影响，使得电磁转矩 $T$ 增加。若阻转矩 $T_C$ 不变，则 $T > T_C$，使电动机转速 $n$ 上升，反电动势 $E$ 随之增大。$I_a$ 和 $T$ 则随之减小，直到 $T = T_C$，电动机在新的转速 $n$ 下稳定

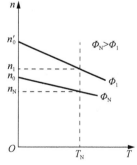

图 7.48 改变磁通调速

运行。此时转速 $n$ 较改变磁通 $\Phi$ 前提高了。

需要说明的是，上述调速过程是假设负载转矩不变，由于 $\Phi$ 减小将使 $I_a$ 增大而超过额定值，但电枢电流又不允许长时间超过额定值，所以转速升高时，电动机轴上的输出功率应适当减少。这种调速方法不能实现恒转矩调速，只能实现恒功率调速，即适用于转矩与转速大约成反比例时的调速。例如切削机床中往往采用这种调速方法。弱磁调速的突出优点是调速平滑，可得到无级调速。

在实际应用的直流电动机调速系统中，一般采用调压和减小磁通相结合的调速方法。即在额定转速以下，调速时用降低电枢电压方法；在额定转速以上，采用减小磁通 $\Phi$ 调速。由于他励电动机可以在很宽的范围内平滑调速，因此应用较多。

**例 7.7** 一台他励直流电动机，额定功率 $P_N = 10kW$，额定电压 $U_N = 220V$，额定电枢电流 $I_N = 47A$，额定转速 $n_N = 1460r/min$，电枢电阻 $R_a = 0.2\Omega$。（1）若在电枢回路中串入 $0.6\Omega$ 的调速电阻，求电动机在额定转矩下的转速；（2）若保持额定负载转矩不变，励磁电流也不变，而将电枢电压降为 $0.5U_N$，求此时电动机的转速；（3）若电枢电压不变，保持负载转矩不变的情况下，改变励磁电流，使磁通 $\Phi$ 减小为额定运行时的 10%，求此时的电动机转速。

**解：**（1）电动机的磁通 $\Phi$ 及负载转矩不变，根据式（7.31）可知调速前后电枢电流 $I_N$ 不变。

调速前 $E = C_e\Phi n_N = U_N - I_N R_a$；调速后 $E' = C_e\Phi n = U_N - I_N(R_a + R)$

所以电枢回路串电阻后电动机的转速为

$$n = \frac{U_N - I_N(R_a + R)}{U_N - I_N R_a} \cdot n_N = \frac{220 - 47 \times (0.2 + 0.6)}{220 - 47 \times 0.2} \times 1460 = 1265r/min$$

（2）负载转矩及励磁电流不变，则电枢电流 $I_N$ 不变。

调速前 $E = C_e\Phi n_N = U_N - I_N R_a$；调速后 $E' = C_e\Phi n = U' - I_N R_a = 0.5U_N - I_N R_a$

所以降低电枢电压后电动机的转速为

$$n = \frac{0.5U_N - I_N R_a}{U_N - I_N R_a} \cdot n_N = \frac{0.5 \times 220 - 47 \times 0.2}{220 - 47 \times 0.2} \times 1460 = 697r/min$$

（3）磁通减小前后负载转矩不变，则有

$$C_T\Phi I_a = C_T\Phi_N I_N$$

由 $\Phi = 0.9\Phi_N$，可得

$$I_a = \frac{I_N}{0.9} = \frac{47}{0.9} = 52A$$

此时电枢电流已大于电机额定电流，因此不能长期连续运行。

调速前 $E = C_e\Phi_N n_N = U_N - I_N R_a$；调速后 $E' = C_e\Phi n = U_N - I_a R_a$

所以减小磁通后电动机的转速为

$$n = \frac{U_N - I_a R_a}{U_N - I_N R_a} \cdot \frac{\Phi_N}{\Phi} \cdot n_N = \frac{220 - 52 \times 0.2}{220 - 47 \times 0.2} \times \frac{1}{0.9} \times 1460 = 1615r/min$$

### 7.7.5 他励直流电动机的反转与制动

要改变电动机的旋转方向，必须改变电磁转矩的方向。由电磁转矩 $T = C_T\Phi I_a$ 可以看出，电磁转矩的方向是由磁通 $\Phi$ 和电枢电流 $I_a$ 的方向决定的。

在励磁电流方向固定的条件下，改变电枢电流方向，或在电枢电流方向固定的条件下，改变励磁电流方向，均能改变直流电机的旋转方向。不过由于励磁绕组存在着很大的电感，在换接时会产生极高的电动势，造成不良的后果。所以通常都改变电枢电流的方向，即把电枢电路的两根电源线一端对调一下即可使电机反转。

为了使直流电动机在停车时能迅速停转，需要对电动机进行制动。直流电动机制动的方法同交流电动机制动的方法类似，分为机械制动和电磁制动两种。

机械制动是靠机械抱闸摩擦力来实现制动。电磁制动也是使电动机产生一个与旋转方向相反的电磁转矩（称为制动转矩）来实现制动。电磁制动按产生制动转矩方法的不同也分三种：能耗制动、再生发电制动和反接制动。

## 7.8 控 制 电 机

控制电机的主要任务是转换和传递控制信号，在自动控制装置中广泛使用。

### 7.8.1 步进电机

步进电机（stepping motor）是一种利用电磁铁的作用原理将电脉冲信号转换为线位移或角位移的电动机。例如用于数控机床中，通过计算机发出的电脉冲信号，由步进电机通过传动装置带动工作台精确移动一定的距离（或转动一定的角度）。

一种反应式步进电机的结构示意图如图 7.49 所示，定子上具有均匀分布的六个磁极，磁极上绕有绕组。每两个相对的绕组组成一相，共有三相绕组。除三相以外，步进电机还可有四相、五相、六相等。假定转子上具有均匀分布的四个齿（实际的步进电机可有几十个齿），齿上没有绕组。转子齿与齿之间的夹角称为齿距角（转子四个齿时为90°）。步进电机工作时，电脉冲信号按一定的顺序轮流加到定子三相绕组上，按其通电顺序的不同，有不同的运行方式。

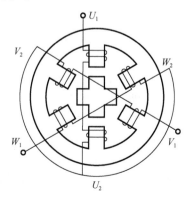

图 7.49 三相反应式步进电机结构示意图

### 1. 三相单三拍

定子三相绕组通电的顺序是 $U \rightarrow V \rightarrow W \rightarrow U \rightarrow \cdots$，每变换一次称为一拍，每一拍只有一相绕组通电，三拍完成一个通电循环周期，这种称为三相单三拍通电方式。

设首先只有 $U$ 相通电，产生 $U_1$-$U_2$ 轴线方向的磁通（$U_1$ 为 N 极，$U_2$ 为 S 极），并通过转子形成闭合回路。因为在磁场的作用下，转子总是力图旋转到磁阻最小的位置，也就是磁路上总的气隙最小的位置，因此转子的 1、3 齿分别与定子的 $U_1$、$U_2$ 磁极对齐，如图 7.50（a）所示。接着只有 $V$ 相通电，产生 $V_1$-$V_2$ 轴线方向的磁通（$V_1$ 为 N 极，$V_2$ 为 S 极），同理使转子的 2、4 齿分别与定子的 $V_1$、$V_2$ 磁极对齐，如图 7.50（b）所示，这样转子便顺时针旋转了 30°。随后只有 $W$ 相通电，同理，转子又顺时针转过 30°，它的齿和 $W_1$、$W_2$ 磁极对齐，如图 7.50（c）所示。因此，当脉冲信号一个一个发来，电机转子便顺时针一步一步转动。

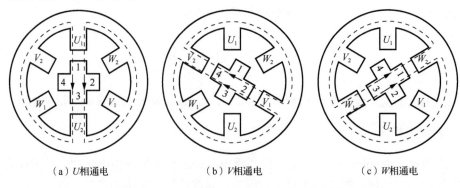

（a）$U$ 相通电　　　　　　（b）$V$ 相通电　　　　　　（c）$W$ 相通电

图 7.50　步进电机转动原理（三相单三拍方式）

在三相单三拍运行方式下，一个通电循环周期中有三个脉冲信号，每拍脉冲使转子转动一步的转角为 30°（称为步距角），每三拍转子转过一个齿距角（90°）。若改变电脉冲的相序，使绕组的通电顺序为 $U \rightarrow W \rightarrow V \rightarrow U \rightarrow \cdots$，则电机转子按逆时针方向转动。

### 2. 三相六拍

定子三相绕组通电的顺序是 $U \rightarrow UV \rightarrow V \rightarrow VW \rightarrow W \rightarrow WU \rightarrow U \rightarrow \cdots$，即需要六拍完成一个通电循环周期，这种称为三相六拍通电方式。

设首先只有 $U$ 相通电，转子 1、3 齿和定子 $U_1$、$U_2$ 磁极对齐，如图 7.51（a）所示。然后 $U$、$V$ 两相同时通电，此时定子 $V_1$、$V_2$ 磁极对转子 2、4 齿有磁拉力，使转子顺时针方向转动，但 $U_1$、$U_2$ 磁极继续拉住转子 1、3 齿，因此，转子转到两个磁拉力平衡时为止，即转子顺时针转过 15°（六分之一齿距角），如图 7.51（b）所示。接着 $U$ 相断电，只有 $V$ 相继续通电，这时转子 2、4 齿与定子 $V_1$、$V_2$ 磁极对齐，转子又顺时针转过 15°，如图 7.51（c）所示。而后 $V$、$W$ 两相同时通电，同理转子又顺时针转过 15°，如图 7.51（d）所示。因此，在三相六拍运行方式，步距角为 15°，每六拍转过一个齿距角。若改变电脉冲的相序，使绕组的通电顺序为 $U \rightarrow UW \rightarrow W \rightarrow WV \rightarrow V \rightarrow VU \rightarrow U \rightarrow \cdots$，则电机转子按逆时针方向转动。

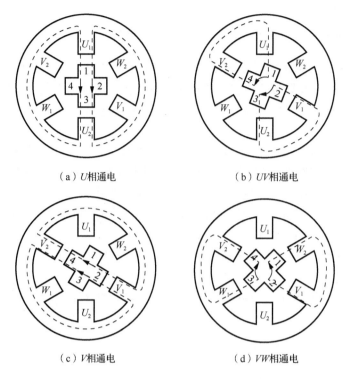

（a）$U$相通电　　　　　　　　　　　（b）$UV$相通电

（c）$V$相通电　　　　　　　　　　　（d）$VW$相通电

图 7.51　步进电机转动原理（三相六拍方式）

**3. 三相双三拍**

定子三相绕组通电的顺序是 $UV{\rightarrow}VW{\rightarrow}WU{\rightarrow}UV{\rightarrow}\cdots$，每一拍有两相绕组同时通电，这种称为三相双三拍通电方式。

如图 7.51（b）及图 7.51（d）所示，步距角与单三拍运行方式下的一样，仍然是 30°。若改变电脉冲的相序，使绕组的通电顺序为 $UW{\rightarrow}WV{\rightarrow}VU{\rightarrow}UW{\rightarrow}\cdots$，则电机转子按逆时针方向转动。

通过上述分析可知，若步进电机的转子齿数为 $Z_r$，运行拍数为 $m$，则步距角 $\theta$ 为

$$\theta = \frac{360°}{Z_r m} \tag{7.41}$$

为了提高步进电机的控制精度，通常采用较小的步距角，由式（7.41）可知，需要增加转子的齿数。此外，步进电机的转速取决于电脉冲的频率 $f$，并与频率同步，控制输入的脉冲频率就能准确地控制步进电机的转速。步进电机的转速为

$$n = \frac{60f}{Z_r m} \text{r/min} = \frac{60\theta f}{360°} \text{r/min} \tag{7.42}$$

## 7.8.2　伺服电机

伺服电机（servo motor）用于自动控制系统中驱动被控对象，其转速和转动方向受控制电压的控制。按控制电压来分，伺服电机有交流伺服电机和直流伺服电机两类。

### 1. 交流伺服电机

交流伺服电机又称两相异步电动机，它的定子上装有励磁绕组和控制绕组两个绕组，两个绕组在空间相隔 90°。它的转子有笼型和杯型两种。当前主要应用的是笼型转子的交流伺服电机，与三相笼型异步电动机的转子结构类似，只是为了减小转动惯量而做得比较细长。

交流伺服电机的原理如图 7.52 所示，励磁绕组与电容串联后接到交流电源 $u_1$ 上，控制绕组接在电子电路的输出端，电压 $u_2$ 即为控制电压。$u_1$ 电压幅值固定，而 $u_2$ 频率与 $u_1$ 相同，但幅度由电子电路控制可调。励磁绕组串联电容用于分相，使励磁绕组电流 $i_1$ 与控制绕组电流 $i_2$ 的相位差近于 90°，这样在空间相隔 90° 的两个绕组中分别通入在相位上相差 90° 的两个电流，便产生旋转磁场，在此磁场作用下，转子便转动起来。

交流伺服电机负载一定时，若控制电压 $u_2$ 的大小变化，则转子转速相应变化，转速与电压 $U_2$ 成正比，若运行时 $u_2$ 突然变为 0，则电机立即停转。若 $u_2$ 反相，则电机反转。在 $U_2$ 一定时，若负载增加，则转矩加大。交流伺服电机在不同控制电压下的机械特性曲线如图 7.53 所示。

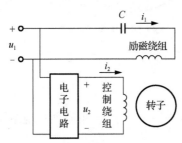

图 7.52　交流伺服电机的原理图

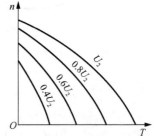

图 7.53　交流伺服电机在不同控制
电压下的机械特性曲线

### 2. 直流伺服电机

直流伺服电机结构与一般直流电动机类似，只是为了减小转动惯量而做得细长。按照励磁方式，直流伺服电机分为永磁式和电磁式两种。

永磁式直流伺服电机的磁场由永久磁铁产生，电机功率较小，一般在几十瓦内。

电磁式直流伺服电机功率较大，一般为几百瓦，其励磁绕组和电枢绕组分别由两个直流电源供电，如图 7.54 所示，其中励磁电压 $U_1$ 固定，而控制电压 $U_2$ 由电子电路控制可调。

直流伺服电机负载一定时，转速与控制电压 $U_2$ 的大小成比例。若运行时 $U_2$ 突然变为 0，则电机立即停转。若 $U_2$ 极性改变，则电机反转。在 $U_2$ 一定时，若负载增加，则转矩加大，转速降低。直流伺服电机在不同控制电压下的机械特性曲线如图 7.55 所示。与交流伺服电机比较，直流伺服电机的机械特性较硬。

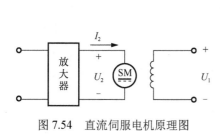

图 7.54 直流伺服电机原理图

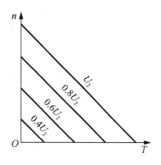

图 7.55 直流伺服电机在不同控制
电压下的机械特性曲线

# 习　题

7.1 已知一台异步电动机的额定功率 $P_N = 15\text{kW}$，额定转速 $n_N = 970\text{r/min}$，电源频率 $f_1 = 50\text{Hz}$。求同步转速 $n_0$、额定转差率 $s_N$、额定转矩 $T_N$。

7.2 有一台极对数为 6 的异步电动机，电源频率 50Hz，额定转差率 0.04，试求电动机额定运行时的转速及转子电动势的频率。

7.3 有一台异步电动机，额定转速 $n_N = 1440\text{r/min}$，转子电阻 $r_2 = 0.02\Omega$，转子感抗 $X_{20} = 0.08\Omega$，转子电动势 $E_{20} = 20\text{V}$，电源频率 $f_1 = 50\text{Hz}$，试求电动机在起动时及额定转速下的转子电流 $I_2$。

7.4 已知一台三相异步电动机的额定功率 $P_N = 30\text{kW}$，额定转速 $n_N = 1470\text{r/min}$，$T_m/T_N = 2.2$，$T_{st}/T_N = 2.0$。求额定转矩 $T_N$，并大致画出该电动机的机械特性曲线。

7.5 已知一台异步电动机的技术数据如下：$P_N = 10\text{kW}$，$U_N = 220/380\text{V}$，$\eta_N = 86\%$，$\cos\varphi_N = 0.85$。试分别求出电动机额定运行时定子绕组两种接法下的线电流和相电流。

7.6 Y180M-4 型异步电动机，技术数据如下：$P_N = 18.5\text{kW}$，$U_N = 380\text{V}$，$f_1 = 50\text{Hz}$，$\triangle$ 接，$s_N = 0.02$，$\cos\varphi_N = 0.86$，$\eta_N = 0.91$，$I_{st}/I_N = 7.0$，$T_{st}/T_N = 2.0$，$T_m/T_N = 2.2$。 试求：(1) $I_N$、$T_N$、$T_{st}$ 和 $T_m$；(2) 采用星形-三角形降压起动时的起动电流 $I_{Yst}$、起动转矩 $T_{Yst}$。

7.7 一台异步电动机的起动转矩 $T_{st} = 1.4T_N$，现采用星形-三角形降压起动，试问：(1) 当负载转矩 $T_2 = 0.5T_N$ 时，能否带负载起动？ (2) 如果负载转矩 $T_2 = 0.25T_N$ 时，是否可以带负载起动？

7.8 一台异步电动机的技术数据如下：$P_N = 10\text{kW}$，$U_N = 380\text{V}$，$\triangle$接，$n_N = 1450\text{r/min}$，$\eta_N = 86\%$，$\cos\varphi_N = 0.88$，$T_{st}/T_N = 1.4$，$T_m/T_N = 2.2$，$I_{st}/I_N = 7.0$。(1) 求电动机直接起动和星形-三角形降压起动时的起动电流；(2) 求负载转矩 $T_2 = 0.5T_N$ 时，电动机的转速；(3) 在电动机额定运行时，电网电压突降为 320V，试问电动机能否继续运行？

7.9 一台他励直流电动机，已知 $P_N = 7.5\text{kW}$，$U_N = 110\text{V}$，$I_N = 83\text{A}$，$n_N = 1500\text{r/min}$，电枢电阻 $R_a = 0.1\Omega$。试求：(1) 电动机的额定转矩；(2) 电动机的理想空载转速；(3) 若将起动电流限制为额定值的 1.5 倍，应串入多大的起动电阻？

7.10　一台并励直流电动机，已知 $P_N = 22kW$，$U_N = 220V$，$n_N = 1000r/min$，电枢电阻 $R_a = 0.12\Omega$，励磁电阻 $R_f = 102\Omega$，$\eta = 0.82$。试求：（1）额定转矩；（2）额定电枢电流；（3）励磁功率；（4）若将起动电流限制为额定电流的 2 倍，应串入多大起动电阻？

7.11　上题中，当负载转矩为 $80\%T_N$ 时，电动机的转速为多少？若保持额定转矩不变，而在电枢电路中串入一调速电阻 $R = 0.2\Omega$。试求此时电动机的转速 $n$ 为多少？

7.12　一台他励直流电动机，已知 $P_N = 18.5kW$，$U_N = 220V$，$I_N = 103A$，$n_N = 500r/min$，$R_a = 0.18\Omega$。试求：额定负载时，若让电机转速降低为 $300r/min$，电枢电压为多少（磁通 $\Phi$ 为额定值）。

7.13　上题中，若保持负载转矩不变的情况下，改变励磁电流，使磁通 $\Phi$ 减小为原来的 0.8 时，求稳定运行后，电动机的转速为多少？此时的理想空载转速为多少？

7.14　一台他励直流电动机，已知 $U_N = 220V$，$I_N = 75A$，$R_a = 0.1\Omega$，$n_N = 1420r/min$。（1）保持额定负载转矩不变，将磁通降为原来的 85%，求稳定后电机的转速；（2）保持额定负载转矩和励磁电流不变，若让电机转速降为 $1200r/min$，电枢电压应为多少？

7.15　一台四相步进电机，转子齿数为 50，电脉冲的速率为 1000 步/s，求四相四拍和四相八拍两种通电方式下电机的转速各为多少？

# 第8章　继电-接触器控制

在现代化工农业生产中，生产机械大多数是由电动机拖动的，电力拖动自动控制系统通过对电动机的自动控制（如起动、停车、正反转、调速和制动等）或其他用电设备的控制来实现对生产机械的自动控制，使生产机械各部件的运动或者各生产机械间的配合动作按规定的程序进行工作，从而满足生产工艺的要求。由各种有触点的控制电器（如继电器、接触器、按钮等）组成的控制系统称为继电-接触器控制系统。

本章介绍常用的几种低压电器的结构、工作原理以及用它们组成的各种基本的继电-接触器控制线路的设计方法。

## 8.1　常用低压电器

电器是一种能根据外界的信号和要求，手动或自动地接通、断开电路，以实现对电路或非电对象的切换、控制、保护、检测、变换和调节的电气元件或设备。电器种类繁多，在电力输配电系统和电力拖动自动控制系统中应用极为广泛。

低压电器通常指工作在额定电压为交流 1200V 以下、直流 1500V 以下电路中的电器。按用途可分为控制电器、配电电器、主令电器和保护电器等。控制电器用于各种控制电路和电气控制系统，如继电器、接触器等；配电电器用于低压配电系统，实现电能的传输和分配，如刀开关、断路器等；主令电器用于自动控制系统中发送动作指令或信号，如按钮、转换开关等；保护电器用于保护电路及用电设备，如熔断器、热继电器等。当然，不少电器既可作为控制电器，也可用作保护电器，它们之间并无明显的界限。

按照动作原理，电器一般可分为手动电器和自动电器两类，手动电器必须由操作人员手动操纵，如刀开关、转换开关、按钮等；自动电器是按照指令、信号或某些物理量的变化而自动动作，如熔断器、行程开关、接触器、继电器等。

### 8.1.1　刀开关

刀开关（knife switch）又称闸刀开关，有许多种类，常常应用于各种配电设备和供电线路，用来不频繁地接通和分断容量不大的低压供电线路，也可以作为电源隔离开关，并可不频繁地直接起动小容量电动机。

刀开关主要包括负荷开关、大电流刀开关、熔断器式刀开关。刀开关按闸刀片数多少可分为单极式、双极式和三极式；按转换方式可分为单投式和双投式；按操作方式可分为手柄直接操作式和杠杆式。

负荷开关包括开启式负荷开关和封闭式负荷开关两种。开启式负荷开关又称胶木盖闸刀开关，基本结构如图 8.1（a）所示，由操作手柄、闸刀、夹座和绝缘底板等组成。

刀开关通过闸刀（动触点）与底座上的刀夹座（静触点）相楔合或分离来接通或分断电路。为防止切断电流负荷时产生电弧，危及人身和设备安全，一般闸刀加装胶木盖（图中未画出）。这种开关可用作电气照明电路的控制开关。封闭式负荷开关又称铁壳开关，如图 8.1（b）所示，手柄装在侧面，伸出开关盒外面，它可不频繁地接通和分断负荷电路，也可用作电动机不频繁起动的控制开关。容量大的开关，一般装有连杆操作机构，如图 8.1（c）所示。

大电流刀开关是一种新型电动操作并带手动的刀开关，适用于频率为 50Hz 的交流电压至 1000V、直流电压至 1200V、额定工作电流为 6000A 及以下的电力线路中。

熔断器式刀开关是以熔断体作为动触点，又称为刀熔开关。

刀开关的电路图形符号如图 8.1（d）所示，文字符号为 Q。

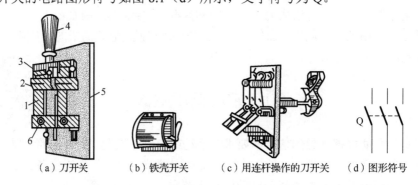

（a）刀开关　　　（b）铁壳开关　　（c）用连杆操作的刀开关　　（d）图形符号

1-闸刀；2-夹座；3-绝缘模条；4-手柄；5-绝缘底板；6-铰接

图 8.1　几种常用的刀开关

刀开关的主要技术指标是额定电压和额定电流，选用时注意要符合电路要求。一般装有灭弧罩的刀开关，可以在额定电流下切断电路，但不宜频繁操作；不装灭弧罩的刀开关被切断的负荷电流不允许超过这个刀开关额定电流的 30%。

常用的国产刀开关有 HD 型单投刀开关、HS 型双投刀开关、HK 型闸刀开关（开启式）和 HH 型铁壳开关（封闭式）、HR 型熔断器式刀开关等系列。

### 8.1.2　转换开关

转换开关（change-over switch）是一种多触点、多位置式可以同时控制多条电路的手动开关，其实质是由转动来切换位置的多极刀开关。采用叠装式触点元件组合成旋转操作的也称为组合开关。图 8.2（a）为部分转换开关的实物照片。转换开关的图形符号如图 8.2（b）所示。

转换开关的结构如图 8.2（c）所示。动触片和静触片成对分层装于胶木盒内，动触点装在附有手柄的方轴上，随左右转动操作手柄而改变其通断位置，即转动手柄到不同挡位，转轴带动凸轮随之转动，使一些触点（彼此相差一定角度）接通，另一些触点断开。

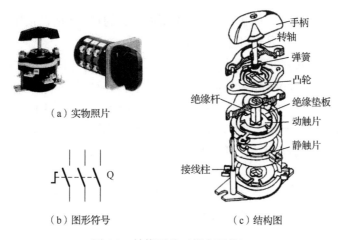

（a）实物照片

（b）图形符号　　　　　　　　　　（c）结构图

图 8.2　转换开关（组合开关）

国产的 LW 型万能转换开关、HZ 型组合开关应用广泛，可以用于电气控制线路的状态转换、电压或电流表的换相测量控制、配电装置线路的远距离遥控等，还可以控制小容量的电动机起动、停止、变速、换向、星形-三角形起动以及控制电路的换接等。

万能转换开关触点的分合状态与操作手柄的位置有关，一般在电路图中画出反映二者关系的触点位置符号，或用触点通断状态表表示。如图 8.3 所示，其中●或×表示触点闭合，当万能转换开关手柄置于左 45°时，触点 1-2、3-4、5-6 接通，触点 7-8 断开；置于 0°时，只有触点 5-6 接通；置于右 45°时，只有触点 7-8 接通，其余断开。

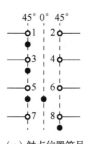

| 触点编号 | 手柄定位 | | |
|---|---|---|---|
| | 45° | 0° | 45° |
| 1-2 | × | | |
| 3-4 | × | | |
| 5-6 | × | × | |
| 7-8 | | | × |

（a）触点位置符号　　　　　　（b）触点通断状态表

图 8.3　万能转换开关触点位置符号与通断状态表

转换开关的主要技术参数有额定电压、额定电流、定位特征、触点数量等。工作时分断电流不允许超过该开关额定电流的 30%～50%。

### 8.1.3　按钮

按钮（button）通常是用于短时接通或分断小电流的控制电路的手动控制电器，如图 8.4 所示，其基本结构一般由按钮帽、复位弹簧、触点和外壳等组成。

常用按钮与刀开关在用于接通和断开电路时有所区别，刀开关接通电路后，电流通过刀片，如要断开电路需要人去拉开；而按钮按下去接通电路后，如不继续按着，则在弹簧力作用下立刻恢复原来的状态，电流不再通过它的触点。所以按钮只起发出"接通"和"断开"信号的作用，是一种主令电器。

从图 8.4（b）中可看出，按钮在正常状态（没有按下）时，触桥与上面一对静触点接触，称为常闭触点（normally closed contact），也叫作动断触点；而下面的一对静触点这时处于断开状态，称为常开触点（normally open contact），也叫作动合触点。当按下按钮时，触桥随着推杆一起往下移动，直至和下面一对静触点接触，于是常闭触点断开，常开触点闭合。当松开按钮时，复位弹簧使触桥复位，此时，常开触点恢复断开状态，常闭触点恢复闭合状态。

只具有常闭触点或只具有常开触点的按钮称为单按钮；既有常闭触点，又有常开触点的按钮称为复合按钮。按钮的图形符号如图 8.4（c）所示，文字符号为 SB。

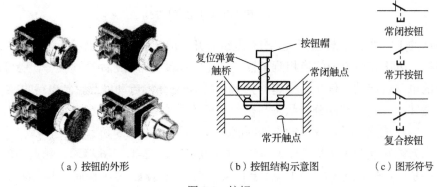

（a）按钮的外形　　　　　　（b）按钮结构示意图　　　　（c）图形符号

图 8.4　按钮

需要注意的是，复合按钮各触点的通断顺序为：按动按钮时，常闭触点先断开，常开触点后闭合；松开按钮时，常开触点先断开，常闭触点后闭合。了解这个动作顺序，对分析控制电路的工作原理非常有用。

按钮种类很多，可分为普通揿钮式、蘑菇头式、自锁式、自复位式、旋钮式、带指示灯式及钥匙式等。常用的按钮有 LA 和 LAY 等系列。按钮主要技术参数有外观尺寸、触点数量及触点的电流容量等。

### 8.1.4　熔断器

熔断器（fuse）是一种保护电器。当用电设备发生短路故障时能自动切断电路。

常用的熔断器有瓷插式（RC 系列）、螺旋式（RL 系列）、无填料封闭管式（RM 系列）、有填料封闭管式（RT 系列）等，结构如图 8.5 所示，其图形符号如图 8.5（e）所示，文字符号为 FU。

熔断器的核心部分是熔体（俗称保险丝），通常由电阻率较高的易熔合金制成，如铅锡合金。熔体与被保护的电路串联，当发生短路或严重过载时，通过熔体的电流过大，熔体因过热而熔化断裂，达到切断电路、保护用电设备的目的。

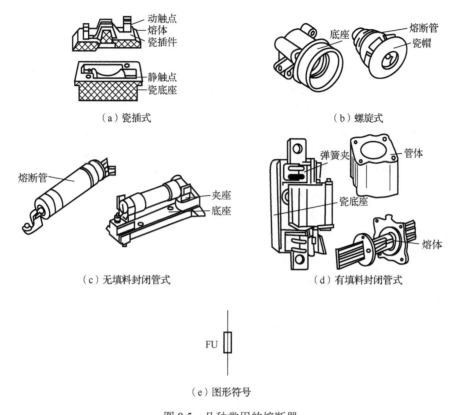

（a）瓷插式　　　　　　　　　　　　（b）螺旋式

（c）无填料封闭管式　　　　　　　　（d）有填料封闭管式

FU

（e）图形符号

图 8.5　几种常用的熔断器

熔体和放置熔体的装置构成熔断器的主体，主要技术参数如下：

（1）额定电压。指熔断器长时间工作的最大允许电压。

（2）额定电流。又分熔断器的额定电流和熔体的额定电流。一种熔断器可以装入不同等级的熔体。

（3）极限分断能力。即熔断器所能断开的最大电流，决定于熔断器的断弧能力。

选用熔断器首先要选择熔体的规格，再根据熔体的规格去确定熔断器的规格。在选择熔体时，不同的保护对象选择方法不同。

（1）对于电灯照明或电炉等电热设备，熔体的额定电流略大于负载电流即可。

（2）对于电动机负载，要考虑起动电流冲击的影响，即为了避免电动机起动时电流较大而烧断熔体，熔体的额定电流不能按电动机的额定电流来选择。

保护单台长期运行的电动机时，可按下式选择：

$$熔体额定电流 \geq (1.5 \sim 2.5) \times 电动机额定电流$$

如果电动机起动频繁，则式中的系数可选 2.5～3.5。

保护多台电动机时，一般可按下式选择：

$$熔体额定电流 = (1.5 \sim 2.5) \times 容量最大电动机的额定电流$$
$$+其余电动机的额定电流之和$$

（3）对于输配电线路，熔体的额定电流应略大于或等于线路的安全电流。

### 8.1.5 低压断路器

低压断路器（low-voltage circuit breaker）又称自动开关或空气开关，对低压配电电路、电动机或其他用电设备实行通断操作并起保护作用，即当电路内出现过载、短路或欠电压等情况时，能自动切断线路，保护用电设备的安全，应用十分广泛。

图 8.6（a）为低压断路器的结构示意图。图中断路器处于闭合状态，三个主触点 2 通过传动杆 3 与锁扣 4 保持闭合，锁扣可绕轴 5 转动。当电路正常运行时，电磁脱扣器 6 的电磁线圈虽然串接在电路中，但所产生的电磁吸力不能使衔铁 8 动作，只有当电路达到动作电流时，衔铁才被迅速吸合，同时撞击杠杆 7，使锁扣脱扣，主触点被弹簧 1 迅速拉开将主电路分断。图中还有双金属片 12 制成的热脱扣器和发热元件 13，用于过载保护，过载达到一定倍数并经过一定时间，热脱扣器动作使主触点断开主电路。电磁脱扣器和热脱扣器合称为复式脱扣器。图中欠电压脱扣器 11 在正常运行时衔铁吸合，当电源电压降到额定电压的 40%～75%时，吸力减小，衔铁 10 被弹簧 9 拉开，撞击杠杆，使锁扣脱扣，实现欠压（失压）保护。低压断路器的图形符号如图 8.6（b）所示，文字符号为 QF。

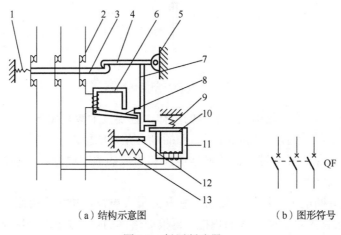

（a）结构示意图　　　　　（b）图形符号

图 8.6　低压断路器

使用低压断路器实现短路保护比熔断器要好，因为三相电路短路时，可能只有一相熔断器熔断，造成缺相运行，而对低压断路器，只要短路就会将三相同时切断。虽然低压断路器性能优越，但其结构复杂、操作频率低、价格较高，因此适用于要求较高的场合，如电源总配电盘。

低压断路器按结构形式可分为万能框架式、塑料外壳式和智能断路器等类型。框架式断路器由具有绝缘衬垫的框架结构底座将所有构件组装在一起，用于配电网络的保护，主要产品有国产 DWl5、DW16 等系列，施耐德 MT 系列，ABB 的 E 系列。塑料外壳式断路器用于电动机及照明系统的控制、供电线路的保护等，常用的有 DZl5、DZ20 等系列，施耐德 NS 系列，ABB 的 S 系列。智能断路器是以微处理器或单片机为核心的智能控制器，不仅具备普通断路器的各种保护功能，同时还具备定时显示电路中的各种电器参数，如电流、电压、功率、功率因数等，可实现对电路的在线监视、自行调节、测量、试验、自诊断、通信等功能。

### 8.1.6　接触器

接触器（contactor）是利用电磁铁的电磁吸力来操作的电磁开关，常用来频繁地接通和分断带有负荷（如电动机或其他设备）的主电路，它也是一种失压保护电器。

接触器的结构如图 8.7 所示，主要分两大部分：一部分是电磁系统，由静铁心 5、吸引线圈 3 和动铁心 4（又称衔铁）等组成；另一部分是触点系统，由主触点（允许通过较大的电流）和辅助触点（允许通过较小的电流）以及灭弧装置等组成。接触器的图形符号如图 8.7（c）所示，文字符号为 KM。

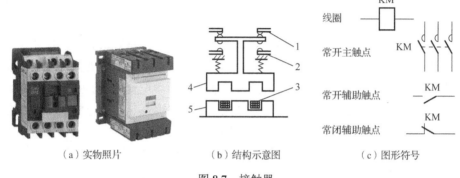

（a）实物照片　　　　　（b）结构示意图　　　　（c）图形符号

图 8.7　接触器

当吸引线圈 3 通电时，产生电磁力，将动铁心 4 吸合，同时带动与动铁心相连接的动触点移动，使常闭触点 1 断开、常开触点 2 接通。当线圈欠电压或断电失去电压时，动铁心在弹簧力的作用下弹起，带动各触点又恢复到原来位置。

接触器分交流接触器和直流接触器两种，交流接触器线圈接入交流电，直流接触器线圈则接入直流电，使用时必须按线圈额定电压接入。

接触器的主要技术数据是主触点的额定电压和电流、吸引线圈的电流种类和电压额定值、主触点和辅助触点的数目和允许的操作频率（次 / h）等。接触器铭牌上的额定电压和额定电流都是指主触点的额定电压和额定电流，选择接触器时，用电设备（如电动机）的额定电压和额定电流应与主触点的额定电压和额定电流相符。接触器吸引线圈的电流种类和电压额定值一般标明在线圈上，选择时应和控制电路的电源相配合。主触点和辅助触点的数目以及操作频率则根据实际需要选择。

由于接触器主触点一般通过的是主电路的大电流，在触点断开时，触点间会产生电弧，所以接触器一般都配有灭弧罩。

常用的交流接触器有国产 CJ、CJX 等系列，施耐德 LC1 系列，西门子 3TF、3RT 等系列。

### 8.1.7　继电器

继电器（relay）主要用于控制与保护电路或用于信号转换，是根据某一电气量（如电流、电压）或非电气量（如转速、时间、温度等）的变化使触点接通或断开的一种控制电器，使用相当广泛。

继电器的种类很多，按用途可分为控制继电器和保护继电器；按工作原理可分为电磁式、感应式、机械式、电动式、热力式和电子式等多种类型；按动作信号可分为电流继电器、电压继电器、时间继电器、速度继电器、温度继电器、压力继电器等。

### 1. 电磁式继电器

常用的电磁式继电器（electromagnetic relay）有电压继电器、电流继电器和中间继电器。

在自动控制系统中，常常要求某一电路中电流和电压限制在一定的范围内，若偏离这个范围，将会带来严重后果。例如，电动机短时严重过载或在额定负载下长时间低电压运行时，如不及时切断电路，就会烧毁电动机。用电流或电压继电器就可做到及时动作、报警和切断电源。

电磁式继电器的结构和作用原理与接触器基本相同，只是其电磁机构尺寸较小、结构紧凑、触点数量较多。由于触点只通过较小电流，所以一般不配灭弧装置。线圈采用交流控制的叫交流继电器，线圈采用直流控制的叫直流继电器。线圈匝数多而细者为电压线圈，反之为电流线圈，故线圈不同可做成电压继电器或电流继电器。使用时电压继电器线圈与电路并联，电流继电器线圈与电路串联。

图 8.8（a）为一种电磁式继电器的结构原理示意图。当线圈 7 通电后，电磁力吸引衔铁 6，通过绝缘支架 2 带动簧片 1，使触点 3、4 和 5 接通或断开。线圈断电后，则在弹簧 8 拉力的作用下，各触点又恢复原位。电磁式继电器的图形符号如图 8.8（b）所示，文字符号为 KA。

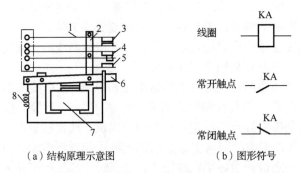

（a）结构原理示意图　　　　（b）图形符号

图 8.8　电磁式继电器

继电器的吸合电压（或电流）是指能把衔铁吸引起的最小电压（或电流），它与额定电压不同。额定电压是指线圈长时间在该电压下工作不致过热而损坏绝缘的电压。继电器的释放电压（或电流）是指释放时的最高电压（或电流），它与吸合电压（或电流）之比称为返回系数，一般为 0.3 左右。调节弹簧的松紧程度或铁心间初始气隙可改变吸合电压（或电流）。

在自动控制系统中，中间继电器常用于扩展触点的数量和信号的放大。有时继电器的信号需放大或同时传给有关控制元件，这就需要用一个中间继电器转换，它实质上就是一个电压继电器，但它具有电磁系统小、触点多（6 对甚至更多）、动作灵敏等特点。国产中间继电器有 JZ、JZC、JQX 等系列。

### 2. 时间继电器

时间继电器（time relay）是从得到输入信号（线圈的通电或断电）开始，经过一定的预先整定好的延时后才输出信号（触点的闭合或断开）的继电器。

时间继电器种类很多，常用的有直流电磁式、空气阻尼式、电动式及电子式等时间继电器。时间继电器的延时方式有两种：一种是通电延时，即线圈通电后延迟一定的时间，触点才动作，当线圈断电时，触点瞬时复原；另一种是断电延时，即线圈通电时，触点瞬时动作，当线圈断电后，延迟一定的时间触点才复原。

直流电磁式时间继电器的动作原理如图 8.9（a）所示，静铁心上套有阻尼铜套，当线圈断电后，在铜套内产生感应电势，感应电流产生一个与原来主磁通方向相同的磁通，以阻止主磁通的下降，这种阻尼作用，使铁心磁路的磁通不能立即消失，因此，衔铁也不会立刻释放，直到磁通衰减到不能吸住衔铁时，衔铁才释放，于是就得到了延时。这种继电器在线圈断电时获得延时，通电时几乎是瞬时动作。图中触点 1、2 为延时闭合常闭（动断）触点，触点 1、3 为延时断开常开（动合）触点。

直流电磁式时间继电器结构简单、寿命长、允许操作频率高，但延时准确度较低、延时时间较短。

空气阻尼式时间继电器是利用空气阻尼作用而达到延时的目的，在交流电路中用得较多。它由电磁机构、延时机构和触点组成。现以通电延时型为例说明其工作原理。如图 8.9（b）所示，当线圈通电后，将衔铁及其上所固定的支撑杆一同吸下，使支撑杆和胶木块之间有一段距离。在胶木块的自重及各弹簧的作用下，活塞杆及活塞向下移动。在伞形活塞的表面固定有一层橡皮膜，在其向下移动过程中，空气室的气压低于外部大气压，形成空气阻尼作用，因此活塞向下移动是缓慢的，而活塞下移的速度可以通过转动螺钉以调节进气孔的大小来控制。当活塞向下经过一定时间后，胶木块上的压杆压着微动开关的动触点，从而使上边的常闭触点断开，下边的常开触点闭合，即从线圈通电到触点改变状态需要经过一定时间，从而达到延时的目的。这两对触点分别称为延时断开常闭（动断）触点和延时闭合常开（动合）触点。

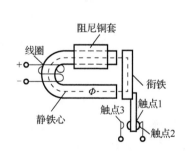

（a）直流电磁式时间继电器（断电延时）

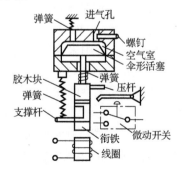

（b）空气阻尼式时间继电器（通电延时）

图 8.9　时间继电器的动作原理

当静铁心位于动铁心和延时机构之间位置时是断电延时型。断电延时型的结构、工作原理与通电延时型相似，只是电磁机构位置改变，在衔铁释放时，实现断电延时。

空气阻尼式时间继电器延时范围较大，可达 0.4～180s，但延时误差大，在延时准确度要求较高的场合不宜使用。

电动式时间继电器由微型同步电动机拖动减速齿轮获得延时。由于同步电动机转速恒定，不受电源电压波动影响，故电动式时间继电器延时精确度较高，且延时调节范围宽，可从几秒到数十分钟，最长可达数十个小时，但其结构复杂、体积较大。

随着电子技术的发展，电子式时间继电器也迅速发展。这类时间继电器体积小、延时范围大、延时精度高、使用寿命长，已得到广泛应用。早期产品多是阻容式，主要是利用 RC 电路电容器充放电原理实现延时。近期开发的产品多为数字式，其结构由脉冲发生器、计数器、放大器和执行机构组成，调节方便，精度高。

目前带数字显示的时间继电器应用广泛，主要有 JSl1S、JSl4S 和 DH48S 系列等，可以取代阻容式、空气阻尼式、电动式的时间继电器。

时间继电器的图形符号如图 8.10 所示，文字符号为 KT。

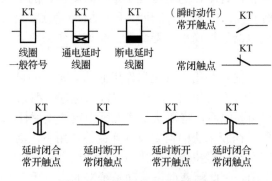

图 8.10　时间继电器的图形符号

**3. 热继电器**

电动机在实际运行中，常会遇到过载情况。为了充分发挥电动机的潜力，短时不太严重的过载是允许的。但是小量的过载，如果时间较长，也会使电动机绕组的温升超过允许值，加剧绕组的老化，缩短电动机的使用年限，甚至烧毁电动机。热继电器（thermal overload relay）就是一种用来保护电动机使之免受长期过载危害的控制继电器。

热继电器是利用电流流过热元件时产生的热量，使双金属片发生弯曲而推动执行机构动作的，它的动作原理如图 8.11 所示。

图 8.11（a）中，双金属片 2 作为测量元件，是由两种膨胀系数不同的金属碾压而成，其一端固定，另一端抵住被弹簧 6 所拉紧的动触点 3，使 3 与静触点 4 压紧，从而接通控制电路两点之间的接触器线圈 7 的电源，动铁心 8 被静铁心 9 吸合，使主触点 10 闭合接通主电路 $L_1$-$L_1'$。

如果主电路中电流过大，即通过环绕在双金属片上的热元件 1 的电流过大，由于热元件具有一定的电阻，使之发热，温度上升，双金属片 2 受热向上弯曲（下层膨胀系数较上层大），如图 8.11（b）所示。这时动触点 3 在弹簧 6 的拉力下与静触点 4 分断，接触器线圈 7 断电，主电路 $L_1$-$L_1'$ 被断开，实现了过载保护。若故障排除后需要重新投入工作时，可按"复位"11 重新接通控制电路。

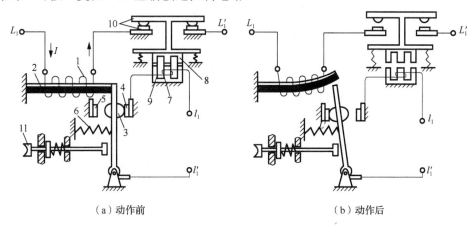

（a）动作前　　　　　　　　　　　（b）动作后

图 8.11　热继电器的动作原理图

热继电器是利用热效应工作的，由于热惯性的原因，在电动机起动或短时小量过载时，热继电器不会动作，保证电动机继续运转。在发生短路时，热继电器不能立即动作，因此不能用作短路保护。热继电器的图形符号如图 8.12 所示，文字符号为 FR。

一般的中小型电动机采用热继电器作过载保护时，都选用具有两个热元件的热继电器，两个热元件分别接在任意两根电源线中，如图 8.13 所示。当电动机任意两相发生过载时，这种热继电器都能检查出故障，予以保护。

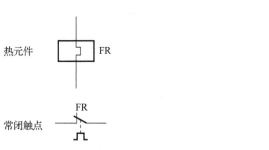

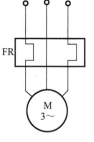

图 8.12　热继电器的图形符号　　　　　图 8.13　双热元件热继电器的接线图

当大型电动机（多数接法是三角形联结）采用热继电器作过载保护时，需选用具有三个热元件的继电器，将电动机的三相绕组分别与一个热元件串联，这样才能正确反应每个绕组的过热情况，并及时予以保护。如果三角形联结的电动机采用双热元件的继电器，就不可能很好地起到保护作用。在如图 8.14 所示的电路中，如果电源线 $L_2$ 断开时，电动机在 $u_{31}$ 作用下单相运行，这时三个绕组的电流分配不均。$L_1L_2$ 和 $L_2L_3$ 绕组串联后与 $L_3L_1$ 绕组并联在同一电源上，所以 $L_3L_1$ 绕组中的电流 $i_{31}$ 大于另外两个绕组中的电流。如果电动机的负载未变并继续运行，则 $L_3L_1$ 相绕组可能过流（视负载大小而定），而另外两个绕组没有过流。在这种情况下，双热元件继电器不会做出反应，故障不能排除。电动机一相绕组长时间过载，将缩短使用寿命或烧毁。

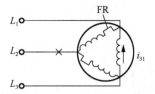

图 8.14　双热元件热继电器与三角形绕组的连接

采用具有三个热元件的热继电器时，当电动机遇到任何其他较严重的三相不平衡（例如一相断），它也能起到很好的保护作用。

热继电器的主要技术数据是整定电流，是指长期通过热元件而不致使热继电器动作的最大电流。在选用热继电器时，一般选择电动机的额定电流作为热继电器的整定电流。热继电器整定电流可通过附加的调节机构在一定范围内调节。

常用的热继电器有 JR16、JR20、JR36、施耐德 LRD 系列产品。

### 8.1.8　行程开关

行程开关（travel switch）又称限位开关或位置开关，根据运动部件的位移信号而动作，即利用生产机械运动部件的碰撞使其触点动作来接通或分断电路，从而限制机械运动的行程、位置或改变其运动状态，实现自动控制。

行程开关由触点或微动开关、操作机构及外壳等部分组成，其一般结构示意图如图 8.15（a）所示。行程开关通常靠固定在运动机械部件上的挡块碰撞而动作。当外力撞击推杆 3 时，常闭触点 1 先断开，常开触点 2 后闭合。一旦外力消失，推杆和触点靠弹簧 4 的作用恢复到正常位置，其中常开触点先断开，常闭触点后闭合。

行程开关的图形符号如图 8.15（b）所示，文字符号为 SQ。

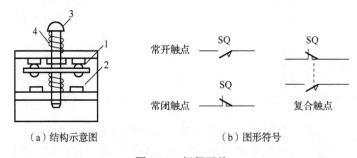

（a）结构示意图　　　　　　　　（b）图形符号

图 8.15　行程开关

行程开关的种类很多，可分为直动式、滚轮式和微动式等。直动式行程开关的工作原理与按钮相同，区别在于它不是靠手动操作，而是利用生产机械的运动部件碰撞使触点动作，其缺点是触点的分合速度取决于生产机械的移动速度。滚轮式行程开关动作速度快，通过滚轮和杠杆的结构来推动触点瞬间动作，可克服直动式行程开关的缺点。微动行程开关一般体积很小，推杆行程短，触点能快速接通与断开。

行程开关的主要技术数据有触点接通电路的电压、电流值,操作频率等。常用的行程开关有 LX 系列、JW 系列等。

### 8.1.9　接近开关

接近开关(proximity switch)是一种非接触式的无触点位置开关,当有物体接近其信号机构时就能发出信号,即无须与运动部件进行机械直接接触就可以进行相应的操作。接近开关不像前述有触点的行程开关那样需要施加机械力,而是通过感应头与被测物体间介质能量的变化来获取信号。无论所检测到的物体是运动的还是静止的,接近开关都会自动发出物体接近的动作信号。接近开关的图形符号如图 8.16 所示。

图 8.16　接近开关

接近开关不仅能代替有触点行程开关来完成行程控制和限位保护,还可用于高频计数、测速、零件尺寸检测、液面检测等,应用十分广泛。接近开关按其工作原理可分为涡流式(电感式)、电容式、光电式、热释电式、霍尔效应式和超声波式等。

涡流式接近开关能检测到的物体必须是金属导电体,它是利用导电物体在接近感应头时内部产生的涡流反作用到接近开关,由此识别出有无导电物体移近,进而控制开关的通、断。

电容式接近开关的检测对象可以是导体、绝缘的液体或粉状物等,它是通过物体移向接近开关时,使电容的介电常数发生变化,从而使电容量发生变化来感测的。

光电式接近开关利用光电效应进行测量,发光器件与光电器件按一定方向装在同一个检测头内,当有反光面(被检测物体)接近时,光电器件接收到反射光后就有信号输出,由此来感测物体的接近。

热释电式接近开关有能感知温度变化的元件,当有与环境温度不同的物体接近时,热释电器件的输出便发生变化,从而检测有无物体接近。

霍尔效应式接近开关利用霍尔元件做成,检测对象必须是磁性物体。当物体移近时,霍尔元件因产生霍尔效应而使开关内部电路的状态发生变化,由此识别附近有无磁性物体存在,从而控制开关的通、断。

超声波式接近开关是利用多普勒效应做成的。当有物体移近时,接近开关接收到的反射信号波的频率会发生偏移,即产生多普勒频移,由此可以识别出有无物体接近。

接近开关的主要技术参数有动作距离、重复准确度、操作频率、复位行程等,主要产品有 LJ2、LJ6、LJ18A3 等系列。

以上介绍了几种常用低压控制电器,现将电工系统常用的有关电动机、电器的图形符号列于表 8.1,以便查阅。

表 8.1　电工系统常用电动机、电器的图形符号

| 电器名称 | | 图形符号 | 电器名称 | | 图形符号 |
|---|---|---|---|---|---|
| 三相笼型异步电动机 | | （M 3～ 符号） | 按钮触点 | 常开（动合） | （符号） |
| | | | | 常闭（动断） | （符号） |
| 三相绕线转子异步电动机 | | （M 3～ 符号） | 接触器吸引线圈 继电器吸引线圈 | | （符号） |
| 直流电动机 | | （M 符号） | 接触器触点 | 主触点 | （符号） |
| | | | | 常开辅助触点 | （符号） |
| 单相变压器 | | （符号） | | 常闭辅助触点 | （符号） |
| 三极开关 | | （符号） | 时间继电器线圈 | 通电延时线圈 | （符号） |
| | | | | 断电延时线圈 | （符号） |
| 熔断器 | | （符号） | 时间继电器触点 | 延时闭合常开触点 | （符号） |
| 信号灯 | | （⊗ 符号） | | 延时断开常闭触点 | （符号） |
| 热继电器 | 常闭触点 | （符号） | | 延时断开常开触点 | （符号） |
| | 热元件 | （符号） | | 延时闭合常闭触点 | （符号） |
| 接近开关触点 | 常开（动合） | （◇ 符号） | 行程开关触点 | 常开（动合） | （符号） |
| | 常闭（动断） | （◇ 符号） | | 常闭（动断） | （符号） |

## 8.2　电动机的基本控制线路

各种生产机械，其运动方式各不相同，因此，满足各生产机械要求的控制线路也是相异的。但是不论控制线路多么复杂，它们大都是由一些基本控制环节所组成。

通过基本控制环节的学习，可以熟悉电工系统的图形符号，了解组成控制电路的逻辑关系，为阅读和设计复杂的控制电路打下基础。

### 8.2.1　电气原理图

电气原理图

如果按照电器的结构位置画出控制接线图，比较直观，初学者容易看懂。但是，如果线路比较复杂和使用的电器较多时，这种控制接线图不但画法麻烦而且不容易看清楚线路的相互控制关系。为了避免此缺点，控制线路通常采用国家规定的电气符号，只画出机电元件之间的电气连接关系，而不画出其机械部分的联系及实际结构。这种不考虑电器的结构和实际位置，只反映电气作用原理的控制线路图称为电气原理图。

绘制电气原理图的原则如下：

（1）主电路和控制电路分开画。主电路是电源和负载相连的电路，通过较大的负载电流，一般画在电气原理图的左侧或上方；控制电路通常由按钮、接触器和继电器的线圈与触点等组成，通过的电流较小，一般画在电气原理图的右侧或下方。主电路和控制电路可以使用不同的电压。

（2）图中电器元件的布局，应根据便于阅读的原则安排。无论主电路还是控制电路，均按功能布置，尽可能按动作顺序从上到下、从左到右排列。

（3）图中各电器元件采用国家统一标准规定的电工图形符号和文字符号表示。属于同一电器元件的不同部分（如接触器的线圈和触点）按其功能和所接电路的不同分别画在主电路和控制电路中，但必须标注相同的文字符号。

（4）所有电器的图形符号均按没有通电且无外力作用下的正常状态绘制，即图中各电器的触点都处于未动作状态，线圈没有通电，按钮没有按下等。

在分析和设计控制电路时还应注意以下几点：在保证工作准确、可靠前提下，应使控制电路简单，采用的电器元件少；尽可能避免多个电器元件依次动作才能接通另一个电器；必须保证每个线圈的额定电压，即各种电器的线圈不能串联连接。

### 8.2.2　点动控制

点动控制

在实际生产中，有时需要逐步调整生产机械部件之间的距离或试车、检修等，常采用点动控制。所谓点动控制，就是按下起动按钮时电动机运转，松开按钮时电动机停转。

点动控制的电气原理图如图 8.17 所示。图中三相电源至电动机的电路为主电路，按钮和接触器线圈组成的电路为控制电路。

点动控制的动作过程如下：先合上刀开关 Q，按下按钮 SB，接触器 KM 线圈通电，其接在主电路中的三对主触点 KM 闭合，电动机 M 接通电源运转；松开按钮 SB，接触器 KM 线圈断电，三对主触点 KM 断开，电动机断电停转。

图 8.17 中熔断器 FU 起短路保护作用，一旦发生短路事故，熔丝立即熔断，电动机立即停车。

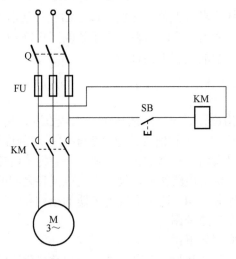

图 8.17　点动控制电气原理图

### 8.2.3　直接起动连续运行控制

在实际生产中，往往要求电动机实现长时间连续转动，即所谓的长动控制。如图 8.18 所示，主电路由刀开关 Q、熔断器 FU、接触器 KM 的主触点、热继电器 FR 的热元件和电动机 M 组成；控制电路由停止按钮 $SB_1$、起动按钮 $SB_2$、接触器 KM 的常开辅助触点和线圈、热继电器 FR 的常闭触点组成。

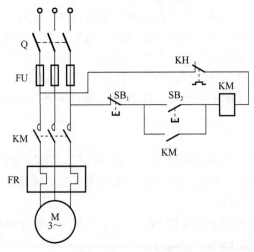

图 8.18　直接起动单向连续运转控制电气原理图

工作过程如下：合上刀开关 Q，按下起动按钮 SB₂，控制电路中接触器 KM 线圈通电，其接在主电路中的三对主触点 KM 和接在控制电路中的常开辅助触点 KM 同时闭合，电动机 M 接通电源起动运转；松开起动按钮 SB₂，由于接触器 KM 线圈通过闭合的辅助触点 KM 仍继续通电，从而使接触器 KM 所属的常开主触点和辅助触点保持闭合状态，电动机 M 保持运转；按下停止按钮 SB₁，接触器 KM 线圈断电，其所属各触点恢复常开状态，电动机断电停转。

在图 8.17 所示点动控制中，操作人员的手始终不能离开起动按钮。欲使电动机起动后长期运转下去，必须在起动按钮两端并联一对接触器 KM 的常开辅助触点，如图 8.18 所示。当松开起动按钮时，与其并联的辅助触点仍闭合，使接触器的线圈依然通电，保持电动机继续运转。辅助触点的这种作用叫自锁（self-locking），这个辅助触点亦称为自锁触点。

图 8.18 所示的控制线路中，具有短路保护、过载保护及失压保护等保护措施。

熔断器 FU 起短路保护作用。一旦发生短路，其熔体立即熔断，可以避免电源中通过短路电流，同时切断主电路，电动机立即停车。

热继电器 FR 起过载保护作用。当电动机发生过载时，串接在主电路中的热元件 FR 发热使双金属片动作，将控制电路中的热继电器常闭触点 FR 断开，因而使接触器 KM 的线圈断电，主触点 KM 断开，从而使电动机断电得到保护。

接触器 KM 在此控制线路中起失压保护作用。当电源暂时停电或电源电压严重下降时，接触器的动铁心释放而使主触点和自锁触点都恢复到断开的位置，电动机停止转动；当电源电压恢复时，若不重新按下起动按钮，则电动机不会自行起动。这种继电接触控制与直接用刀开关手动控制相比，可避免电压恢复时，电动机自行起动而有可能造成的事故，因而称为零压保护（即失压保护）。

### 8.2.4　正反转控制

在实际生产中，常常要求生产机械的运动部件具有正反两个方向的运动。例如，起重机的提升和下降，机床工作台的前进与后退，各种大型阀门的开闭等。对于三相异步电动机，只要将接定子绕组的三根电源线的任意两根对调一头即能使电动机反转。具体控制线路由两个交流接触器完成，如图 8.19 所示，正转接触器 KM_F 闭合时，电动机正转；当正转接触器 KM_F 断开，反转接触器 KM_R 闭合时，电源 $L_1$、$L_3$ 两相对调，电动机反转。

由图 8.19 可见，如果两个接触器同时工作，电源 $L_1$、$L_3$ 两相将通过两个接触器的主触点被短路，这是不允许的。为此，要采取措施以保证两个接触器不能同时动作，这种作用称为互锁或联锁。下面将分析两种具有互锁的正反转控制线路。

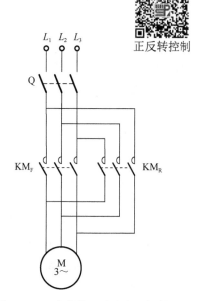

正反转控制

图 8.19　两个接触器改变电动机转向

在图 8.20 所示的控制线路中，正转接触器 $KM_F$ 的一个常闭辅助触点串接在反转接触器 $KM_R$ 的线圈电路中；而反转接触器的一个常闭辅助触点 $KM_R$ 串接在正转接触器 $KM_F$ 的线圈电路中。这两个常闭辅助触点称为互锁触点。当按下正转起动按钮 $SB_F$ 时，正转接触器 $KM_F$ 的线圈通电，主触点 $KM_F$ 闭合，电动机正转。与此同时，自锁触点 $KM_F$ 也闭合，而互锁触点 $KM_F$ 断开了反转接触器 $KM_R$ 的线圈电路。在这种情况下，如果发生了误操作，按下反转起动按钮 $SB_R$ 时，反转接触器也不会工作，从而保护了电源不被短路。同理，当反转接触器 $KM_R$ 线圈通电，电动机反转时，互锁触点 $KM_R$ 断开了正转接触器 $KM_F$ 的线圈电路，实现了互锁。

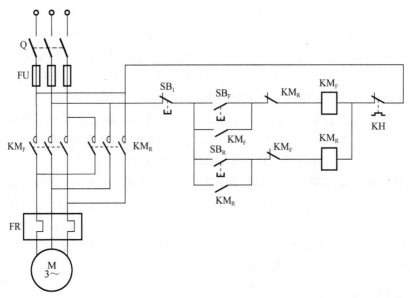

图 8.20    电气联锁的正反转控制电气原理图

图 8.20 所示的控制线路，如果在电动机正转的过程中要求反转，必须先按停止按钮 $SB_1$ 使互锁触点 $KM_F$ 闭合后，再按反转起动按钮 $SB_R$ 才能使电动机反转，操作上很不方便。为了简便起见，通常采用图 8.20 所示的控制电路，利用复合按钮的常闭接点进行机械联锁。图 8.21 中，将反转起动按钮 $SB_R$ 的常闭触点串接在正转接触器 $KM_F$ 的线圈电路中，正转起动按钮 $SB_F$ 的常闭触点串接在反转接触器 $KM_R$ 的线圈电路中。当正转运行的电动机需要反转时，可以直接按下反转起动按钮 $SB_R$，它的常闭触点先断开，使正转接触器 $KM_F$ 的线圈断电，其主触点 $KM_F$ 断开，同时将串接在反转接触器 $KM_R$ 线圈电路中的互锁触点 $KM_F$ 恢复闭合，当按钮 $SB_R$ 的常开触点后闭合时，反转接触器 $KM_R$ 的线圈通电，电动机就实现了反转。

在图 8.21 中，具有电气互锁和机械联锁双重保护作用。

上述直接起动和正反转控制线路在实际工作中应用广泛，电器生产部门将一个（或两个）接触器、一个热继电器以及按钮等组装成起动装置，称为电磁起动器。电磁起动器分为不可逆式和可逆式两种，专门供给鼠笼式异步电动机起动用。

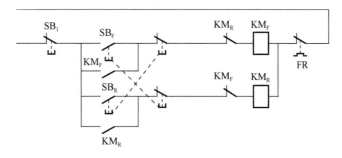

图 8.21　机械联锁的正反转控制电路

### 8.2.5　多地控制

有的生产机械要求在几处都能实施控制操作，从而引出多地控制问题。显然，为了实现多地控制，控制电路中必须有多组按钮。这些按钮的接线，应遵从以下原则：各起动按钮并联；各停止按钮串联。

以两地控制为例，图 8.22 所示控制电路在两地均能对同一台电动机实施启停等控制。当按下起动按钮 $SB_2$ 或 $SB_4$ 时，都可以使接触器 KM 的线圈通电，接通主电路。同样按下停止按钮 $SB_1$ 或 $SB_3$ 时，都可以使接触器 KM 的线圈断电，使主电路脱离电源，电动机停转。

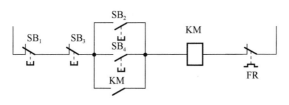

图 8.22　两地控制电路

## 8.3　行　程　控　制

行程控制就是控制生产机械运动的行程或终端位置，实现自动停止或自动往返等。例如，龙门刨床的工作台要求在一定行程范围内自动往返；矿井提升机及吊车运行到终点时，要求自动停下来，以免超过极限位置而引起事故。行程开关是这种行程控制中的关键部件。

行程控制

### 8.3.1　限位控制

图 8.23 是用行程开关控制生产机械自动双向限位的电气原理图和示意图。行程开关 $SQ_1$ 和 $SQ_2$ 分别安装在运动行程的两个终端。$SQ_1$ 和 $SQ_2$ 的常闭触点分别串接在正反转控制电路中。

工作过程如下：合上刀开关 Q，为起动做好准备。如果按下正转起动按钮 $SB_F$，接触器 $KM_F$ 的线圈通电并自锁，电动机正转，假设此时电动机带动生产机械右行。当生产机械运行到右终端位置时，挡块碰撞行程开关 $SQ_2$ 的推杆，控制电路中的常闭触点 $SQ_2$ 断开，使接触器 $KM_F$ 的线圈断电，电动机因而停转，生产机械停止运行。此时即使再按下 $SB_F$，接触器 $KM_F$ 的线圈也不会通电，保证生产机械不会超过预定的极限位置。

当按反转起动按钮 $SB_R$ 时，接触器 $KM_R$ 的线圈通电，电动机反转，生产机械向左运动。行程开关 $SQ_1$ 限制了生产机械左行极限位置，它的作用与上述 $SQ_2$ 相同。

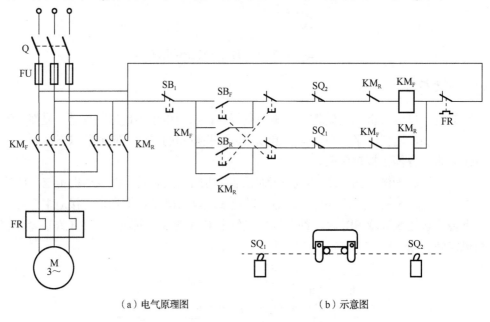

（a）电气原理图　　　　　　　（b）示意图

图 8.23　自动双向限位控制

### 8.3.2　自动往返行程控制

自动往返行程控制的主电路与图 8.23 相同，控制电路如图 8.24 所示，行程开关 $SQ_2$ 的常开触点与按钮 $SB_R$ 的常开触点并联，而 $SQ_1$ 的常开触点与按钮 $SB_F$ 的常开触点并联。

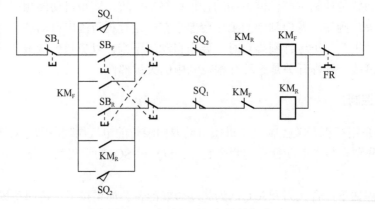

图 8.24　自动往返行程控制电路

工作过程如下：当按下正转起动按钮 SB$_F$ 时，接触器 KM$_F$ 的线圈通电并自锁，电动机正转起动运行，仍设其拖动生产机械右行。当生产机械行至需要反向的预定位置时，挡块压下行程开关 SQ$_2$，其常闭触点先断开，切断正转控制电路，KM$_F$ 释放；SQ$_2$ 的常开触点后闭合，接通反转控制电路，使接触器 KM$_R$ 的线圈通电并自锁，电动机立即由正转变为反转运行，生产机械由右行变为左行，与此同时，行程开关 SQ$_2$ 因挡块移开而复位，为下次正转做好准备。同理，左行至预定位置时，挡块压下行程开关 SQ$_1$，其常闭触点先断开，使反转接触器 KM$_R$ 的线圈断电，而 SQ$_1$ 的常开触点后闭合，接通正转控制电路，使正转接触器 KM$_F$ 再次吸合自锁，生产机械又变为右行，随之 SQ$_1$ 又复位，为下次反转做好准备。这样，电路一旦被起动之后，电动机就自动进入正反转交替运行，生产机械也就处于不停地往返运动之中，直至按下停止按钮 SB$_1$ 为止。

## 8.4　时　间　控　制

时间控制

在自动控制的电力拖动系统中，某些操作或工艺过程之间常常需要一定的时间间隔，或者按一定的时间起动或关停某些设备，有时电动机拖动的生产机械的运行状态需要按时间进行转换等。例如，正常运行为三角形联结的电动机，可接成星形来降压起动，经过一定时间，速度上升到某值后，再换接成三角形全压运行。为实现延时自动转换，时间控制通常利用时间继电器来完成。

一种笼型电动机的星形-三角形起动控制线路如图 8.25 所示。为了控制星形接法起动的时间，图中采用了通电延时的时间继电器 KT，KM$_1$ 为主电路接触器，KM$_2$ 和 KM$_3$ 为定子绕组转换接法的接触器。

工作过程如下：当电动机起动时，按下起动按钮 SB$_2$ 后，接触器 KM$_1$ 和 KM$_3$ 线圈通电，主电路中的接触器主触点 KM$_1$ 及 KM$_3$ 闭合，电动机按星形联结降压起动。控制电路中的辅助触点 KM$_1$ 闭合自锁，辅助常闭触点 KM$_3$ 断开使接触器 KM$_2$ 的线圈电路不通，实现联锁，避免 KM$_3$ 和 KM$_2$ 两个接触器同时工作而造成电源短路的事故。

按下 SB$_2$ 的同时，时间继电器 KT 线圈也通电，经过一定延时后，KT 触点动作，延时打开的 KT 常闭触点使接触器 KM$_3$ 的线圈断电；KM$_3$ 常开触点先打开，常闭触点后闭合；延时闭合的 KT 常开触点使接触器 KM$_2$ 的线圈通电，同时 KM$_2$ 的辅助触点闭合短接 KT 的常开触点；主电路中的接触器主触点 KM$_3$ 和 KM$_2$ 先断开定子绕组的星形连线而后接成三角形全压正常运行。与此同时，接触器 KM$_2$ 的常闭触点打开，使接触器 KM$_3$ 线圈断电，实现联锁；时间继电器 KT 线圈断电，避免其在电动机正常运行时长时间通电。

图 8.25 所示的星形-三角形起动控制线路，如果考虑在接触器 KM$_1$ 断电的情况下进行电动机定子绕组的星形-三角形换接，即在主电路脱离电源的情况下进行换接，触点间不会产生电弧，读者可自行改进此控制线路的设计。

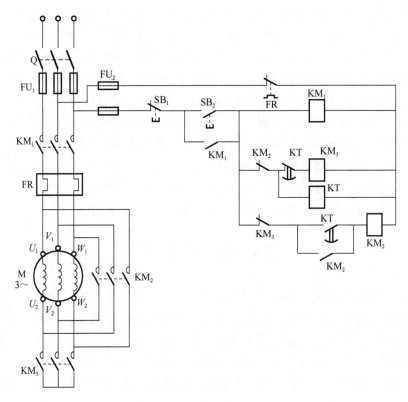

图 8.25　笼型电动机星形-三角形起动控制电气原理图

## 8.5　顺 序 控 制

为了满足各种生产工艺的要求,有些生产机械工作时,常常要求几台电动机的起动、停车等动作按一定顺序进行。如轧钢机、感应炉及大型自动机床等设备,必须润滑系统或冷却系统运转后,主机才能起动;又如矿井下的自动运输线要求按逆矿流方向依次起动各台运输机,否则就会出现矿石堆积及溢落等现象。

顺序控制可以采用接触器的联锁触点或某种继电器的触点在电路中按一定逻辑顺序动作。图 8.26 所示电路为按时间顺序开动三台电动机的控制电路,由集中控制盘统一操作。

工作过程如下:按下起动按钮 $SB_2$,接触器 $KM_1$ 的线圈通电,第一台电动机起动。与此同时,时间继电器 $KT_1$ 的线圈也通电,延时闭合其常开触点 $KT_1$,使接触器 $KM_2$ 的线圈通电得以延时起动第二台电动机。接触器 $KM_2$ 的常开辅助触点串接在时间继电器 $KT_2$ 的线圈电路中,这时也闭合,使 $KT_2$ 线圈通电,又延时闭合其常开触点 $KT_2$,使接触器 $KM_3$ 的线圈通电,最后起动第三台电动机。停车时按下停车按钮 $SB_1$,三台电动机同时停车。

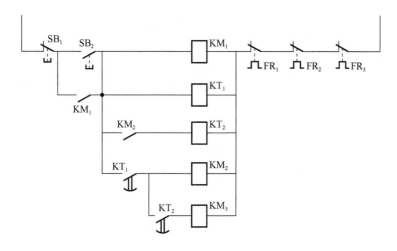

图 8.26　三台电动机顺序动作的控制电路

# 习　　题

8.1　试设计一台鼠笼式异步电动机既能连续工作，又能点动工作的继电接触控制线路。

8.2　某机床的主轴和润滑油泵分别由两台鼠笼式异步电动机带动，采用继电接触控制。要求：（1）主轴在油泵开动后才能起动；（2）主轴能正反转、单独停车；（3）有短路、失压及过载保护，试设计主电路与控制电路。

8.3　某物料传送系统有两条传送带，分别由电动机 $M_1$ 和 $M_2$ 拖动，有短路、失压和过载保护。为了不使物料在传送带上堆积，要求起动时必须先起动 $M_1$ 然后才能起动 $M_2$；停止时先停止 $M_2$ 然后才能停止 $M_1$。试画出主电路与控制电路。

8.4　小型吊车的提升和行走机构各由一台鼠笼式异步电动机拖动，利用按钮进行操作，具有过载和失压保护环节。提升机构有上限行程的限位保护，行走机构两端的极限位置也有限位保护，试设计该系统的继电接触控制线路。

8.5　为安全起见，某设备的电动机起动前先接通警铃，鸣铃 1min 后，电动机自行起动，试设计控制电路。

8.6　如图 8.27 所示的电路，要求电动机 $M_1$ 起动经一定的延时才能起动电动机 $M_2$。电动机 $M_2$ 能正反转并能单独停止。两台电动机都有短路、失压和过载保护。试检查该线路的错误并改正过来。

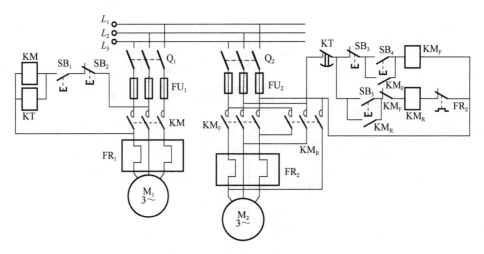

图 8.27　习题 8.6 图

8.7　图 8.28 所示异步电动机控制线路，试分析其动作过程。

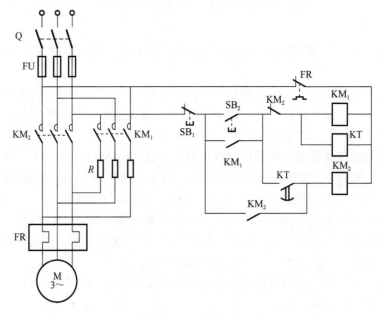

图 8.28　习题 8.7 图

# 第9章 可编程控制器

可编程控制器是在继电-接触器控制的基础上产生的一种新型的工业控制装置。可编程控制器技术将微型计算机技术、自动化技术及通信技术融为一体，目前已成为现代工业生产自动化的重要支柱，广泛应用于各工业领域中。

本章主要介绍可编程控制器的基础知识及工作原理、基本编程指令、简单控制程序的编写方法和应用。

## 9.1 可编程控制器概述

### 9.1.1 PLC 的产生及定义

传统的继电-接触器控制系统具有明显的缺点：设备体积大、耗能多、可靠性差、运行速度慢、适应性差，难以实现复杂控制，尤其是当生产工艺需要改变时，必须要重新设计、重新进行硬件组合、改变接线或增加元件，因此通用性和灵活性较差。

PLC 的产生

1968 年，美国通用汽车公司（GM）为了适应汽车型号不断更新的需求，设想把计算机功能完善、灵活、通用等优点与继电接触控制系统的简单易懂、操作方便、价格便宜的优点结合起来，研制一种新型的工业控制装置用于汽车流水线，为此提出十项招标指标，即著名的"GM 十条"：

（1）编程容易，可在现场修改程序；

（2）系统维护方便，采用插件式结构；

（3）体积小于继电器控制柜；

（4）可靠性高于继电器控制装置；

（5）价格便宜，成本可以与继电器控制装置竞争；

（6）输入可直接是交流 115V（美国电压标准）；

（7）输出采用交流 115V，可直接驱动电磁阀、接触器等；

（8）具有数据通信功能，可将数据直接送入计算机；

（9）通用性强，系统易于扩展；

（10）用户程序存储器的容量至少能扩展到 4KB。

1969 年，美国数字设备公司（DEC）根据上述要求，研制出第一台可编程控制器，并在 GM 的汽车生产线上成功应用。由于该设备主要用于顺序控制，只能进行逻辑运算，故称为可编程逻辑控制器（programmable logic controller，PLC）。

20 世纪 70 年代中后期，随着微电子技术和计算机技术的发展，PLC 功能已远远超出逻辑控制、顺序控制的应用范围，不仅用逻辑编程取代了硬连线逻辑，还增加了算术运算、数据传送和数据处理等功能，因此美国电气制造协会在 1980 年将其正式命名为可编程控制器（programmable controller，PC）。但由于 PC 容易和个人计算机（personal computer，PC）的缩写混淆，所以现在仍沿用 PLC 作为可编程控制器的简称。

国际电工委员会（IEC）在 20 世纪 80 年代初开始了制定可编程控制器国际标准的工作，并发布了数稿草案。在 1985 年对可编程控制器做了如下定义："可编程控制器是一种数字运算操作的电子系统，专为在工业环境下应用而设计。它采用可编程序的存储器，用来在其内部存储执行逻辑运算、顺序控制、定时、计数和算术运算等操作的指令，并通过数字式和模拟式的输入和输出，控制各种类型的机械或生产过程。可编程控制器及其有关外部设备，都应按易于与工业控制系统形成一个整体、易于扩充其功能的原则设计。"

由定义可知，PLC 是一种通过事先存储的程序来确定控制功能的工控类计算机，强调了 PLC 应直接应用于工业环境，它必须具有很强的抗干扰能力、广泛的适应能力和应用范围，这也是其区别于一般微机控制系统的一个重要特征。

### 9.1.2　PLC 的主要特点及应用领域

PLC 专为工业控制应用而设计，将继电-接触器控制的优点与计算机技术相结合，用"软件编程"代替继电-接触器控制的"硬件接线"。当系统控制功能需要改变时，只需变更少量外部接线，主要修改相应的控制程序即可。PLC 主要有以下特点。

PLC 的主要特点

**1. 抗干扰能力强，可靠性高**

PLC 硬件电路采用屏蔽技术减少空间电磁干扰；使用滤波方法滤除线路干扰；选用光电耦合器件隔离输入输出间的电联系，避免了 PLC 的误动作。软件采用数字滤波、故障检测与诊断，自动扫描，出错自动处理（报警、保护数据和封锁输出）。通常 PLC 的平均无故障时间可达几万小时以上，有的甚至达几十万小时。

**2. 编程简单，使用方便**

PLC 采用继电-接触控制线路演化过来的梯形图进行编程，清晰直观，易学易懂，易修改，容易被广大工程技术人员所接受。

PLC 采用模块化组合式结构，体积小，重量轻，能耗低，扩充方便，系统构成十分灵活。由于 PLC 用软件编程取代了硬接线实现控制功能，所以控制柜的设计、安装接线简单，维护方便。另外，编制的控制程序可复制以供相同控制性能的系统采用。

**3. 功能齐全，应用广泛**

PLC 有丰富的指令系统、输入/输出接口、通信接口和可靠的自身监控系统，不仅能完成逻辑运算、计数、定时和算术运算功能，配合特殊功能模块还可以实现定位控制、过程控制和数字控制等功能。PLC 既可以实现单机控制，也可以实现批量控制；既可以现场控制，也可以远距离控制；还可以组成通信网络、进行数据处理和信息交换、实现生产过程的信息控制和管理等。目前 PLC 几乎能满足所有的工业控制领域的需要，完全适应了当今计算机集成制造系统及智能化工厂发展的需求。

目前，PLC 已广泛应用到钢铁、采矿、石油、水泥、化工、电力、机械制造、汽车、造纸、纺织、环保及文化娱乐等各行各业，应用情况主要如下。

开关逻辑控制：这是 PLC 最基本的应用场合，取代继电-接触控制装置。如机床电器、电机控制中心。也可以取代顺序控制或程序控制，如高炉上料；仓库货物存取、运输、检测；电梯控制；皮带运输机控制等系统。主要用于单台设备控制、多机群控制以及生产线的自动化控制。

模拟量过程控制：增加模 / 数、数 / 模模块，配合适当的比例-积分-微分（proportion integration differentiation，PID）控制软件，PLC 可以执行比例控制、PID 控制和串联控制，可用于锅炉、冷冻、反应堆、水处理、炉窑控制等。还可以用于闭环的位置控制或速度控制，如连轧机、自动电焊机的控制等。

机械加工的数字控制：PLC 能和机械加工中的数字控制（numerical control，NC）及计算机数控（computerized numerical control，CNC）装置组成一体，实现数字控制，组成数控机床或加工中心。

机器人、运动控制：专用的运动控制模块可以实现圆周运动或直线运动的控制，如可驱动步进电机或伺服电机的单轴或多轴位置控制模块，可用一台 PLC 实现 3-6 轴机器人的控制，完成各种机械动作。

通信联网、远程控制、多级控制：PLC 通信包括 PLC 之间的通信及 PLC 与其他智能设备之间的通信，如 PLC 可以作为下位机与上位机或同级的 PLC 之间进行通信，通过网络系统实现全厂生产自动化。

### 9.1.3　PLC 的分类

PLC 按输入/输出（input/output，I/O）点数可分为小型、中型和大型三类：

I/O 点数在 256 点以下的为小型机，其中小于 64 点的为超小型或微型 PLC，小型机常用于小型设备的开关量控制。

I/O 点数在 256～2048 点之间的为中型机，适用于小规模的综合控制系统。

I/O 点数在 2048 点以上的为大型机，其中超过 8192 点的为超大型 PLC，多用于大规模的过程控制、集散式控制和工厂自动化控制。

PLC 按硬件结构形式可分为整体式、模块式和叠装式三类。

整体式 PLC 是将电源、中央处理器（central processing unit，CPU）、I/O 部件都集中在一个机箱内，结构紧凑、体积小、价格低，一般小型 PLC 采用这种结构。

模块式结构是将 PLC 各部分分成若干个单独的模块，如电源模块、CPU 模块、I/O 模块和各种功能模块。模块式 PLC 由机架和各种模块组成，模块插在机架内的插座上。模块式 PLC 配置灵活，装配方便，便于扩展和维修。大、中型 PLC 一般采用模块式结构。

叠装式 PLC 将整体式和模块式结合起来，也称基本单元加扩展型 PLC，是一种由整体结构的基本单元和可选择扩展 I/O 模块及特殊功能模块构成的小型 PLC，结构紧凑、体积小、配置灵活、安装方便。

# 9.2　可编程控制器的结构及工作方式

可编程控制器种类繁多，功能和指令系统也不完全相同，但其组成结构和工作原理基本相同。

### 9.2.1　PLC 控制系统组成

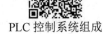

PLC 控制系统组成

采用可编程控制器的控制系统一般由 PLC 主机、输入设备、输出设备、外部设备等组成，如图 9.1 所示。

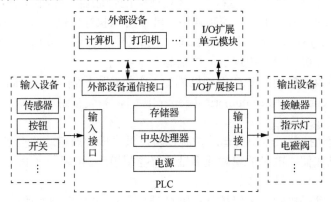

图 9.1　PLC 控制系统框图

PLC 主机是控制系统的核心，完成数据采集、执行用户程序及起动、停止现场设备等任务。

输入设备包括能产生开关量的按钮、开关、行程开关、继电器触点等，还包括能产生模拟量的温度、流量、转速等各种传感器，也可以是输入数字信号的设备，如数控机床等。

输出设备包括指示灯、接触器、继电器、电磁阀、报警器等工业现场需要控制的电气设备。

外部设备包括计算机、手持编程器等编程设备及可根据需要选择的打印机、操作面板、条码扫描仪等。外部设备通过电缆与 PLC 通信接口相连接。过去的手持编程器虽然可进行用户程序的读写和调试，但屏幕显示及操作等都不方便，目前取而代之的是在计算机上运行的编程软件，编程功能完善。

在 PLC 控制系统中，用户在计算机上用专用编程软件进行编程和编译，然后将编译后的程序通过接口及通信电缆下载到 PLC 中，PLC 主机运行程序，从输入设备读取输入信号，向输出设备输出控制信号，从而实现生产过程的控制要求。

### 9.2.2　PLC 基本结构

PLC 基本结构

从图 9.1 可以看出，PLC 的内部结构与计算机基本相同，可以将 PLC 看作是适合于工业现场使用的专用计算机。

## 1. 中央处理器

中央处理器（CPU）的任务是运行程序、执行各种操作，它是 PLC 的核心部件。CPU 主要用来运行用户程序，监控 I/O 接口状态，作出逻辑判断和进行数据处理等。

当 PLC 上电后，CPU 执行管理和监控程序，对全机进行监管。当 PLC 运行时，CPU 执行用户程序，从输入接口读取来自输入设备的输入信号，进行用户指令规定的逻辑运算和数据处理，然后将结果从输出接口输出来控制输出设备，并响应外部设备的中断请求以及进行各种内部诊断等。

## 2. 存储器

存储器主要分为两类：一类是随机存取存储器（random access memory，RAM）；另一类是只读存储器（read-only memory，ROM）、可编程的只读存储器（programmable read-only memory，PROM）、可擦除可编程的只读存储器（erasable programmable read-only memory，EPROM）、可电擦除可编程的只读存储器（electrically erasable programmable read-only memory，EEPROM）。

PLC 的内部存储器包括系统存储器和用户存储器。

系统存储器用来存放 PLC 生产厂家编写的系统程序，包括系统管理和监控程序及对用户程序做编译处理的用户指令解释程序，已由厂家固化在 ROM 内，用户不能更改。

用户存储器包括用户程序存储器和用户数据存储器。用户程序存储器用于存放用户根据生产过程的控制要求而编制的应用程序，其内容可由用户任意修改；用户数据存储器用于存放 PLC 在运行过程中所用到的和生成的各种工作数据，如用户程序中所使用逻辑器件的状态、定时器及计数器的预置值和当前值的数据等，工作数据是经常变化、经常存取的一些数据。

## 3. I/O 接口单元

PLC 的 I/O 信号类型可以是开关量或模拟量。I/O 接口单元包括两部分：一部分是 PLC 与工业现场 I/O 设备之间相连接的接口电路；一部分是 I/O 的映像寄存器。

输入接口电路接收来自输入设备的控制信号，如选择开关、操作按钮、行程开关以及一些传感器的信号，将各种输入信号转换成标准的逻辑电平供 CPU 采集，然后存放到输入映像寄存器。PLC 运行时 CPU 从输入映像寄存器中读取输入状态作为输入参数解算用户程序，将有关输出的最新计算结果保存到输出映像寄存器中。输出接口电路将输出映像寄存器的标准逻辑电压信号转换成工业现场需要的强电信号输出，以控制驱动电磁阀、接触器、指示灯等输出设备。

所有 I/O 接口均带有光电耦合隔离电路，其目的是消除电磁干扰，提高 PLC 的工作可靠性。常用的输入接口电路如图 9.2 所示，发光二极管与光电三极管做光电耦合，阻容滤波电路进一步增强了抗干扰能力。

PLC 常用的输出接口电路有继电器、晶体管、晶闸管输出接口电路。图 9.3 是继电器输出和双向晶闸管输出的接口电路。

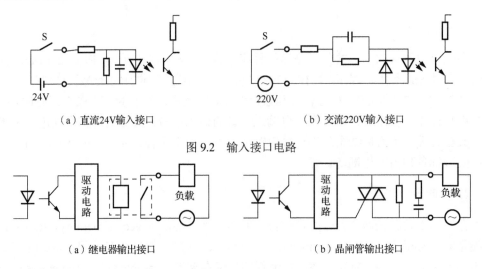

（a）直流24V输入接口　　　　　　　　　　　（b）交流220V输入接口

图 9.2　输入接口电路

（a）继电器输出接口　　　　　　　　　　　（b）晶闸管输出接口

图 9.3　输出接口电路

### 4. 电源

PLC 配有开关电源，以供 CPU、存储器、I/O 接口等内部电路使用。PLC 通常还向外提供直流 24V 稳压电源，用于对外部传感器供电。PLC 所采用的开关电源体积小、效率高、抗干扰能力强。

### 5. I/O 扩展接口

I/O 扩展接口用于将扩充外部 I/O 端子数的扩展单元模块与基本单元（即主机）连接在一起。I/O 扩展接口有并行接口、串行接口和双口存储器接口等多种形式。

### 6. 外部设备通信接口

PLC 配有各种外部设备通信接口，如以太网口、RS-232 通信接口、RS-485 通信接口等，这些接口可将计算机、打印机、监视器、条码扫描仪、编程器、其他 PLC 等外部设备与主机相连，以完成相应的操作。

以西门子 S7-200 CPU 模块为例，图 9.4 给出了 PLC 主机示意图，其中，顶部端子盖内有电源及输出端子；底部端子盖内有输入端子及传感器电源；前盖内有 CPU 工作方式开关（RUN/STOP）、模拟信号调节电位器和 I/O 扩展接口。

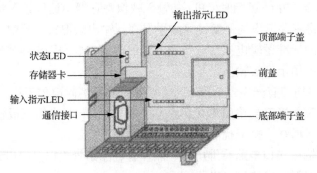

图 9.4　西门子 S7-200 CPU 模块

### 9.2.3　存储器分区及寻址方式

#### 1. 存储器区域

存储器分区及
寻址方式

PLC 的存储器区域可分为程序存储器区域、系统存储器区域和数据存储器区域。

程序存储器区域用于存储 PLC 用户程序，存储器为 EEPROM。

系统存储器区域用于存储 PLC 配置参数，如 PLC 主机及扩展模块的 I/O 配置和地址分配设定、程序保护密码、停电记忆保持区域的设定和软件滤波参数等，存储器为 EEPROM。

数据存储器区域是 PLC 提供给用户的编程元件的特定存储区域，在用户程序执行过程中，用于存储 PLC 运算、处理的中间结果。它包括输入映像寄存器（I）、输出映像寄存器（Q）、变量存储器（V）、内部标志位存储器（M）、顺序控制寄存器（S）、特殊标志位存储器（SM）、局部存储器（L）、定时器存储器（T）、计数器存储器（C）、模拟量输入映像寄存器（AI）、模拟量输出映像寄存器（AQ）、累加器（AC）以及高速计数器（HC）等。

PLC 内部用于编程的这些数据存储器也称为软继电器，可沿用继电-接触器控制系统中的习惯，称为输入继电器、输出继电器、中间继电器、时间继电器等。

不同型号 PLC 主机的内部存储器配置各不相同，以西门子 S7-200 CPU224 为例，表 9.1 列出了几种存储器（包括寄存器）类型及相关说明。

表 9.1　S7-200 CPU224 模块的存储器、寄存器类型

| 名称 | 数量 | 符号 | 位寻址编号 | 字节寻址编号 | 功能 |
|---|---|---|---|---|---|
| 输入映像寄存器 | 16 字节, 128 位 | I | I0.0～I15.7 | IB0～IB15 | 从输入接口输入信号 |
| 输出映像寄存器 | 16 字节, 128 位 | Q | Q0.0～Q15.7 | QB0～QB15 | 向输出接口输出信号 |
| 变量存储器 | 2k 字节, 16384 位 | V | V0.0～V2047.7 | VB0～VB2047 | 存放中间操作数据 |
| 内部标志位存储器 | 32 字节, 256 位 | M | M0.0～M31.7 | MB0～MB31 | 存放中间操作状态 |
| 特殊标志位存储器 | 180 字节, 1440 位 | SM | SM0.0～SM179.7 | SM0～SM179 | 与用户之间交换信息 |
| 定时器存储器 | 256 个 | T | T0～T255 | | 定时（1ms～3276.7s） |
| 计数器存储器 | 256 个 | C | C0～C255 | | 计数（上跳沿计数） |

一些常用的特殊标志位存储器功能说明如下：

SM0.0——该位 PLC 运行时始终接通。

SM0.1——该位在 PLC 首次扫描周期内接通，可用作初始化脉冲。

SM0.3——PLC 上电进入运行（RUN）模式时，该位接通一个扫描周期。

SM0.4——该位提供一个周期为一分钟、占空比为 0.5 的时钟脉冲。

SM0.5——该位提供一个周期为一秒钟、占空比为 0.5 的时钟脉冲。

SM0.6——该位为扫描周期时钟，一个扫描周期接通，下一个扫描周期关断。

#### 2. 数据区存储器的寻址方式

存储器是由许多存储单元组成的，每个存储单元都有唯一的地址，可以依据存储器

地址来存取数据。数据区存储器地址的表示格式有位（bit）、字节（byte）、字（word）和双字（double word）地址格式，因此可以按位、字节、字和双字对存储单元寻址。

寻址时，数据地址以代表存储区类型的字母开始，随后是表示数据长度的标记，然后是存储单元编号；对于二进制位寻址，还需要在一个小数点分隔符后指定位编号。

（1）位地址格式。

数据存储器区域的某一位的地址格式由存储器区域标识符、字节地址及位号构成。如图 9.5 中黑色标记的位地址表示 I5.4，图中最高有效位（most significant bit，MSB）与最低有效位（least significant bit，LSB）分别是 7 和 0。

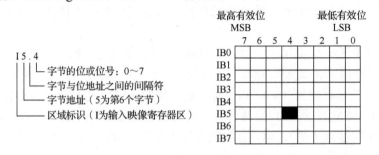

图 9.5　存储器中的位地址

（2）字节、字和双字地址格式。

数据存储器区域的字节、字和双字地址格式由区域标识符、数据长度及该字节、字或双字的起始字节地址构成。图 9.5 中，IB5 表示输入字节，由 I5.0～I5.7 这 8 位组成。图 9.6 中，用 VB100、VW100 和 VD100 分别表示字节、字和双字的地址。VW100 表示由 VB100 和 VB101 这相邻的两个字节组成的一个字；VD100 表示由 VB100～VB103 这 4 个字节组成的一个双字，即包含 VW100 和 VW102 两个字。字节 VB100 为字 VW100 和双字 VD100 的最高有效字节。

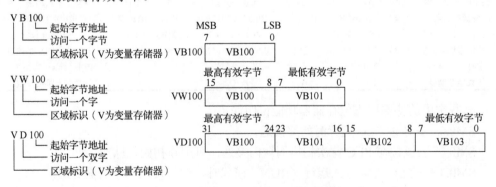

图 9.6　存储器中的字节、字和双字地址

（3）其他地址格式。

数据区存储器区域中的定时器存储器、计数器存储器、累加器、高速计数器等，它们的地址格式为区域标识符和元件号，例如，T101 表示某定时器的地址，T 是定时器的区域标识符，101 是定时器号。

### 9.2.4　PLC 工作方式

PLC 工作方式

与普通计算机的等待工作方式不同，PLC 采用"顺序扫描、不断循环"的工作方式。PLC 接通电源后，首先进行系统初始化，然后进入输入采样、程序执行和输出刷新三个阶段的主要工作过程，如图 9.7 所示。

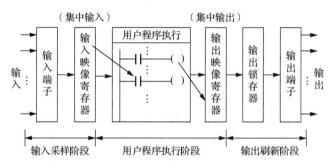

图 9.7　PLC 的主要扫描工作过程

在输入采样阶段，PLC 采集输入设备的状态，并将输入信息存入输入映像寄存器中，即输入刷新。程序执行过程中，即使输入端子状态有变化，输入映像寄存器中的内容也不会改变。

在程序执行阶段，PLC 按用户程序指令存放的先后顺序执行每条指令，运算和处理的结果写入输出映像寄存器中，即输出映像寄存器中的内容将随着程序的执行而改变。

当所有指令执行完毕，输出映像寄存器中的数据在输出刷新阶段送至输出锁存器中，经驱动电路控制输出设备运行。

实际上，PLC 处于工作状态时还必须要进行自诊断检查和通信端口的信息处理服务工作，若诊断正常，返回到输入设备状态采集，周期性循环运行。

PLC 扫描周期的长短主要取决于 CPU 执行指令的速度、用户程序的指令条数及执行每条指令所用的时间，一般不超过 $100\sim200\text{ms}$。

## 9.3　可编程控制器编程语言及程序结构

可编程控制器
编程语言及
程序结构

PLC 编程语言有梯形图、指令表、功能块图、结构文本和顺序功能图等，本节只介绍常用的梯形图（ladder diagram，LAD）和语句表（statement list，STL）。

### 9.3.1　编程语言

1. 梯形图

PLC 的梯形图是使用最多、最普遍的一种面向对象的图形化编程语言，具有直观易懂的优点，易于被电气工程人员掌握。与继电-接触器控制中的电气原理图很相似，梯形图沿用了触点、线圈、继电器、串联、并联等术语和类似的图形符号，如表 9.2 中列出的三种基本图形符号。

表 9.2　梯形图基本图形符号及说明的示例

| 名称 | 常开触点 | 常闭触点 | 线圈 |
|---|---|---|---|
| 继电-接触器图形符号 |  —／ |  —↓— | 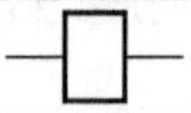 □ |
| PLC 梯形图 | Q0.0<br>—┤ ├— | Q0.0<br>—┤／├— | Q0.0<br>—（ ） |
| 位赋值 1 | 常开触点接通 | 常闭触点断开 | 线圈"通电"吸合 |
| 位赋值 0 | 常开触点断开 | 常闭触点接通 | 线圈"断电"释放 |

以三相异步电动机直接启动控制为例，对比图 8.18 所示继电-接触器控制的控制电路，图 9.8 中左侧所示的是用 PLC 控制的梯形图，其中 I0.0 和 I0.1 指示的常闭和常开触点分别与图 8.18 中的停止按钮 SB$_1$ 和起动按钮 SB$_2$ 相对应；Q0.0 指示的线圈和常开触点与图 8.18 中的接触器 KM 相对应。

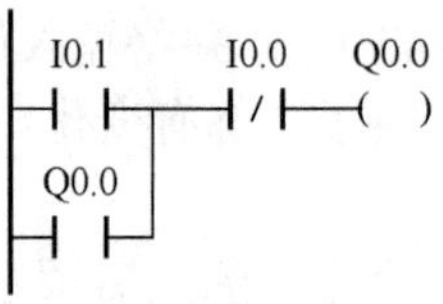

```
   I0.1    I0.0  Q0.0        LD  I0.1
 ─┤ ├──────┤/├──( )─         O   Q0.0
   Q0.0                      AN  I0.0
 ─┤ ├─                       =   Q0.0
```

图 9.8　梯形图与对应的语句表

可以看出，梯形图与继电-接触器控制电路图相呼应，结构形式相似，逻辑功能相同，但两者并不是完全一一对应，存在许多差异。有关梯形图，有以下几点要说明。

（1）梯形图中的程序被分成称为网络（network）的若干程序段。每个梯形图网络由一个或多个逻辑行（梯级）组成。梯形图网络就是触点、线圈及功能框的有序排列，梯形图按网络给程序分段、注释。

（2）梯形图中左侧的竖线称为母线。每一逻辑行总是从左母线开始，然后是触点的串、并连接，最后终止于线圈（西门子 S7-200 系列 PLC 的右母线不画出）。

（3）母线不代表电源，梯形图中没有真实的电流流过。为便于理解，假想母线可以提供一种"能流"，但"能流"只能从左向右、自上而下流动，而不允许倒流。

（4）梯形图只表示逻辑功能。触点代表逻辑控制条件，触点接通时表示"能流"可以通过；线圈通常代表逻辑输出结果，"能流"到时，线圈被"激励"，相当于"通电"吸合。梯形图的设计主要就是利用"软继电器"触点的"接通-断开"功能及线圈的"吸合-释放"功能来进行的。

**2. 语句表**

西门子 S7 系列 PLC 将指令表称为语句表。PLC 的语句表是一种用指令助记符来编制的编程语言，类似于计算机的汇编语言，但比汇编语言容易理解且编程简单，因此应用也很广泛。

梯形图程序可以很方便地转换成语句表程序，图 9.8 中梯形图的右侧就是其对应的语句表。

相比较而言，梯形图中输入信号和输出信号之间的逻辑关系一目了然，易于理解；而语句表程序较长时，很难一眼看出其中的逻辑关系。因此在设计复杂的 PLC 控制程序时建议采用梯形图语言，而在设计通信和数学运算等高级应用程序时，可以使用语句表语言编程。

### 9.3.2　程序结构

用户程序一般由主程序、子程序和中断程序组成。

主程序是用户程序的主体，每一个项目都必须有且只有一个主程序。CPU 在每个扫描周期都要执行一次主程序。

子程序是用户程序的可选部分，只有被其他程序调用时，才能够执行。同一子程序可以在不同的地方被多次调用。合理使用子程序可以优化程序结构，减少程序执行是扫描时间。

中断程序也是用户程序的可选部分，用来处理不能事先预知何时发生的中断事件。中断程序不是由主程序调用的，只有当中断事件发生时，才由 PLC 的操作系统调用。

## 9.4　可编程控制器的基本指令

西门子 S7 系列 PLC 有十几类指令，本章只介绍几种基本指令，其他指令可参阅相关的可编程控制器系统手册。

可编程控制器的
基本指令

### 9.4.1　位逻辑指令

基本逻辑指令以位逻辑操作与运算为主，在位逻辑指令中，除另有说明外，可用作操作数的编程元件有 I、Q、M、SM、T、C、V、S 和 L 的位逻辑量。

1. 标准触点指令

梯形图中标准常开和常闭触点用触点和触点位地址 bit 表示，常闭触点中带有 "/" 符号。标准触点如图 9.9 所示。

当存储器某地址的位（bit）值为 "0" 时，与之对应的常开触点是断开的，常闭触点是闭合的；当存储器某地址的位（bit）值为 "1" 时，与之对应的常开触点闭合，而常闭触点断开。

图 9.9　标准触点

需要注意的是，梯形图中的常开、常闭触点不是实际物理开关的触点，它们对应于输入、输出映像寄存器或其他数据存储器中相应位的状态，而不是实际物理开关的触点状态。

在语句表中，触点指令有装载（load）指令 LD、非装载（load not）指令 LDN、与

（and）指令 A、与非（and not）指令 AN、或（or）指令 O 及或非（or not）指令 ON。语句表形式由操作码（也称为指令助记符）和触点位地址 bit 构成，例如：LD　I0.0。

装载指令 LD 表示一个程序段编程的开始，用于常开触点与左母线的连接（包括在分支点引出的母线）；与指令 A、或指令 O 分别表示串联、并联单个常开触点，可以连续使用。相应地，LDN 指令表示程序段开始的常闭触点与母线的连接；AN 和 ON 指令分别表示串联和并联单个常闭触点，也可以连续使用。

### 2. 输出指令

输出指令又称为线圈驱动指令。梯形图中用输出线圈"（ ）"和位地址 bit 表示。输出指令如图 9.10 所示。

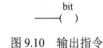

图 9.10　输出指令

当执行输出指令时，相当于把指令前面各逻辑运算的结果复制到输出线圈。"能流"到，线圈接通，输出映像寄存器或其他存储器的相应位为"1"，从而使输出线圈驱动的常开触点闭合，常闭触点断开。

输出指令不能直接连于左母线，应放在梯形图的最右边。多个输出指令可以连续使用，即不同地址的输出线圈可以采用并联的输出结构。

语句表形式由操作码"="和线圈位地址 bit 构成，例如：=　Q0.0。

需要注意的是，梯形图中的输出线圈不是实际物理线圈，不能用它直接驱动现场执行机构。输出线圈的状态对应输出映像寄存器或其他存储器相应位的状态。

输出指令可用作操作数的编程元件不包括 I，有 Q、M、V 和 S 等。

**例 9.1**　触点指令与输出指令编程举例。梯形图、语句表及时序图如图 9.11 所示。

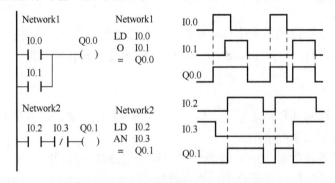

图 9.11　触点指令与输出指令应用举例

在执行网络 1 时，先读取 I0.0 的值，再读取 I0.1 的值，并将 I0.0 的值和 I0.1 的值相或，或的结果存储到 Q0.0。

在执行网络 2 时，先读取 I0.2 的值，再读取 I0.3 的值并求反，将 I0.2 的值和 I0.3 的求反值相与，与的结果存储到 Q0.1。

3. 置位与复位指令

置位（set）指令 S、复位（reset）指令 R 在梯形图中分别用置位线圈"（S）"、复位
线圈"（R）"和位地址 bit 及数目 n 表示。置位与复位指令如
图 9.12 所示。

当置位信号为"1"时（"能流"到），执行置位指令，把
从位地址 bit 指定地址开始的连续 n 个元件置位（置"1"）并
保持。置位后即使置位信号变为"0"（"能流"断开），仍保持置位，即被置"1"的位
的状态可以保持，直到使其复位信号的到来。

图 9.12　置位与复位指令

同理，当执行复位指令时，把从指令操作数（bit）指定地址开始的连续 n 个元件复
位（置"0"）并保持。

置位/复位指令的语句表形式由操作码 S/R、线圈位地址 bit 和数目 n 构成，例如：S
Q0.0，3。

置位或复位的元件数目 n 一般情况下均使用常数，范围为 1~255。n 也可为 VB、
IB、QB、MB、SMB、AC 等。

注意：用复位指令对定时器或计数器复位时，定时器的位（T）或计数器的位（C）
被复位，同时定时器或计数器的当前值被清零。

**例 9.2**　置位指令与复位指令编程举例。梯形图、语句表及时序图如图 9.13 所示。

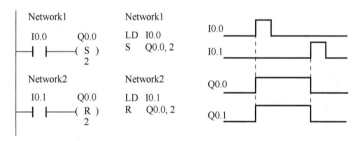

图 9.13　触点指令与输出指令应用举例

因为置位或复位的元件数目 n 均为 2，所以被操作的线圈为 Q0.0、Q0.1。该例子可
用于实现两台电动机的同时起、停的控制。

需要注意的是，由于 PLC 采用循环扫描工作方式，程序中写在后面的指令有优先
权。图 9.13 中，若 I0.0 和 I0.1 同时为"1"，则 Q0.0 和 Q0.1 处于复位状态，位值为"0"。

4. 立即 I/O 指令

前述指令均遵循 CPU 的扫描规则，在梯形图程序执行过程中各 I 和 Q 的触点状态
来自 I/O 映像寄存器。而立即 I/O 指令不受 PLC 周期循环扫描工作方式的影响，允许对
物理 I/O 点进行直接存取，加快了 I/O 响应速度。立即 I/O 指令包括立即触点指令、立
即输出指令、立即置位指令和立即复位指令。立即 I/O 指令的例子如图 9.14 所示。图中
的"I"就是立即（immediate）的表示。

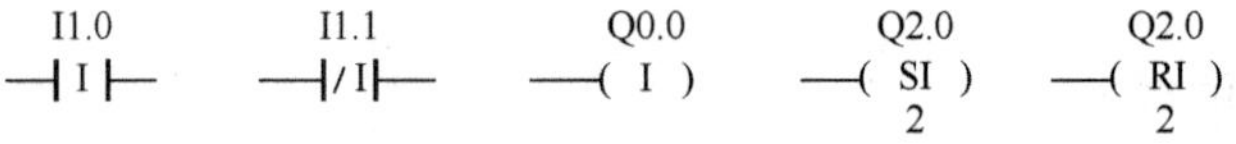

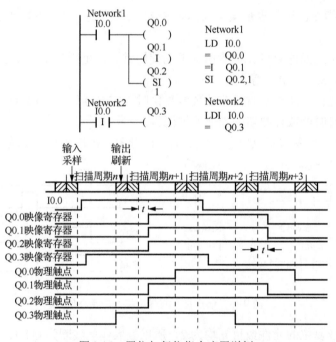

图 9.14　立即 I/O 指令

立即触点指令执行时，立即读取物理输入点的值，根据该值决定触点的通、断状态，但是与该物理触点相对应的输入映像寄存器中的值并不更新。指令操作数仅限于输入物理点的值。语句表中分别用 LDI、AI、OI 和 LDNI、ANI、ONI 来表示开始、串联、并联的常开立即触点和常闭立即触点。

立即输出指令（= I）、立即置位（SI）或立即复位（RI）只能用于输出量。执行指令时，新值被同时写到物理输出点和相应的输出映像寄存器（Q）。而一般的输出指令只将新值写入输出映像寄存器。

**例 9.3**　立即 I/O 指令编程举例。梯形图、语句表及时序图如图 9.15 所示。

```
Network1
LD   I0.0
=    Q0.0
=I   Q0.1
SI   Q0.2,1
Network2
LDI  I0.0
=    Q0.3
```

图 9.15　置位与复位指令应用举例

图 9.15 中 $t$ 为执行到输出点处程序所用的时间。Q0.0 的映像寄存器状态随着本扫描周期采集到的 I0.0 状态的改变而改变，其物理触点状态要等到本扫描周期的输出刷新阶段才改变；而 Q0.1、Q0.2 的输出映像寄存器和物理触点同时改变；Q0.3 的映像寄存器状态随着 I0.0 即时状态的改变而立即改变，其物理触点要等到本扫描周期的输出刷新阶段才改变。

注意：立即 I/O 指令是直接访问物理 I/O 点的，比一般的指令访问 I/O 映像寄存器占用 CPU 时间要长，会增加扫描周期的时间，因此不能盲目使用。

5. 正/负跳变检测指令

正/负跳变（positive/negative transition）检测指令也称为上升沿/下降沿（edge up/edge down）脉冲指令，梯形图中由常开触点加上字符"P"/"N"构成。正/负跳变检测指令如图 9.16 所示。

—| P |—　　　—| N |—

图 9.16　正/负跳变检测指令

正/负跳变检测指令在检测到每一次正/负跳变时，让"能流"通过一个扫描周期的时间，产生一个宽度为一个扫描周期的脉冲。

在语句表中，正跳变检测指令用 EU 表示，负跳变检测指令用 ED 表示。

**例 9.4**　正/负跳变检测指令编程举例。梯形图、语句表及时序图如图 9.17 所示。

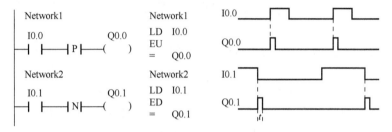

图 9.17　正/负跳变检测指令应用举例

图 9.17 中 *t* 表示 PLC 一个扫描周期的时间。

6. 取反指令与空操作指令

取反指令也称为非指令，梯形图是由常开触点加上字符"NOT"构成的，如图 9.18 所示。

—| NOT |—

图 9.18　取反指令

取反指令可将该指令前（左边）的逻辑运算结果取反。"能流"到达取反触点时即停止；若"能流"未到达取反触点，该触点给其右侧供给"能流"。

在语句表中，取反指令用 NOT 表示。取反指令本身没有操作数，只能和其他指令联合使用。

**例 9.5**　取反指令编程举例。梯形图、语句表及时序图如图 9.19 所示。

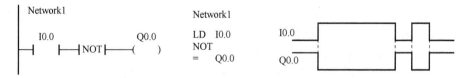

图 9.19　取反指令应用举例

由于取反指令是将其左侧 I0.0 的逻辑运算结果求反，再将求反的结果存储到 Q0.0，因此当 I0.0 接通、"能流"通过时，Q0.0 断开，即 Q0.0 和 I0.0 的状态相反。

空操作指令（NOP　N）无任何操作，不影响程序的执行。一般为了方便对程序进行检查和修改，可预先在程序中设置空操作指令，这样在修改或增加其他指令时，会使程序地址的更改量减小。操作数 N 的取值范围是 0～255。

### 9.4.2　逻辑堆栈指令

逻辑堆栈（stack）是一组能够存取数据的暂存单元，最上面的一层称为栈顶，用来存储逻辑运算的结果，下面的各单元用来存储中间运算结果。堆栈中的数据一般按照"先进后出"的原则存取。每一次入栈（push）操作时，新值放入栈顶，栈底值丢失；每一次出栈（pop）操作时，栈顶值弹出，栈底值补入随机数。

逻辑堆栈指令只用于语句表编程。软件编辑器使用逻辑堆栈可将图形 I/O 程序段转换为语句表程序。

逻辑堆栈指令包括：与装载（and load）指令 ALD、或装载（or load）指令 OLD、逻辑入栈（logic push）指令 LPS、逻辑读栈（logic read）指令 LRD、逻辑出栈（logic pop）指令 LPP 和装载堆栈（load stack）指令 LDS $n$。

与装载指令 ALD 实现多个指令块（两个以上的触点经过并联或串联后组成的结构）的与运算。或装载指令 OLD 实现多个指令块的或运算。每一个指令块均以 LD 指令或 LDN 指令开始。ALD 指令和 OLD 指令均无操作数。

**例 9.6**　ALD 指令和 OLD 指令编程举例。梯形图、语句表及时序图如图 9.20 所示。

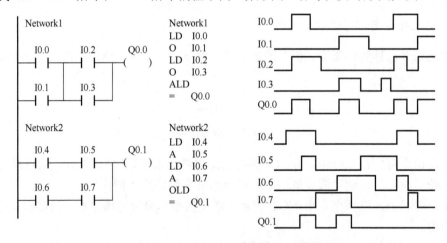

图 9.20　ALD 指令和 OLD 指令应用举例

执行逻辑入栈指令 LPS 时，复制栈顶（第 0 单元）的值并将其压入堆栈，栈底值被推出丢失。LPS 指令用来表示梯形图分支的开始。

执行逻辑读栈指令 LRD 时，将堆栈中第 1 单元的值复制到栈顶，原栈顶的值被取代，其余单元的数据不变。LRD 指令用来表示梯形图分支的继续。

执行逻辑出栈指令 LPP 时，将栈顶值弹出，其他原堆栈各层的值依次上推一层，即原栈顶值从栈中消失，原堆栈第 1 单元的值成为新栈顶值。LPP 指令用来表示梯形图分支的结束。

图 9.21 是逻辑堆栈指令的使用举例，将带分支的梯形图程序转换为语句表程序。

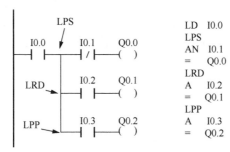

图 9.21　LPS 指令、LRD 指令和 LPP 指令的使用

执行装载堆栈指令 LDS $n$ 时，复制第 $n$ 单元的值到栈顶第 0 单元，原堆栈各单元（包括原栈顶值）的值依次下压一层，栈底值被推出丢失。编程时一般很少使用该指令。

### 9.4.3　定时器指令

西门子 S7-200 SMART PLC 为用户提供了三种类型的定时器：接通延时定时器 TON、断开延时定时器 TOF 和记忆接通延时定时器 TONR。

S7-200 SMART PLC 共有 256 个定时器，定时器号 $Tn$ 范围为 T0～T255。定时器的分辨率（时基）有三种：1ms、10ms 和 100ms。分辨率取决于定时器号，如表 9.3 所示。

表 9.3　定时器号及分辨率

| 定时器类型 | 分辨率/ms | 定时最大值/s | 定时器号 |
|---|---|---|---|
| TON/TOF | 1 | 32.767 | T32，T96 |
| | 10 | 327.67 | T33～T36，T97～T100 |
| | 100 | 3276.7 | T37～T63，T101～T255 |
| TONR | 1 | 32.767 | T0，T64 |
| | 10 | 327.67 | T1～T4，T65～T68 |
| | 100 | 3276.7 | T5～T31，T69～T95 |

定时器有三个参数：预设值、当前值和定时器的位。

使用定时器时，必须给出预置时间（preset time）PT，又称为设定值，是 16 位有符号整数（integer，INT），其常数范围是 1～32767。除常数外，PT 操作数还可以是 VW、IW、QW、MW 等。

定时器的定时时间是分辨率与设定值的乘积。例如，TON 指令用定时器 T101，设定值为 30，则实际的定时时间为 100ms×30=3000ms=3s。

定时器的当前值是指累计定时时间的当前值，每经过一个时基时间当前值加 1，存放在定时器的当前值寄存器中，其数据类型也是 16 位有符号整数，允许的最大值为 32767。

当定时器的当前值等于或大于设定值时，定时器的位状态立即变化。

定时器的位或当前值的存取取决于使用的指令：位操作数指令存取定时器的位；字操作数指令存取定时器的当前值。上电初期或首次扫描时，TON/TOF 定时器的位为"0"，当前值为 0。

## 1. 接通延时定时器 TON

接通延时定时器指令的梯形图和语句表表示如图 9.22 所示。图中，T$n$ 是定时器编号，TON 是接通延时定时器的标识符，IN 是使能输入端，PT 是设定值输入端，×ms 是该定时器的分辨率。

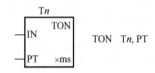

图 9.22　接通延时定时器指令

当使能输入端（IN）接通（"能流"通过）时，定时器开始工作，当前值从 0 开始每经过一个时基时间加 1，当定时器的当前值等于或大于设定值时，该定时器的位为"1"，当前值仍继续累计（定时器继续计时），一直计到最大值 32767 时，才停止计时。使能输入端断开时，定时器复位，定时器的位为"0"，当前值为 0。

**例 9.7**　接通延时定时器指令编程举例。梯形图、语句表及时序图如图 9.23 所示。

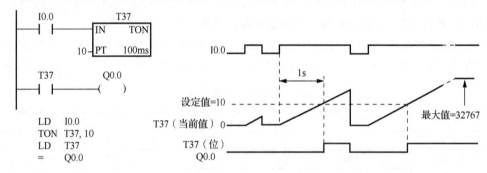

图 9.23　TON 指令应用举例

当 I0.0 接通为"1"时，T37 开始计时，当前值从 0 开始递增。若当前值未达到设定值 10 而 I0.0 从"1"变为"0"时，当前值清 0，T37 的位不会出现"1"状态。若当前值达到设定值 10 时，T37 的位置"1"，其常开触点闭合接通，驱动 Q0.0 输出为"1"。此时，只要 I0.0 一直为"1"，T37 当前值继续累加直到最大值，T37 的位也保持为"1"。一旦 I0.0 变为"0"，T37 复位，当前值清 0，T37 的位为"0"，常开触点恢复断开，使得 Q0.0 为"0"。

## 2. 断开延时定时器 TOF

断开延时定时器指令的梯形图和语句表表示如图 9.24 所示。TOF 是断开延时定时器的标识符。

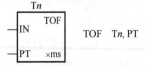

图 9.24　断开延时定时器指令

当使能输入端（IN）接通时，定时器的位状态立即置位为"1"，而当前值为 0。当使能输入端断开时，定时器开始工作，当前值从 0 开始每经过一个时基时间加 1，当计时当前值增加到等于设定值时，定时器的位变为"0"，并且停止计时,当前值保持不变。

**例 9.8**　断开延时定时器指令编程举例。梯形图、语句表及时序图如图 9.25 所示。

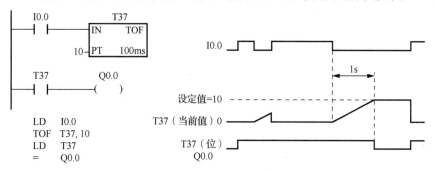

图 9.25　TOF 指令应用举例

当 I0.0 为"1"时,T37 的当前值清 0,T37 的位立即为"1",其常开触点闭合接通,驱动 Q0.0 输出为"1"。当 I0.0 断开变为"0"时,T37 开始计时,当前值从 0 开始递增。若当前值未达到设定值 10 而 I0.0 从"0"变为"1"时,当前值清 0,T37 的位仍然保持"1"状态。若当前值达到设定值 10 时,T37 的位被复位为"0",并且停止计时,当前值保持,此时 T37 常开触点恢复断开,使得 Q0.0 为"0"。

3. 记忆接通延时定时器 TONR

记忆接通延时定时器指令的梯形图和语句表表示如图 9.26 所示。TONR 是记忆接通延时定时器的标识符。

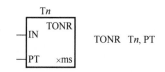

图 9.26　记忆接通延时定时器指令

上电初期或首次扫描时,TONR 定时器的位和当前值与掉电前的保持一致。当使能输入端(IN)接通时,定时器当前值从上次的保持值开始累计,当累计的当前值等于或大于设定值时,该定时器的位被置位为"1"。当前值可继续累计,直到最大值 32767。使能输入端断开时,定时器的位和当前值保持不变。

复位指令可以使记忆接通延时定时器的当前值清 0,同时使定时器的位复位为"0"。

**例 9.9**　记忆接通延时定时器指令编程举例。梯形图、语句表及时序图如图 9.27 所示。

当 I0.0 接通时,T7 开始计时,当前值递增。若当前值未达到设定值 10 而 I0.0 从"1"变为"0"时,当前值保持,T7 的位状态不变。I0.0 再次接通时,T7 当前值在原保持值的基础上累计,若当前值达到设定值 10 时,T37 的位置为"1",其常开触点闭合驱动 Q0.0 输出为"1"。只要 I0.0 一直接通,T7 当前值继续累加直到最大值,T7 的位也保持为"1"。当 I0.1 接通,复位指令使 T7 复位,当前值清 0,T7 的位复位为"0",常开触点恢复断开,使得 Q0.0 为"0"。

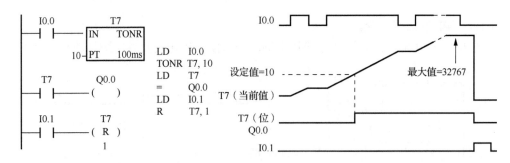

图 9.27　TONR 指令应用举例

应用定时器指令时应注意：同一个定时器编号不能同时用于 TON 和 TOF 定时器。例如，不能同时使用 TON T32 和 TOF T32。

不同分辨率的定时器，它们的刷新周期不同，具体情况如下：

1ms 分辨率的定时器，定时器当前值每隔 1ms 刷新一次。对于大于 1ms 的程序扫描周期，定时器位和当前值在该扫描周期内刷新多次，更新不与扫描周期同步。

10ms 分辨率的定时器，定时器位和当前值在每个程序扫描周期的开始刷新。定时器位和当前值在整个扫描周期内保持不变。

100ms 分辨率的定时器，定时器位和当前值在定时器指令执行时刷新。因此为使定时器正确定时，要确保在一个程序扫描周期中，只执行一次 100ms 定时器指令。

### 9.4.4　计数器指令

西门子 S7-200 SMART PLC 为用户提供了三种类型的计数器：增计数器 CTU、减计数器 CTD 和增减计数器 CTUD。

S7-200 SMART PLC 共有 256 个计数器，计数器号 $Cn$ 范围为 C0～C255。

计数器有三个参数：预设值、当前值和计数器的位。

使用计数器时，必须给出设定值（preset value）PV，是 16 位有符号整数，其常数范围是 1～32767。除常数外，PV 操作数还可以是 VW、IW、QW、MW 等。

计数器的当前值是指累计计数脉冲的个数，存放在计数器的当前值寄存器中，其数据类型也是 16 位有符号整数，允许的最大值为 32767。

当计数器的当前值等于或大于设定值时，计数器的位状态被置为"1"。

#### 1. 增计数器 CTU

增计数器指令的梯形图和语句表表示如图 9.28 所示，其中 $Cn$ 是计数器编号，CTU 是增计数器的标识符，CU 是计数脉冲输入端，R 是复位输入端，PV 是设定值输入端。

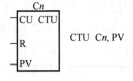

图 9.28　增计数器指令

增计数器（count up）首次扫描时，计数器的位为"0"，当前值为 0。在计数脉冲输入端（CU）脉冲输入的每个上升沿，当前值加 1，计数器做递增计数。当计数器的当前值等于或大于设定值时，该计数器的位被置为"1"，这时再来计数脉冲时，计数器的当前值仍不断累加，一直计到最大值 32767 时，才停止计数。当复位输入端（R）有效或对计数器执行复位指令时，计数器被复位，计数器的位为"0"，当前值被清零。

**例 9.10**　增计数器指令编程举例。梯形图、语句表及时序图如图 9.29 所示。

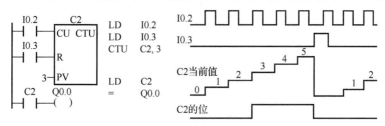

图 9.29　增计数器指令应用举例

在 I0.3 为"0"时，I0.2 每来一个计数脉冲，C2 当前值就加 1，等于或大于设定值 3 时计数器 C2 位的状态就为"1"，只要当前值小于 PV 值，计数器位的状态就为"0"。在 I0.3 为"1"时，计数器复位，C2 的位为"0"、当前值为 0。

注意：用语句表编程执行增计数器指令时，计数输入（第一个 LD）、复位信号输入（第二个 LD）和增计数指令的先后顺序不能颠倒。

2. 减计数器 CTD

减计数器指令的梯形图和语句表表示如图 9.30 所示。CTD 是减计数器的标识符，CD 是计数脉冲输入端，LD 是复位装载输入端。

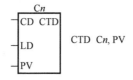

图 9.30　减计数器指令

减计数器（count down）首次扫描时，计数器的位为"0"，当前值为设定值 PV。在计数脉冲输入端（CD）脉冲输入的每个上升沿，当前值减 1，计数器做递减计数。当计数器的当前值等于 0 时，停止计数，该计数器的位被置为"1"。当复位装载输入端（LD）接通时，计数器被复位并把设定值装入当前值寄存器中，即计数器的位为"0"，当前值为 PV 值。

**例 9.11**　减计数器指令编程举例。梯形图、语句表及时序图如图 9.31 所示。

只要 I0.3 为"1"，C1 位的状态就为"0"，当前值等于设定值 3；在 I0.3 为"0"时，I0.2 每来一个计数脉冲，C2 当前值就减 1，减至 0 时计数器 C1 位的状态就为"1"。

注意：用语句表编程执行减计数器指令时，计数输入（第一个 LD）、复位装载输入（第二个 LD）和减计数指令的先后顺序不能颠倒。

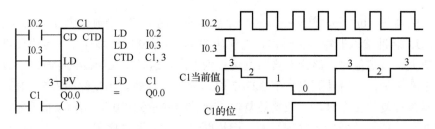

图 9.31　减计数器指令应用举例

### 3. 增减计数器 CTUD

增减计数器指令的梯形图和语句表表示如图 9.32 所示。CTUD 是增减计数器的标识符，CU、CD 分别是增、减计数脉冲输入端。

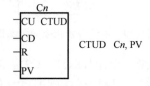

图 9.32　增减计数器指令

增减计数器首次扫描时，计数器的位为"0"，当前值为 0。当 CU 端有一个计数脉冲的上升沿信号时，当前值加 1；当 CD 端有一个计数脉冲的上升沿信号时，当前值减 1。当计数器的当前值等于或大于设定值 PV 时，该计数器的位被置为"1"。当复位输入端（R）有效或对计数器执行复位指令时，计数器被复位，计数器的位为"0"，当前值被清零。

**例 9.12**　增减计数器指令编程举例。梯形图、语句表及时序图如图 9.33 所示。

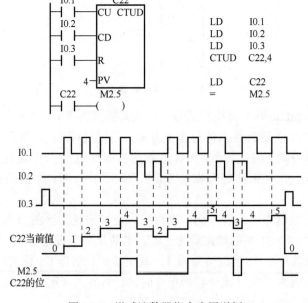

图 9.33　增减计数器指令应用举例

在 I0.3 为 "0" 时，I0.1 每来一个增计数脉冲，当前值就加 1，I0.2 每来一个减计数脉冲当前值就减 1。当前值等于或大于设定值 4 时，计数器 C22 位的状态就为 "1"，当前值小于 PV 值，C22 位的状态就为 "0"。在 I0.3 为 "1" 时，计数器复位，C2 的位为 "0"、当前值为 0。

注意：用语句表编程执行增减计数器指令时，增计数输入（第一个 LD）、减计数输入（第二个 LD）、复位信号输入（第三个 LD）和增减计数指令的顺序不能出错。

应用计数器指令时应注意：在同一个程序中，同一个计数器编号不能重复使用，更不能分配给不同类型的计数器。

### 9.4.5　比较指令

比较指令用来比较两个数据类型相同的操作数的大小。按操作数的数据类型，可分为字节比较、字比较、双字比较、实数比较和字符串比较。

数值比较指令的运算符有：等于（= =）、大于等于（> =）、小于等于（< =）、大于（>）、小于（<）和不等于（<>）。字符串比较指令只有= =和<>两种。

比较指令的梯形图由操作数 IN1、操作数 IN2、比较关系符和比较触点构成；语句表形式由比较操作码、比较关系符、操作数 IN1 和操作数 IN2 构成。比较指令的例子如图 9.34 所示。

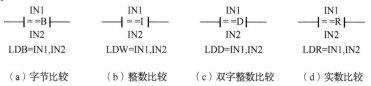

（a）字节比较　　（b）整数比较　　（c）双字整数比较　　（d）实数比较

图 9.34　比较指令（比较运算符为 "等于" 时）

执行比较指令时，将两个操作数按指定的比较条件作比较，比较条件成立则比较触点闭合，因此比较指令实际上也是一种位指令。

**例 9.13**　比较指令编程举例。梯形图、语句表及时序图如图 9.35 所示。

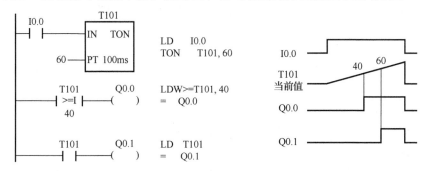

图 9.35　比较指令应用举例

定时器 T101 当前值大于等于 40 时，比较触点接通，Q0.0 为 "1"。定时器 T101 定时时间到，其位的状态为 "1"，因此 T101 常开触点闭合，使 Q0.1 为 "1"。

# 9.5　可编程控制器程序设计

根据 PLC 控制系统硬件结构和被控对象（机电设备或生产过程）的控制要求，使用相应的编程语言指令，编制实际应用程序的过程就是程序设计。

可编程控制器
程序设计

应用 PLC 的基本指令就可以实现一些简单的逻辑控制，复杂的应用程序可以由典型的基本控制环节组合而成，本节将介绍一些典型实用基本控制的梯形图程序。

## 9.5.1　梯形图编程原则

编写梯形图程序时，类似于绘制继电接触器控制电路图的思路，用母线代替电源线，用"能流"概念代替实际电路中的电流概念。但梯形图编程有其自身的特点，应遵循下列规则：

（1）梯形图程序的编写按"从左到右、自上而下"的顺序排列。每一逻辑行从左侧母线开始触点的连接，以线圈或功能框结束。触点可以任意串联或并联，但不能放在线圈右侧；线圈只能并联而不能串联，并且线圈不允许直接与左母线相连。

如图 9.36 所示，图中特殊标志位存储器 SM0.0 表示 PLC 运行时，这一位始终为"1"。

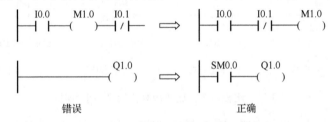

图 9.36　错误的和正确的接线

（2）由于梯形图中的触点只代表逻辑关系，所以同一个触点可以重复任意次使用。

（3）在同一梯形图程序中，同一地址编号的线圈只能出现一次，但该线圈的触点可任意次使用。

如果在程序中，同一线圈使用了两次或多次，称为"双线圈输出"。不同类型的 PLC 对于"双线圈输出"规则不同，有的将其视为语法错误，绝对不允许；有的则将前面的输出视为无效，只有最后一次输出有效。

S7-200 SMART PLC 不允许"双线圈输出"，但是在复位、置位指令中，如果置位指令将某继电器线圈置位，复位指令又可以将该继电器复位，这时在程序中允许出现同一编号的双线圈输出。

（4）几条串联支路相并联时，应将串联触点多的安排在上面；几条并联支路相串联时，应将并联触点多的安排在左面。即梯形图应尽量做到"上重下轻、左重右轻"。

如图 9.37 所示，合理的梯形图可以减少编程指令，缩短程序扫描时间。

（5）不包含触点的支路只应放在垂直方向，不应放在水平方向，即不允许出现引起短路的分支。如图 9.38 中虚线框内的支路画法是不允许的。

```
LD   I0.1          LD   Q0.1
LD   Q0.1          AN   I0.2
AN   I0.2          O    I0.1
OLD                =    Q0.1
=    Q0.1
```

```
LD   I0.1          LDN  I0.2
LDN  I0.2          O    Q0.1
O    Q0.1          A    I0.1
ALD                =    Q0.1
=    Q0.1
```

不合理　　　　　　　　　　　　合理

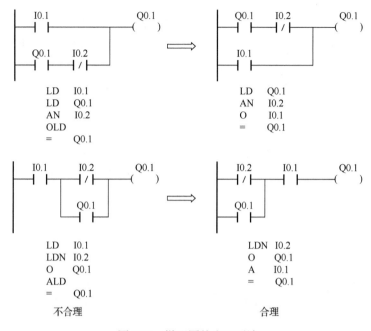

图 9.37　梯形图的合理画法

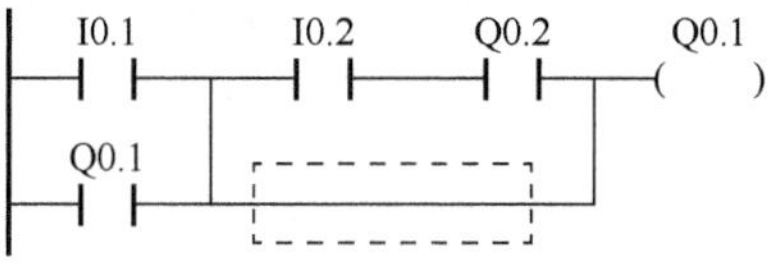

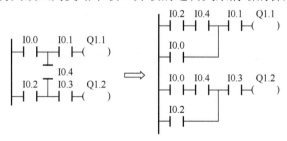

图 9.38　梯形图的错误画法

（6）梯形图中的触点不允许有双向“能流”通过。如图 9.39 中的桥式梯形图无法用指令语句编程，应将其改画为支路串联、并联的逻辑关系清晰的梯形图。

图 9.39　桥式梯形图的改画

（7）“输入继电器”仅用于从输入接口接收外部输入信号，其状态由外部输入设备的开关信号驱动，不能由 PLC 内部其他触点来驱动，程序不能随意改动它。因此梯形图中只出现“输入继电器”的触点，而不能出现其线圈。

## 9.5.2　PLC 编程方法

编写 PLC 控制梯形图程序时，首先应列写 I/O 分配表，确定 PLC 各输入、输出端子的实际接线图，然后再根据被控对象实际控制要求的逻辑关系设计梯形图程序。

现以单向连续运转电动机的起、停控制为例，介绍具体的编程方法。

为了对照说明，图 9.40 给出了继电-接触器控制的主电路及控制电路图。

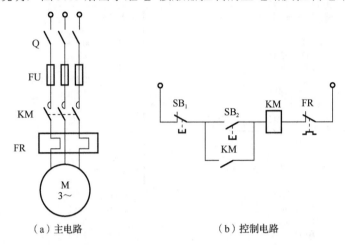

（a）主电路　　　　　　（b）控制电路

图 9.40　单向运转电动机起、停控制的继电-接触器控制线路

对 PLC 来说，停止按钮 SB$_1$、起动按钮 SB$_2$ 作为输入设备需要接在两个输入端子上，可分配为 I0.0 和 I0.1 来接收输入信号；接触器线圈 KM 作为输出设备需要接在一个输出端子上，可分配为 Q0.0。I/O 分配表如表 9.4 所示。

表 9.4　I/O 分配表

| 输入设备及地址编号 | | 输出设备及地址编号 | |
| --- | --- | --- | --- |
| 停止按钮 SB$_1$ | I0.0 | 接触器线圈 KM | Q0.0 |
| 起动按钮 SB$_2$ | I0.1 | | |

PLC 的外部接线如图 9.41（a）所示。按下起动按钮 SB$_2$，电动机运转；按下停止按钮 SB$_1$，电动机停转。在此控制要求下，编制的梯形图程序如图 9.41（b）所示，其中采用 Q0.0 的常开触点组成自锁回路。比较图 9.40（b）和图 9.41（b），可以看出两者一一对应。

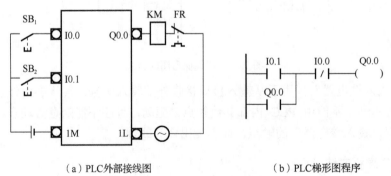

（a）PLC外部接线图　　　　　　（b）PLC梯形图程序

图 9.41　单向运转电动机起、停的 PLC 控制

　　需要说明的是，停止按钮 SB$_1$ 在 PLC 外部接线图中用的是常开触点按钮，在梯形图中用的是常闭触点指令，这样在未按下 SB$_1$ 时，I0.0 的位值为"0"，梯形图中的常闭触点 I0.0 保持闭合接通；而当按下 SB$_1$ 时，I0.0 的位值为"1"，梯形图中的常闭触点 I0.0 才断开。像这样输入设备采用常开触点的形式，可以使梯形图程序中的触点类型与继电-接触器控制电路中的相同，编制的梯形图程序阅读起来更方便理解。

　　若实际应用中某些信号需要用常闭触点输入，那么可先按输入设备为常开触点来进行设计，然后将梯形图中对应的输入继电器触点取反（常开改成常闭、常闭改成常开）即可，如图 9.42 中的虚线框所示。

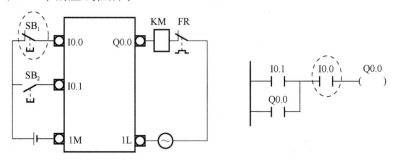

图 9.42　输入设备采用常闭触点时的梯形图程序

　　在本章后续梯形图程序设计实例中，不再给出 PLC 的外部接线图，为了便于理解梯形图程序，如无特殊说明，输入设备的触点均按常开触点接入处理。

　　从安全方面考虑，在 PLC 程序设计过程中，紧急停车按钮、互锁触点、热继电器控制触点等涉及重大安全部分通常不接入 PLC 的输入端，而做硬件处理。如图 9.41（a）中，热继电器 FR 不作为 PLC 的输入设备，而是将其常闭触点接在输出电路中直接通断接触器线圈，从而快速实现电动机的过载保护。当然，如果热继电器的保护触点作为信号采集时可接在 PLC 的输入端，当保护触点动作后发出的过载信息通过 PLC 控制程序，既可以切断执行电路，还可以做故障报警处理等。在本章后续梯形图程序设计实例中，如无特殊说明，热继电器一般不作为 PLC 的输入设备。

　　对于图 9.41（b）所示的梯形图程序，若同时按下起动和停止按钮，则停止优先。而对于要求一些起动优先的控制场合（如消防水泵的起动），应设计成图 9.43 所示的梯形图程序。

　　对于相同的控制要求，设计的梯形图程序并不唯一。如图 9.44 所示梯形图程序也可以实现与图 9.41（b）中梯形图程序一样的电动机起、停控制，并且若同时按下起动和停止按钮，则复位（停止）优先。

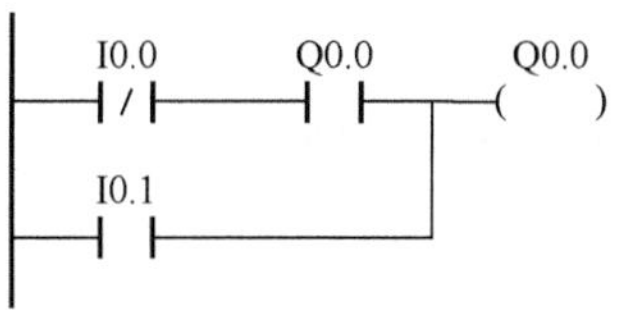

图 9.43　起动优先的控制梯形图程序 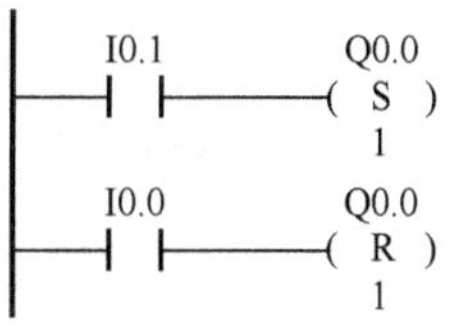　　图 9.44　置位、复位指令实现电动机起、停控制的梯形图程序

### 9.5.3 行程控制

图 9.45 是控制运料车双向限位的示意图。按下正向起动按钮时，运料车右行，到达 $A$ 点时停止；按下反向起动按钮时，运料车左行，到达 $B$ 点时停止。限位控制保证了运料车不会超过预定的极限位置。

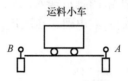

图 9.45　双向限位控制

I/O 分配如表 9.5 所示。根据控制要求，设计梯形图程序如图 9.46（a）所示。图中采用 Q0.0 和 Q0.1 的常闭触点实现互锁功能。

表 9.5　I/O 分配表

| 输入设备及地址编号 | | 输出设备及地址编号 | |
| --- | --- | --- | --- |
| 正向起动按钮 $SB_F$ | I0.0 | 正向接触器 $KM_F$ | Q0.0 |
| 反向起动按钮 $SB_R$ | I0.1 | 反向接触器 $KM_R$ | Q0.1 |
| 停止按钮 $SB_1$ | I0.2 | | |
| $A$ 点行程开关 $SQ_1$ | I0.3 | | |
| $B$ 点行程开关 $SQ_2$ | I0.4 | | |

若要求运料车在 $A$、$B$ 两点之间自动往返，则 I/O 地址分配表没有改变，仅梯形图程序做相应修改，如图 9.46（b）所示。

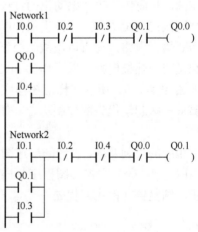

（a）双向限位行程控制　　　　　　　（b）自动往返行程控制

图 9.46　行程控制的梯形图程序

### 9.5.4　时间控制

用 PLC 实现 $M_1$、$M_2$ 两台电动机的控制，控制要求如下：按下起动按钮时，两台电动机同时启动；按下停止按钮时，电动机 $M_1$ 立即停止工作，而 $M_2$ 继续工作 6s 后才停止；任何一台电动机发生过载时，两台电动机全部停止运行并点亮过载指示灯。

I/O 分配如表 9.6 所示，其中 PLC 输入设备中包含了两个电动机过载保护的热继电器。

表 9.6　I/O 分配表

| 输入设备及地址编号 | | 输出设备及地址编号 | |
| --- | --- | --- | --- |
| 起动按钮 $SB_1$ | I0.0 | $M_1$ 接触器 $KM_1$ | Q0.0 |
| 停止按钮 $SB_2$ | I0.1 | $M_2$ 接触器 $KM_2$ | Q0.1 |
| 热继电器 $FR_1$ | I0.2 | 过载指示灯 L | Q0.2 |
| 热继电器 $FR_2$ | I0.3 | | |

根据控制要求，采用断开延时定时器指令设计的梯形图程序如图 9.47 所示，图中采用定时器 T101 实现 6s 的延时。

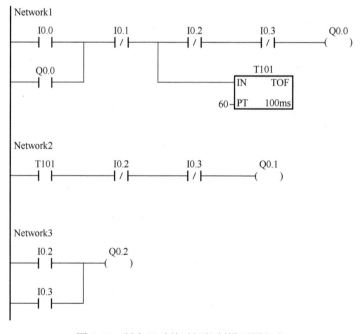

图 9.47　断电延时的时间控制梯形图程序

### 9.5.5　异步电动机星形-三角形换接起动控制

三相异步电动机的星形-三角形换接起动控制的主电路如图 8.25 所示。电动机由接触器 $KM_1$、$KM_2$ 和 $KM_3$ 控制，其中 $KM_2$、$KM_3$ 分别将电动机定子绕组连接成三角形、星形，二者不能同时吸合，否则会造成电源短路。

在 PLC 控制程序设计过程中，应充分考虑绕组由星形向三角形切换的时间以及避免绕组的带电切换。

I/O 分配如表 9.7 所示。

表 9.7 I/O 分配表

| 输入设备及地址编号 | | 输出设备及地址编号 | |
| --- | --- | --- | --- |
| 起动按钮 SB$_1$ | I0.1 | 运行接触器 KM$_1$ | Q0.1 |
| 停止按钮 SB$_2$ | I0.2 | 角接接触器 KM$_2$ | Q0.2 |
| | | 星接接触器 KM$_3$ | Q0.3 |

梯形图程序如图 9.48 所示，图中采用定时器 T101、T102 分别作为起动及星形-三角形切换的延时时间。程序实现的控制过程分析如下：

按下起动按钮时，I0.1 的常开触点闭合，M0.0、Q0.3 和 Q0.1 均接通，同时定时器 T101 开始延时，即此时接触器 KM$_3$ 和 KM$_1$ 线圈得电接通，电动机进行星形连接的降压起动。

T101 在延时 5s 后动作，其常闭触点断开，使 Q0.1 和 Q0.3 线圈断开，即此时断开了 KM$_1$ 和 KM$_3$。而 T101 常开触点接通定时器 T102，T102 延时 1s 后动作，Q0.2 和 Q0.1 线圈相继接通，即此时 KM$_2$ 和 KM$_1$ 接通，电动机绕组换接为三角形连接的正常运行。

利用定时器 T102，不会发生 KM$_3$ 尚未完全断开时 KM$_2$ 就接通的情况，防止了电源相间短路。实际应用中，T101、T102 的延时时间可根据具体实际需要来设定。

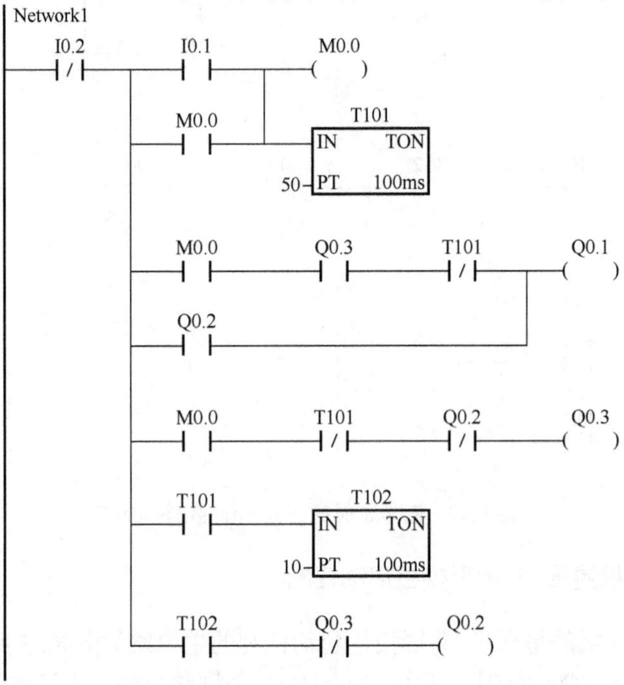

图 9.48 电动机星形-三角形换接起动控制梯形图程序

### 9.5.6　多台电动机顺序起动控制

用 PLC 实现三台电动机顺序起动的控制，控制要求如下：按下起动按钮，三台电动机自动顺序起动，时间间隔 5s；起动后三台电动机正常运行，按下停止按钮，三台电动机立即停止工作。

I/O 分配如表 9.8 所示。

表 9.8　I/O 分配表

| 输入设备及地址编号 | | 输出设备及地址编号 | |
|---|---|---|---|
| 起动按钮 SB$_1$ | I0.0 | M$_1$ 接触器 KM$_1$ | Q0.1 |
| 停止按钮 SB$_2$ | I0.1 | M$_2$ 接触器 KM$_2$ | Q0.2 |
| | | M$_3$ 接触器 KM$_3$ | Q0.3 |

按时间顺序起动的梯形图控制程序如图 9.49 所示，图中采用 T101、T102 两个定时器来控制三台电动机的顺序起动时间间隔。

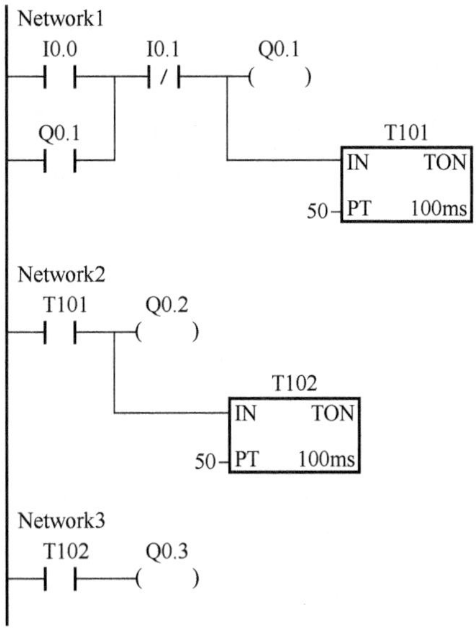

图 9.49　按时间顺序起动的梯形图程序

### 9.5.7　灯光闪烁控制

灯光闪烁电路常用于景观照明、娱乐、报警等场所，可以控制灯光等间隔或不等间隔的通断。例如，设计一个开关控制信号灯闪烁的 PLC 程序，信号时序图如图 9.50（a）所示。I/O 分配如表 9.9 所示。

表 9.9　I/O 分配表

| 输入设备及地址编号 | 输出设备及地址编号 |
|---|---|
| 开关　I0.0 | 信号灯　Q0.0 |

图 9.50（b）为灯光闪烁控制的梯形图程序，图中采用 T37、T38 两个定时器分别实现 1s、2s 的延时。

当输入信号 I0.0 接通，定时器 T37 开始计时，1s 后使输出信号 Q0.0 接通（灯亮），同时定时器 T38 开始计时；2s 后 T37 复位，Q0.0 断开（灯灭），定时器 T38 也复位；下一个扫描周期，定时器 T37 又开始计时，重复上述过程。调整两个定时器的时间设定值，可以改变灯光的闪烁频率。

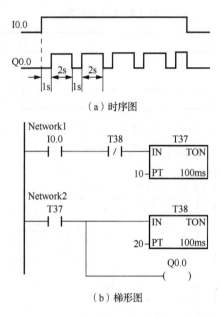

（a）时序图

（b）梯形图

图 9.50　灯光闪烁控制时序图和梯形图程序

### 9.5.8　双向限位、定时往返控制

用 PLC 实现运料小车的控制。控制要求如下：按下正向起动按钮，小车开始去装料处装料，20s 后装满的小车自动往卸料处运料；到达卸料处停 10s 卸料后，再自动返回去装料，如此反复。当卸料达到 50 车时自动停止工作。运料小车中途可以停止。

I/O 分配如表 9.10 所示。

表 9.10　I/O 分配表

| 输入设备及地址编号 | | 输出设备及地址编号 | |
|---|---|---|---|
| 正向起动按钮 $SB_F$ | I0.0 | 正向接触器 $KM_F$ | Q0.0 |
| 反向起动按钮 $SB_R$ | I0.1 | 反向接触器 $KM_R$ | Q0.1 |
| 停止按钮 $SB_1$ | I0.2 | | |
| 装料处行程开关 $SQ_1$ | I0.3 | | |
| 卸料处行程开关 $SQ_2$ | I0.4 | | |

运料小车双向限位、定时往返控制的梯形图程序如图 9.51 所示，图中采用 T101、T102 两个定时器分别实现 20s、10s 的延时，采用计数器 C0 实现 50 次的计数。

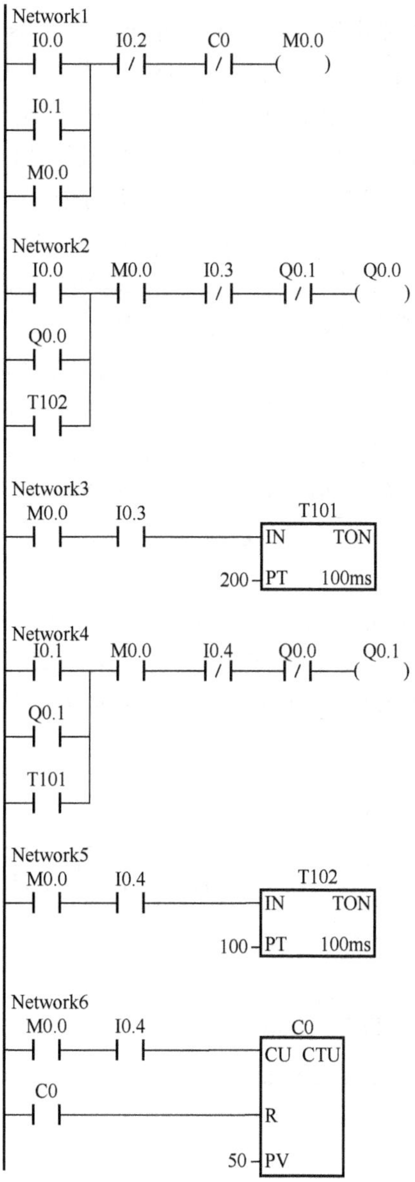

Network1

```
 I0.0      I0.2      C0       M0.0
──┤ ├──────┤/├──────┤/├───────( )──
 I0.1
──┤ ├──
 M0.0
──┤ ├──
```

Network2

```
 I0.0      M0.0      I0.3      Q0.1     Q0.0
──┤ ├──────┤ ├──────┤/├──────┤/├───────( )──
 Q0.0
──┤ ├──
 T102
──┤ ├──
```

Network3

```
 M0.0      I0.3                 T101
──┤ ├──────┤ ├──────────────┌─────────┐
                            │IN    TON│
                        200─┤PT  100ms│
                            └─────────┘
```

Network4

```
 I0.1      M0.0      I0.4      Q0.0     Q0.1
──┤ ├──────┤ ├──────┤/├──────┤/├───────( )──
 Q0.1
──┤ ├──
 T101
──┤ ├──
```

Network5

```
 M0.0      I0.4                 T102
──┤ ├──────┤ ├──────────────┌─────────┐
                            │IN    TON│
                        100─┤PT  100ms│
                            └─────────┘
```

Network6

```
 M0.0      I0.4                 C0
──┤ ├──────┤ ├──────────────┌─────────┐
                            │CU   CTU │
 C0                         │         │
──┤ ├───────────────────────┤R        │
                         50─┤PV       │
                            └─────────┘
```

图 9.51　控制运料小车的梯形图程序

# 习　　题

9.1　设计一台异步电机单向运转控制电路的梯形图程序,要求能在两个地方进行电机的起、停操作,电机具有过载和失压保护。

9.2　为安全起见,某设备的电动机起动前先接通警铃,鸣铃 10s 后,电动机自行起动,电机具有过载和失压保护。试设计实现此控制的梯形图程序。

9.3　设计两台电机 $M_1$、$M_2$ 控制电路梯形图程序。要求:按下起动按钮,$M_1$ 运行

5s 后，$M_2$ 自动启动；按下停止按钮，$M_1$ 立即停车，延时 3s 后，$M_2$ 自动停机；具有过载和失压保护，且任何一台电机发生过载时，两台电机全部停止运行。

9.4　设计锅炉鼓风机和引风机控制的梯形图程序。控制要求：开机时首先起动引风机，10s 后自动起动鼓风机；停止时，立即关断鼓风机，经过 20s 后自动关断引风机。

9.5　设计三台电机 $M_1$、$M_2$、$M_3$ 循环运行控制的梯形图程序。要求：$M_1$ 先起动，运行 5s 停机后，$M_2$ 起动，运行 8s 停止后，$M_3$ 起动，运行 2s 停止后，再从 $M_1$ 开始重复工作；工作时，运行指示灯亮；各台电机均有过载和失压保护，且任何一台电机发生过载时，电机全部停止运行并点亮同一个过载信号灯。

9.6　设计三台电动机顺序起、停控制程序。要求：按起动按钮，依次延时 5s 起动电动机 $M_1$、$M_2$、$M_3$；按停止按钮，依次延时 10s 停止电动机 $M_3$、$M_2$、$M_1$。

9.7　设计控制运料小车的梯形图程序。要求：按下启动按钮后，小车由 A 点移动到 B 点停止延时 5s 后，小车自动返回到 A 点，再延时 10s，又向 B 点运动；执行 3 次循环后，系统自动停止工作；电机具有过载及失压保护；当小车运行到 A 点或 B 点时，对应的指示灯亮。

9.8　设计一个包装机控制电路梯形图程序，要求计数开关每动作 12 次，电机运行 5s，循环工作，电机运行 50 次后，系统停机。电机有过载和失压保护。

9.9　试分析图 9.52 所示的梯形图程序，根据输入 I0.0 的时序图画出输出 Q0.0 的时序图。

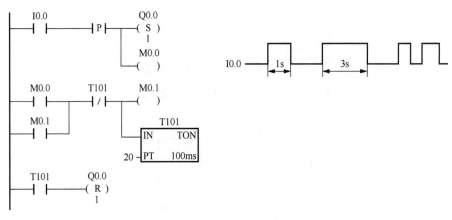

图 9.52　习题 9.9 图

9.10　试设计满足图 9.53 所示时序图的梯形图程序。

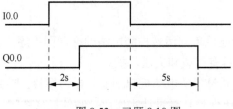

图 9.53　习题 9.10 图

# 第 10 章　供电配电与安全用电

电能是一种方便的能源，它的广泛应用形成了人类近代史上第二次技术革命，有力地推动了人类社会的发展，给人类创造了巨大的财富，改善了人类的生活。用电，就必须注意人身安全和设备安全，否则可能会造成设备损坏，引起火灾甚至人身伤亡等严重事故。

本章将简要地介绍供电配电系统及安全用电的知识，分析几种触电状况和预防触电所采取的措施。

## 10.1　配电系统概况

### 10.1.1　电力系统简介

电力系统（electric power system）是由发电厂、电力网和用户组成的一个集发电、输电、变电、配电和用电的整体系统，示意图如图 10.1 所示。

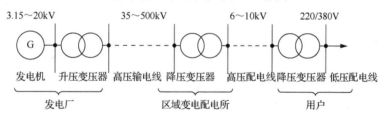

图 10.1　电力系统示意图

在电力系统中，发电厂是电力生产部门，由发电机产生交流电。根据所采用能源的不同，发电厂可分为火力、水力、原子能、太阳能、风力、沼气发电等。变电配电所是由升压、降压变压器将电压升高或降低，并通过输配电线路进行电力分配的场所。通常将电力系统中的各级电压线路及其联系的变电配电所称为电力网。

在传输电能时，电流会在导线中产生电压降落和功率损耗。如果输送电能是一定的，则升高电压可以减小输送电流，这样不仅能够减小输电线的截面积、节省材料，还可以减小输电线路上电压降，降低功率损耗，提高电力系统运行的经济性。因此，通常输电容量越大、输电距离越远，输电电压就越高。我国国家标准中规定输电线的额定电压（指输电线末端的变电所母线上的电压）为 35kV、110kV、220kV、330kV、500kV 等。在用电时，再用变压器降低电压以便适合电气设备额定电压的要求并保证人身安全。

### 10.1.2 工业企业配电基本知识

电能输送到用户后，要进行变电或配电。工业企业通常设有中央变电所和车间变电所，中央变电所将输电线送来的电能分配到各车间；车间变电所（或配电所）将电能分配给各用电设备。电力线路将电能由变电配电所送至用电设备的主要方式有以下两种。

#### 1. 树干式配电

将每个独立的负载或一组负载集中按其所在位置依次接到由一路供电的干线上，这种供电方式称为树干式配电，如图 10.2 所示。

干线一般采用母线槽直接从变电所经开关到车间，支线再从干线经过出线盒到用电设备。这种配电线路适用于比较均匀地分布在一条线上的负载。树干式配电方式的特点是投资小，安置、维修方便，但其供电可靠性较差，各用电单位可能相互影响。

#### 2. 放射式配电

各用电设备由单独的开关、线路供电，称为放射式配电，如图 10.3 所示。这种配电线路适用于负载点比较分散，而各负载点又具有相当大的集中负载的线路。

图 10.2 树干式配电示意图

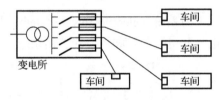

图 10.3 放射式配电示意图

放射式配电方式的最大优点是供电可靠，维修方便，各配电线路间不会相互影响，而且便于装设各类保护和自动装置，在工厂内得以广泛应用。缺点是敷设投资较高。

## 10.2 安全用电常识

安全用电是指在使用电气设备过程中防止电气事故，保障电气设备和人身安全。

### 10.2.1 人体触电状况

当人体由于不慎而触及超过一定电压的带电体，或带电体与人体之间闪击放电，或电弧触及人体时，电流通过人体进入大地或其他导体，形成导电回路，这种情况就称为触电。

触电电流通过人体时对人体组织的作用是比较复杂的，有热烧伤作用、化学作用、生物学作用等，因而造成的危害性也是多种多样的，根据人体遭受伤害的状况不同，触电一般分为电击和电伤。

### 1. 电击

电流通过人体组织及内部器官时称为电击（electric shock）。电击时，电流流经人体内部，引起疼痛发麻、肌肉抽搐，严重的会引起强烈痉挛，心室颤动或呼吸停止，甚至由于对人体心脏、呼吸系统及神经系统的致命伤害而造成死亡。

### 2. 电伤

电流通过人体皮肤造成灼伤时称为电伤（electrical injury）。人体与带电体接触的部分会发生电弧灼伤，电伤大多是局部受伤，但受伤的面积过大也会导致死亡。电伤的另一种为人体与带电体接触部分产生"电烙印"，又由于被电流熔化和蒸发的金属微粒等侵入人体皮肤引起皮肤"金属化"，是触电后在皮肤上留有圆形或椭圆形痕迹的硬肿块，受伤部分往往麻木甚至丧失知觉。这种"电烙印"如果波及全身，也能引起全身僵死状态。

另外强烈的电磁场对人体的辐射作用，将导致头晕、乏力、神经衰弱等。

## 10.2.2　电流对人体的伤害

大量研究结果表明，电流对人体的伤害，与通过人体的电流的大小、频率、作用时间、途径及人体的个体特征等因素有关。

### 1. 电流大小和种类

电流大小和种类不同，通过人体时引起的生理反应不同，对人体的伤害程度也不同。能引起人的不适感觉的最小电流值称为感知电流，交流为 1mA，直流为 5mA。人体触电后能自主摆脱的最大电流称为摆脱电流，交流为 10mA，直流为 50mA。在较短的时间内危及生命的电流称为致命电流，工频交流电达到 20～50mA 时，人的神经系统受伤难以自主摆脱，是比较危险的电流值，因此致命电流为 50mA。当工频电流达到 100mA 时则是极其危险的，如 100mA 的电流通过人体 1s，可足以使人致命，因而称为死亡电流。

### 2. 电流频率

电流频率在小于或大于工频时，摆脱电流及感知电流都变高。根据实验，工频电流对人体的危害性最大。在频率增高时，由于趋肤效应的作用，对人体危害性反而减小，如频率达到 20kHz 以上的交流电对人体没有什么危害，还可作为理疗之用。

### 3. 电流持续作用的时间

在通过人体电流相同的情况下，通电时间越长，危害性越大。触电时间长，较小的电流也会引起心室颤动；另外触电时间长使人体电阻下降，导致电流增加，对人体的伤害更加严重。例如，20～50mA 的工频电流作用于人体的时间稍长，同样有致命的危险。通过心脏的允许极限电流与时间的关系为 $I = 116/\sqrt{T}\text{mA}$，式中，$T$ 为电流允许作用的时间，范围为 0.01～5s。

### 4. 电流流过人体的路径

电流通过人体会引起心室颤动甚至使心脏停止跳动，大多数的触电死亡是由于电流刺激人体心脏而引起的，所以触电危险程度主要取决于流过心脏的电流大小。电流通过人体时会引起中枢神经失调，电流通过头部会使人脑严重损害甚至死亡。可见电流通过心脏、大脑及中枢神经是很危险的。从左手到胸是最危险的电流路径；其次是从一只手到另一只手及从右手到脚的电流流通路径。

### 5. 人体的个体特征

通过人体电流相同的情况下，不同人体引起的生理反应也有不同。电流对人体的作用，女性较男性敏感，如成年女性的平均感知电流约为 0.7mA，而成年男性的平均感知电流约为 1.1mA；小孩遭受电击较成人危险；同时还与体重有关系等。身体越健康，摆脱电流就越大。一般来说，摆脱同样大小电流的能力：男性>女性>儿童。

## 10.2.3　触电形式及危害

按照人体触及带电体的方式和电流通过人体的途径，触电形式一般有双相触电和单相触电两种。

人体两处同时触及两相带电体的触电事故即为双相触电，这种触电情况人体承受的电压更高，对人有生命危险，是最危险的触电。一般来说这种双相触电情况不常见。

单相触电是指人体在地面或其他接地导体上，人体的某一部位触及一相带电体的触电事故。单相触电的危险程度与电路系统情况有关，分为电源中性点不接地系统的单相触电和电源中性点接地系统的单相触电。

图 10.4 与图 10.5 分别是电源中性点不接地系统触电的两种情况。如图 10.4 所示，若人触及 $L_3$ 线导电部分，这时人体电阻 $R_r$ 与 $L_3$ 线对地绝缘电阻 $R_{L3}$ 并联后，再与另外两线对地绝缘电阻 $R_{L1}$、$R_{L2}$ 构成回路，触电电流经 $L_3$ 线、人体、另两线对地绝缘电阻流通。绝缘电阻越大，通过人体电流越小，当线电压为 380V 时，在导线绝缘正常情况下，据估算，通过人体电流一般小于 10mA，危险性不大。但是，如果考虑到导线与地面间的绝缘可能不良，这种触电也有危险。甚至有一线对地短路的情况下，如图 10.5 所示，人体再触及另一线时，则人体承受全部线电压，与双相触电一样危险。

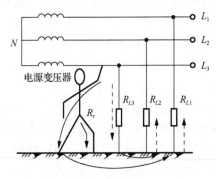

图 10.4　正常情况的单相触电

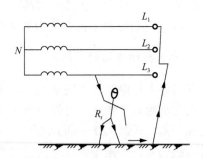

图 10.5　一线对地短接时的单相触电

图 10.6 是电源中性点接地系统。人体触及一相时，设人体电阻 $R_r = 1\text{k}\Omega$，与中性点接地电阻 $R_N$ 串联承受相电压。由于 $R_N$ 很小，可以忽略不计，故通过人体电流为

$$I = \frac{U_P}{R_N + R_r} \approx \frac{220}{1} = 220\text{mA}$$

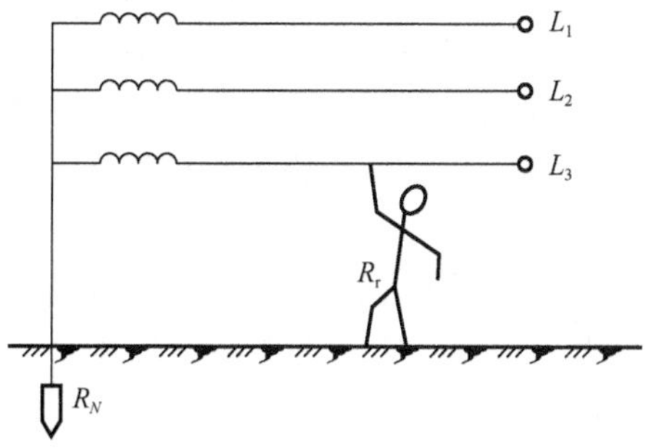

图 10.6 电源中性点接地系统单相触电

可见，如此大的电流对人体更具危险性。如果人体与地面的绝缘较好，可大大减小危险性。

从上面分析可知，不管哪种触电都威胁人的生命安全。为此必须有安全用电措施。首先要了解和严格遵守安全用电条例及操作规程。而在容易触电的地方，采取接地或接零的安全措施。

### 10.2.4 安全电压

安全电压是指人体较长时间触电而不会发生触电事故的电压。根据生产和作业场所的特点，采用相应等级的安全电压，是防止发生触电伤亡事故的根本性措施。世界各国对安全电压的规定各不相同。根据人体电阻和人体允许电流，我国规定的安全电压额定值的等级为 42V、36V、24V、12V 和 6V，应根据作业场所、操作员条件、使用方式、供电方式、线路状况等因素选用。我国一般采用 36V 安全电压，对于工作在潮湿或危险性较大的场所，应采用 24V 安全电压；对于工作在条件恶劣或操作者容易大面积接触带电体的场所，如特别潮湿或有蒸汽、游离物等极其危险的环境，应采用不超过 12V 的安全电压；若人体浸在水中工作时，应采用 6V 安全电压。

对于有些地方使用安全电压，但更多的地方则使用较高电压，为了减少人身触电事故，除加强安全用电教育外，还要在技术上采取保护措施，常见的措施就是接地与接零。

## 10.3 接地与接零保护

接地与接零是为了防止电气设备意外带电、造成人身触电事故和保证电气设备正常运行而采取的技术措施。

### 10.3.1 接地与接零的基本知识

#### 1. 接地与接零的概念

凡是电气设备的任何部分与大地做电气接触均称为接地。电气设备带电部分由于绝缘损坏而接地，或发生其他意外性接地（如高压线落地）为故障接地。

在电源中性点不接地的三相三线制供电系统中，将电气设备的金属外壳通过接地装置与大地做可靠的导电连接，这种保护措施称为保护接地，如图 10.7（a）所示。这一系统称为 IT 系统。

将电力系统中性点直接或经特殊装置与大地做金属连接，这种接地方式称为工作接地，如图 10.7（b）所示，其目的是在正常工作或事故情况下保证电气设备可靠运行、降低人体的接触电压，有利于快速切断故障设备等。

在电源中性点接地的三相四线制供电系统中，将电气设备的金属外壳与零线可靠连接，这种保护措施称为保护接零，如图 10.7（b）所示。这一系统称为 TN 系统。

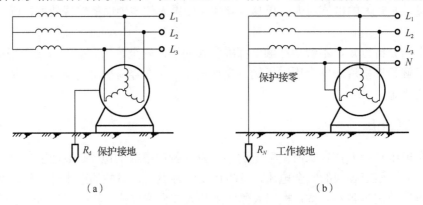

（a）                     （b）

图 10.7　保护接地、工作接地和保护接零

#### 2. 散流效应

当电气设备带电体发生短路接地时，电流就通过接地体向大地成半球形散开，如图 10.8（a）所示，这一电流称为接地电流，用 $I_d$ 表示。由于电流从接地体均匀地散射流入大地，所以距接地体越远的地方电流密度越小，电位也越低，接地体周围的电位分布，如图 10.8（b）所示。无论入地电流 $I_d$ 有多大，在距接地体 20m 以外的地面，电流密度已很微小，基本上等于零。

电位等于零的地方称为电气设备的"地"或"大地"，电气设备外壳与"地"之间的电位差称为电气设备外壳的对地电压 $U_d$。

#### 3. 接触电压与跨步电压

电气设备的外壳一般都和接地体连接，使设备外壳保持和大地电位相等。如果电气设备有一相绝缘遭受到破坏，有接地电流 $I_d$ 流入大地，在接地体附近地面有对"地"分布电位，这时设备外壳对地电位 $U_d$ 最高，如图 10.9 所示。

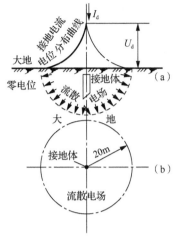

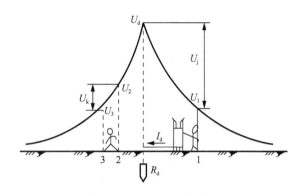

图 10.8　接地电流和对地电压　　　　　　　图 10.9　接触电压和跨步电压

假如人站在地上触摸设备外壳，手的电位为 $U_d$，手与脚之间就有电压 $U_j$，此电压称为接触电压，接触电压在任何情况下都不允许超过安全电压。

这时如果人在电气设备附近走动，虽未接触电气设备，但在跨步时两脚位置不同，两脚之间也存在电压 $U_k$，此电压称为跨步电压。跨步电压同样不允许超过安全电压。

### 10.3.2　保护接地

对于一个中性点不接地系统，电气设备外壳也没有与接地装置连接，如图 10.10（a）所示，在正常情况下，各相导线对地的绝缘电阻 $R_{L1}$、$R_{L2}$、$R_{L3}$，分布电容（图中未画出）及泄漏电流也对称，大地相当于三相对称负载的中性点。电气设备外壳对地电压为零，人体触及电气设备外壳时也不会触电。但当某一相绝缘破坏使外壳带电时，人体触及设备外壳，人手对地的接触电压 $U_d$ 就要大于安全电压，这是很不安全的。

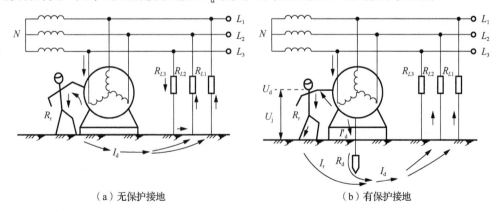

（a）无保护接地　　　　　　　　　　　（b）有保护接地

图 10.10　保护接地

如果将电气设备外壳与保护接地装置连接起来，情况就不同了。这时若电气设备某相绝缘破坏使外壳带电，人体再触及电气设备外壳，形成人体电阻 $R_r$ 和接地电阻 $R_d$ 并

联的等效电路，如图 10.10（b）所示，而流过人体的电流 $I_r$ 与流过接地体的电流 $I_d'$ 之间的关系为

$$\frac{I_r}{I_d'} = \frac{R_d}{R_r} \qquad (10.1)$$

通常 380V 低压供电系统接地体电阻小于 4Ω，而人体电阻 $R_r$ 远大于接地电阻 $R_d$，所以流经人体的电流 $I_r$ 比流过接地体的电流 $I_d'$ 小得多，且流过人体电流小于安全电流。接地电阻越小，对人身越安全。

### 10.3.3 保护接零

接于低压三相四线制系统中的电气设备，在电源中性点接地的情况下，必须采取保护接零措施。否则发生故障时就不能防止人身触电的危险。下面先讨论没有保护接零的情况。

图 10.11（a）是中性点接地而电气设备外壳与大地和零线间无金属连接的情况。当某一相漏电时，漏电流不足以使熔断器熔断，设备外壳长期带电。当人体触及外壳时，就会有电流流过人体，其大小为

$$I_r = \frac{U_P}{R_N + R_r} \qquad (10.2)$$

式中，$U_P$ 为相电压；$R_r$ 为人体电阻；$R_N$ 为系统中性点工作接地电阻。

$R_N$ 值一般在 4Ω 以下，比 $R_r$ 小得多，可以略去不计，若 $U_P = 220V$，$R_r = 1k\Omega$，则流经人体的电流 $I_r = 0.22A$，显然超过安全电流，对人是很危险的。

图 10.11（b）是中性点接地而电气设备外壳与大地间有金属连接的情况，这种系统称为 TT 系统。当电气设备的某一相短路接地时，其短路电流为

$$I_d = \frac{U_P}{R_N + (R_d /\!/ R_r)} \approx \frac{U_P}{R_N + R_d} \qquad (10.3)$$

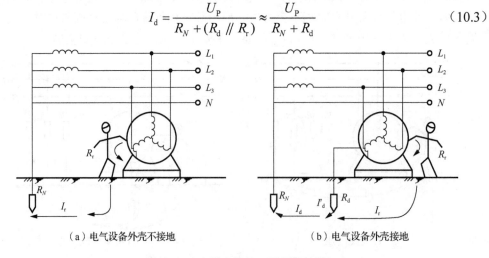

（a）电气设备外壳不接地　　　　（b）电气设备外壳接地

图 10.11　中性点接地，无保护接零

在 220/380V 三相四线制中性点接地系统中，中性点工作接地电阻 $R_N$ 及电气设备的接地电阻 $R_d$ 均为 4Ω 以下，接地相的导线电阻忽略不计，这时的短路电流为

$$I_d = \frac{220}{4+4} = 27.5A$$

如果此电流不足以使熔断器熔断，则设备外壳上一直带有一个对地电压，其值为

$$U_d = I_d R_d = \frac{R_d \cdot U_P}{R_N + R_d}$$

如果此电压超过允许的安全电压，则人体触及该设备外壳时也不能保证安全。

由上述分析可以看出，在中性点接地的系统中，无论电气设备外壳接地与否，在发生某一相对地短路时，对人体都有危险。为了保证电气设备快速而可靠地动作，防止人体触电危险，在中性点直接接地 1000V 以下的系统中，一律采用保护接零。

如图 10.12 所示发生某一相漏电但具有保护接零的电路，由于电气设备的外壳直接接到系统的零线上，一旦电气设备的绝缘击穿，便形成短路回路，产生很大的短路电流使熔断器熔断，切断故障电路。

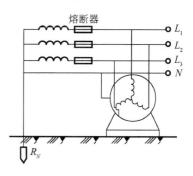

图 10.12　保护接零

### 10.3.4　重复接地

在中性点直接接地的 1000V 以下系统中，为确保接零安全可靠，除在电源的中性点做工作接地外，还必须在零线上的一处或多处通过接地装置与大地再次连接，称为重复接地。距离长的线路，每隔 1～2km 处重复接地一次。在中线的分支处和终端也要重复接地。

如果不进行重复接地，则在零线发生断线并有一相碰壳漏电时，虽然接在断点前电气设备外壳上的对地电压均接近于零，但接在断点后面的所有电气设备外壳对地电压 $U_d$ 接近于相电压 $U_P$，如图 10.13（a）所示，这仍然不安全。

当有重复接地，如图 10.13（b）所示，在发生同样故障时，断线后面的零线电压只有 $I_d R_N'$。假设中性点工作接地电阻 $R_N$ 与重复接地电阻 $R_N'$ 相等，则断线后面一段零线的对地电压 $U_d'$ 只有相电压 $U_P$ 的一半，危险程度降低了。但是对人还是有危险的，因此零线断线的故障应尽量避免。在施工中应当重视零线的安装质量，平时定期检查零线。

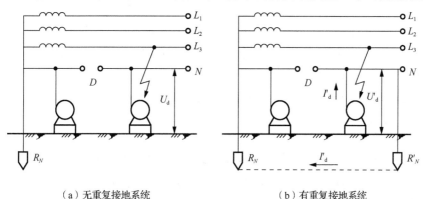

（a）无重复接地系统　　　　　　（b）有重复接地系统

图 10.13　重复接地

### 10.3.5 工作零线与保护零线

在三相四线制系统中，对于不对称的负载，中性线中有电流，因而中性线对地电压不为零，且距电源越远电压越高，但一般在安全值以下，无危险性。为了确保设备外壳对地电压为零，可专门设置保护零线。

从电源中性点引出两根零线，这样就成为三相五线制。一根为工作零线 $N$（即中性线），正常工作时工作零线中有电流通过；另一根为保护零线 $PE$，供保护接零用，正常工作时保护零线中不应有电流通过，只在发生设备漏电或一相碰壳时才有故障电流通过。

如图 10.14 所示，工作零线 $N$ 在进建筑物入口处接地，进户后再另设一保护零线 $PE$。所有的接零设备都要通过三孔插座（$L$、$N$、$E$）接到保护零线上。图 10.14（a）所示设备是在接零连接正确情况下，当绝缘损坏而外壳带电时，短路电流经过保护零线，将熔断器熔断，切断电源，消除触电事故。图 10.14（b）所示设备的接零连接是不正确的，因为如果在"×"处断开，绝缘损坏后外壳便带电，将会发生触电事故。图 10.14（c）所示设备忽视了外壳的接零保护，在插上单相电源使用时，一旦绝缘损坏后外壳也就带电，非常不安全。

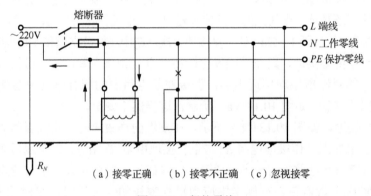

图 10.14  保护零线

考虑经济和线路敷设等方面的原因，实际应用中常将工作零线和保护零线部分或全部合二为一，因此，TN 系统又分为以下三种：$N$ 线和 $PE$ 线完全分开的称为 TN-S 系统；$N$ 线和 $PE$ 线合二为一的称为 TN-C 系统，此时零线用 $PEN$ 表示；$N$ 线和 $PE$ 线前一部分合用，后一部分分开的称为 TN-C-S 系统。图 10.14 所示的就是 TN-C-S 系统。

### 10.3.6 接地装置

接地线和接地体合称接地装置，接地线又可分为接地干线和接地支线。一个工厂、一个车间的电气设备外壳可通过接地干线、接地支线与接地体相连。接地装置的类型很多，图 10.15 是其中的一种。

在设计和装设接地装置时，首先要充分利用自然接地体，以节约钢材、节省投资。可以作为自然接地体的有建筑物的钢筋结构、行车钢轨、上下水的金属管道和其他工业用金属管道等。

在自然接地体满足不了要求时，可以装设人工接地装置。人工接地装置的布置应使接地装置附近的电位分布尽可能均匀，尽量降低接触电压和跨步电压，保证人身安全。人工接地装置的关键是接地电阻，为了减小接地电阻，对接地体的尺寸大小、埋入地下的深度、土壤的电阻率等都有一定的要求，在此不作说明，只简单介绍一下最常用的单根垂直埋设的接地体和水平埋设的接地体的装设。

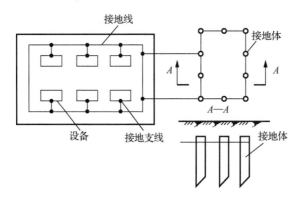

图 10.15　接地装置示意图

垂直埋设的接地体，一般可采用直径 50mm、长度 2.5m 的钢管，如图 10.16（a）所示，也可采用 50mm×50mm×5mm、长度 2.5m 的角钢，如图 10.16（b）所示。水平埋设的接地体，一般可采用 40mm×40mm、长度在 5m 以上的扁铁，如图 10.16（c）所示。接地体埋入地下后，其上部一般要离开地面 0.8m 左右，当需要把多根接地体连接在一起时，则用带钢将它们焊接在一起。

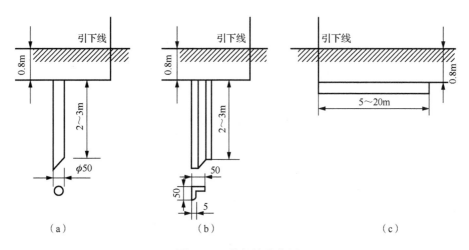

图 10.16　单根接地装置

# 习 题

10.1　保护接地和保护接零有什么作用？它们有什么区别？

10.2　在保护接零系统中，为什么在任何情况下都不允许出现零线断线事故？

10.3　在同一供电系统中为什么不能同时采用保护接地和保护接零？

10.4　在车间 220/380V 中性点接地系统中，对电气设备一律采用接零保护，在此情况下个别设备碰壳短路对人身仍有触电的危险，应采取什么措施消除这种危险性？

# 参 考 文 献

黄永红，2018. 电气控制与 PLC 应用技术-西门子 S7-200 SMART PLC. 3 版. 北京：机械工业出版社.

刘润华，2015. 电工电子学. 3 版. 北京：高等教育出版社.

秦曾煌，2009. 电工学（上、下）. 7 版. 北京：高等教育出版社.

唐介，王宁，2020. 电工学. 5 版. 北京：高等教育出版社.

王永华，2018. 现代电气控制及 PLC 应用技术. 北京：北京航空航天大学出版社.

肖军，刘晓志，2018. 电工与电子技术. 北京：科学出版社.

肖军，孟令军，2008. 可编程控制器原理及应用. 北京：清华大学出版社.

张石，刘晓志，2012. 电工技术. 北京：机械工业出版社.

Hambley A R, 2019. 电工学原理与应用（第七版）（英文版）. 熊兰，改编. 北京：电子工业出版社.